普通高等院校基础力学系列教材

结构力学

（第2版）

王焕定　祁皑　编著

清华大学出版社
北京

内 容 简 介

本书适合中少学时的结构力学课程。与同类教材相比有如下特点：注意了与先修课程的平滑过渡；尽可能适合各种接受能力的读者学习；精选了经典内容，注意了手算内容和电算的结合；注重启发式教学，为学生独立思考留了适当的空间。全书共分7章：体系的几何组成分析，静定结构受力分析，静定结构位移计算，力法，位移法，影响线及其应用，矩阵位移法。

与本书配套出版的有供学生使用的《结构力学学习指导(第2版)》和供教师使用的《结构力学电子助教》(习题详细解答和电子教案)。

本书可供普通高校、高职、高专的土木、交通、水利等专业作为教材，也可供相关专业的专升本、自学考试读者和工程技术人员使用。

图书在版编目(CIP)数据

结构力学/王焕定，祁皑编著. —2版. —北京：清华大学出版社，2012.7(2023.8重印)
(普通高等院校基础力学系列教材)
ISBN 978-7-302-28394-2

Ⅰ.①结… Ⅱ.①王… ②祁… Ⅲ.①结构力学—高等学校—教材 Ⅳ.①O342

中国版本图书馆CIP数据核字(2012)第055716号

责任编辑：佟丽霞
封面设计：常雪影
责任校对：赵丽敏
责任印制：刘海龙

出版发行：清华大学出版社
网　址：http://www.tup.com.cn，http://www.wqbook.com
地　址：北京清华大学学研大厦A座　**邮　编**：100084
社总机：010-83470000　**邮　购**：010-62786544
投稿与读者服务：010-62776969，c-service@tup.tsinghua.edu.cn
质量反馈：010-62772015，zhiliang@tup.tsinghua.edu.cn
印 装 者：涿州市般润文化传播有限公司
经　销：全国新华书店
开　本：170mm×230mm　**印　张**：14.25　**字　数**：250千字
版　次：2004年9月第1版　2012年7月第2版　**印　次**：2023年8月第10次印刷
定　价：42.00元

产品编号：039641-06

普通高等院校基础力学系列教材

编委会名单

FOREWORD

第2版前言

《结构力学》自2004年出版以来，经过了8年的教学实践。在教材的使用过程中，收到了许多院校的教师们提出的各种形式的反馈意见和建议。本次修订，就是在充分考虑和吸收这些建议和意见的基础上进行的。在此，向他们表示衷心的感谢。

首先，本书的定位是合适的，符合教育部关于精简学时、保证教学基本要求的基本思想。这一点可以从稳定的发行量中得到证实。其次，教材素材的设计符合学生学习知识的连贯性。特别是关于理论力学和材料力学知识的回顾与总结部分得到了较多用户的肯定。

本次修订主要是对一些内容的叙述方式进行了重新梳理，使之更加简练明了，方便读者阅读和领会。在一些地方进行必要的强调和讨论，适当拓展了思路。

本书的修订由福州大学祁皑负责。由于专业的发展和作者的能力所限，恳请读者将发现的问题、改进的建议及时反馈给我们(qikai@fzu. edu. cn)。

作　者

2012年3月

第1版序

普通高等院校基础力学系列教材包括“理论力学”、“材料力学”、“结构力学”、“工程力学(静力学+材料力学)”。这套教材是根据我国高等教育改革的形势和教学第一线的实际需求,由清华大学出版社组织编写的。

从2002年秋季学期开始,全国普通高等学校新一轮培养计划进入实施阶段。新一轮培养计划的特点是:加强素质教育、培养创新精神。根据新一轮培养计划,课程的教学总学时数大幅度减少,学生自主学习的空间将进一步增大。相应地,课程的教学时数都要压缩,基础力学课程也不例外。

怎样在有限的教学时数内,使学生既能掌握力学的基本知识,又能了解一些力学的最新进展;既能培养和提高学生学习力学的能力,又能加强学生的工程概念?这是很多力学教育工作者所共同关心的问题。

现有的基础力学教材大部分都是根据在比较多的学时内进行教学而编写的,因而篇幅都比较大。教学第一线迫切需要适用于学时压缩后教学要求的小篇幅的教材。

根据“有所为、有所不为”的原则,这套教材更注重基本概念,尽量避免冗长的理论推导与繁琐的数学运算。这样做不仅可以满足一些专业对于力学基础知识的要求,而且可以切实保证教育部颁布的基础力学课程教学基本要求的教学质量。

为了让学生更快地掌握最基本的知识,本套教材一方面在叙述概念、原理时提出问题、分析问题和解决问题的角度作了比较详尽的论述与讨论;另一方面通过较多的例题分析,特别是新增加的关于一些重要概念的例题分析帮助读者加深对基本内容的了解和掌握。

此外,为了帮助学生学习和加深理解以及方便教师备课和授课,与每门课程主教材配套出版了学习指导、教师用书(习题详细解答)和供课堂教学使用的电子教案。

本套教材内容的选取以教育部颁布的相关课程的“教学基本要求”为依据，同时根据各院校的具体情况，作了灵活的安排，绝大部分为必修内容，少部分为选修内容。

范钦珊

2005年7月于清华大学

FOREWORD

第1版前言

本套《结构力学》教材是适应中少学时结构力学课程教学的需要，在保证教育部颁布的基本要求前提下，用较少的时间教授结构力学的基本内容，因此尽量在注重基本概念、注重能力培养、考虑学时压缩的实际情况方面下功夫，希望能够既节省授课学时，又不降低课程的基本要求。

本套教材包括主教材——《结构力学》，学生学习指导书——《结构力学学习指导》，教师教学参考书——《结构力学教师用书》(习题详细解答)和供课堂教学使用的《结构力学电子教案》。

本书是结构力学主教材。为了与前修课程理论力学和材料力学的“平滑”连接，适当回顾了前修课程的相关内容，但对初学结构力学的读者，也许还嫌不够。这些安排至少可使读者了解前修内容与结构力学的学习关系密切，要切实掌握结构力学知识，就必须很好地掌握这些前修课程内容。

全书除绪论外，共分7章：体系的几何组成分析，静定结构受力分析，静定结构位移计算，力法，位移法，影响线及其应用，矩阵位移法。全书定位在中少学时的教学安排，内容大约按50学时左右选取。因此，对少于此学时的使用者，可酌情删减部分内容。例如可以不选第6章、第7章内容，或不选第7章内容等。本书可作为中少学时各专业学习结构力学的教材或参考书，也可作为专升本，自学考试等的学习材料。

为便于读者学习，与本书配套出版学生学习用书——《结构力学学习指导》，内容包括每章的学习目的、基本要求、解题分析步骤、易出错的地方、思考题及参考答案、附加例题和学习建议等。

对使用本书的教师，提供了供课堂教学使用的《结构力学电子教案》，包含如下内容：与本书配套的(PowerPoint)电子教案(含部分小程序)、供学生操练和自我测试的教学辅助软件及教学计算程序等。另外，与本书配套出版教师教学用书——《结构力学教师用书》，内容包括本书习题的全解、一些补充材料等。希望上述内容,能为教师的教学提供方便。

本书的部分内容取自编者与张金生、张永山、王伟合作完成的“十五”教材《结构力学Ⅰ》,为此特向上述诸位深表谢意!

作　者

2004年7月于哈尔滨工业大学土木学院

CONTENTS

目录

绪论

什么是结构力学，其研究对象、研究内容以及研究方法是什么，结构力学与理论力学和材料力学、结构力学与后续课程、结构力学与土木工程有何关系，等等，即为本书绪论所要介绍的主要内容。除此之外，还对如何学好结构力学给予了建议。

0.1 结构力学的研究对象和研究内容

0.1.1 研究对象

结构力学作为力学学科的一个分支，其研究对象涉及较广。因为本书定位在普通高校中少学时专业使用，因此其研究对象仅为由杆件所组成的平面体系，即**结构**(structure)。这种体系能承担外界荷载作用，并起传力骨架作用。

以此为对象的结构力学也称为经典结构力学或杆系结构力学。

0.1.2 课程所涉及的内容

结构力学的研究内容包括以下三方面：

(1) **分析** 在已知结构和荷载的前提下，根据材料力学中已经介绍的强度、刚度和稳定性等方面的要求，通过**分析计算**(analysis compute)，使所设计的结构既经济合理，又安全可靠。

(2) **识别** 和传统的分析不同，很多问题往往需要在已知系统外部作用结果(也称**响应**或**反应**，response)的情形下，根据结构信息反过来确定外界的作用信息。或者根据外界的作用信息，确定系统的有关信息。如果将外界作用下系统的反应(结果)分析称为正问题，则在已知反应情形下，确定外界作用或系统的信息则称为反问题。确定外界作用信息的反问题称为**荷载识别**

(load identification),而后一类则称为**系统识别**(system identification)。对于大型复杂结构,经过识别对其“健康”状况做出判断,以便对症下药进行适当的“诊治”,这是目前土木工程的热点高科技课题之一。

(3) 控制 **控制理论**(control theory)和**控制技术**(control technique)在土木工程(建筑结构、桥梁结构和水工结构等)方面的应用,直到20世纪70年代才被提出,它是人们在抵御外界作用方面往智能化结构方向迈出的可喜一步,也是土木工程领域的另一热点高科技课题。

根据本书的定位,仅介绍结构在实际工程中常见的各种可能外界作用下的受力、变形分析的基本概念、基本原理和基本方法,属于结构力学最经典的内容。

0.1.3 结构力学与其他课程和结构设计的关系

理论力学、材料力学以及高等数学和计算机基础知识都是结构力学的基础,特别是理论力学中关于力系的平衡、约束的性质、质点系及刚体虚位移原理;材料力学中的内力、强度、刚度分析等内容,不仅作为结构力学的基础,而且在结构力学中将得到扩展和延伸。因为,学习结构力学同时可以巩固已经学过的理论力学和材料力学中某些相关的基本概念、基本理论和基本方法,读者学习本课程时应当与理论力学和材料力学贯通起来,形成总体的力学概念。

与理论力学和材料力学不同,结构力学与工程结构联系更为紧密,其基本概念、基本理论和基本方法将作为钢筋混凝土结构、钢结构、地基基础和结构抗震设计等工程结构课程的基础;结构力学的分析结果又是各类结构的设计依据。当前的计算机辅助设计软件,其核心计算部分的基本理论和方法也都以结构力学作为基础。

0.2 一些工程结构实例与计算简图

图0-1～图0-7所示的高层建筑、大型水利工程、桥梁结构、大跨结构、高耸结构、核电站结构和体育馆建筑等,都是工程结构的具体例子。实际工程结构复杂,如果不作任何简化,即使在计算机飞速发展的今天,分析计算也将十分困难。

分析实际结构,需利用力学知识、工程结构知识和实践经验。首先要经过科学的抽象,并根据实际受力、变形规律等主要因素,对结构进行合理的简化。这一过程称为**力学建模**(mechanics modeling),经简化后可以用于分析计算的模型,称为**结构的计算简图**(structural compute diagram)。

图 0-1　上海金茂大厦

图 0-2　施工中的长江三峡五级船闸

图 0-3　长江西陵大桥

图 0-4　哈尔滨梦幻乐园网架屋盖

图 0-5　天津电视塔

图 0-6　秦山核电站安全壳

图 0-7　北京朝阳门体育馆

确定计算简图的原则是：

(1) 尽可能符合实际——计算简图应尽可能反映实际结构的主要受力、变形等特性。

(2) 尽可能简单——忽略次要因素，尽量使分析过程简单。

结构的计算简图可从体系、构件、构件间的联结(结点)、支座以及荷载等方面进行简化。

理论力学中已经引入了支座和结点的计算简图，现归纳、补充如下：

支座是将结构和基础联系起来的装置。其作用是将结构固定在基础上，并将结构上的荷载传递到基础和地基。支座对结构的约束力称为**支座反力**(reactions at support)，支座反力总是沿着它所限制的位移方向。

本书中所用的支座计算简图及相应的支座反力如图 0-8 所示。具体有以下几种形式：

(1) **固定铰支座**：限制各方向线位移，但不限制转动。其反力可用沿坐标的分量表示，如图 0-8(a)所示。

(2) **可动铰支座**：限制某些方向线位移，但不限制转动。其反力沿所限制的位移方向，如图 0-8(b)所示。

(3) **固定端(固定支座)**：限制全部位移(线位移和转角)，其反力用沿坐标的分量和力偶来表示，如图 0-8(c)所示。

(4) **定向支座**：限制某些方向的线位移和转动，而允许某一方向产生线位移，其反力除所限制位移方向力外，还有支座反力偶，如图 0-8(d)所示。在结构分析中，利用对称性时往往出现这种支座。

对于由杆件所组成的结构，杆件简化为其截面形心轴线。杆件(轴线)的交汇点称为**结点**(joint 或 node)。由于连接情况不同，结点可分为铰结点、刚结点和组合结点，其简图如图 0-9 所示。

(1) **铰结点**　各杆件在此点互不分离，但可以相对转动，因此相互间作用为力，如图 0-9(a)所示。

(2) **刚结点**　各杆件在此点既不能相对移动，也不能相对转动(保持夹角不变)，因此相互间作用除力以外还有力偶，如图 0-9(b)所示。

(3) **组合结点**　各杆件在此点不能相对移动；部分杆件间还不能相对转动；也即部分杆件之间属铰结点，另一部分杆件之间属刚结点，如图 0-9(c)所示。

关于各类结构的计算简图，将在后面有关章节中讨论。

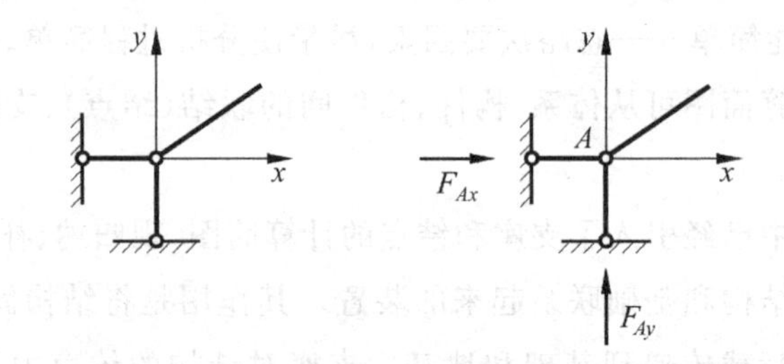

(a) 固定铰支座及反力

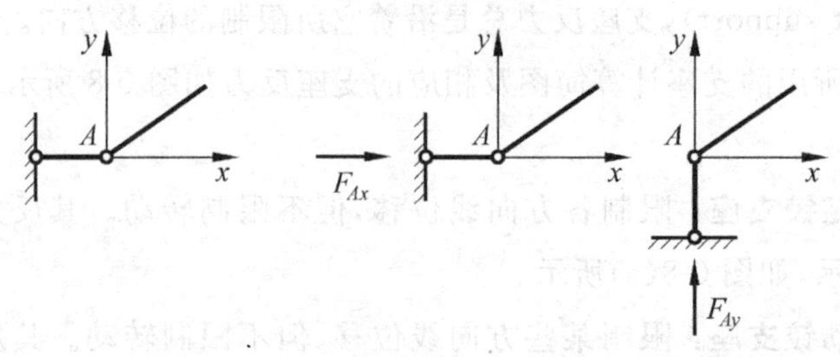

(b) 可动铰支座及反力

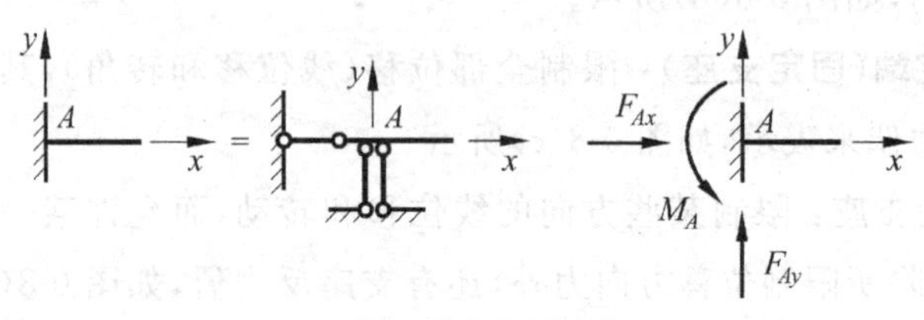

(c) 固定端支座及反力

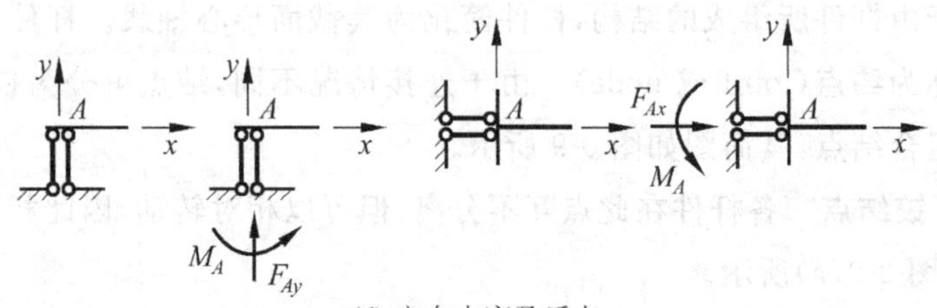

(d) 定向支座及反力

图 0-8　支座计算简图、所约束的位移和反力

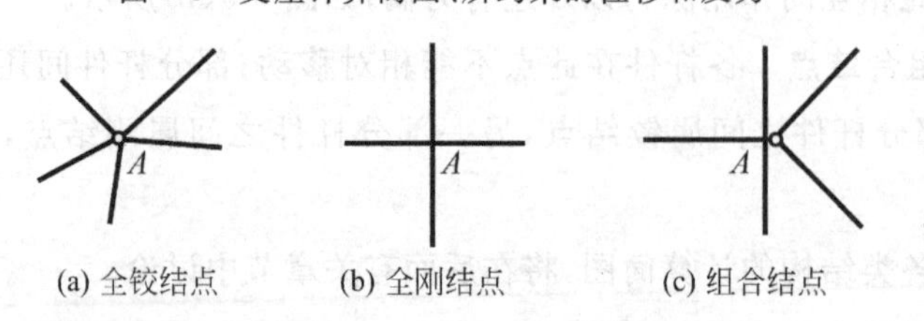

(a) 全铰结点　　(b) 全刚结点　　(c) 组合结点

图 0-9　全铰、全刚和组合结点计算简图

0.3 学习建议

初学结构力学一般都会感觉结构力学一听就懂，一做题却又不知所措，因此认为结构力学是三门力学中最难学的一门课程。

产生这样感觉的原因可能有如下几方面：

(1) 实际上理论力学和材料力学已经为结构力学几乎提供了全部的基本原理和方法，因此一听感觉这都是熟悉的，当然就好懂。但是，结构力学中各章的联系特别紧密，如果有一章达不到熟练掌握的程度，势必导致后面章节的学习困难。特别是第2章静定结构受力分析，它实际只用到平衡条件(列平衡方程)、截面法和平衡微分关系等，这些都是理论力学和材料力学应该掌握的知识，好像没有什么新知识。可是如果浅尝辄止，达不到熟练掌握的程度，第3章静定结构位移计算的学习就将产生困难，从而恶性循环，也就越学越难了。

(2) 和其他课程一样，结构力学必须做一定量的习题，通过做习题体会和加深理解所学原理、方法。由于结构力学一题可以有多种解法，灵活程度较大，不同的解法工作量相差可能很大，这需要经过边练习边总结去积累经验，不做一定的练习和总结是达不到深刻理解和掌握的。可初学者往往由于种种原因，忽略了练习，或只是盲目做题、对答案，不思索、不总结，结果自然达不到熟练和灵活自如。长此以往，理当越学越难。

(3) 如果理论力学和材料力学的基础不是很好，加上学完后又有遗忘，开始学结构力学又不及时弥补和在第2章加把劲做到熟练掌握，实际不是结构力学难，是因基础不牢固而误认为结构力学最难学。

综上所述，本套教材除这本主教材外，还出版有学生学习用书——《结构力学学习指导(第2版)》，为不同接受能力的读者准备了“思考题参考答案”、“附加例题”、“练习和测试系统”等辅助材料，以供读者结合自己情况选学。建议：

(1) 在自行思考的基础上，参看思考题答案以加深对基本概念的理解和拓展思路。

(2) 根据自己的情况，多看一些例子，从中总结解题经验。

(3) 自行做一定量的练习，而且边做边总结经验。

(4) 每学完一章，用练习和测试系统做一些练习，进一步积累经验，测试当前自己的掌握程度，及时消除“隐患”。

只要按上述建议付出了努力，不管基础如何，同学们会觉得结构力学实际是三门力学课程中最好学的，而且还能弥补基础不足的课程。

第1章 体系的几何组成分析

用各种结点将杆件连接起来所组成的体系称为**杆件体系**。这样的体系不一定能在任意荷载下都保证不发生几何形状与位置变化，只有不发生几何形状与位置变化的体系才能做常规的工程结构使用。结构的几何组成方式不同还将影响其力学性能和分析方法。因此，在分析结构的受力、变形等之前，必须首先了解常规结构的几何组成方式。

实际结构中的构件在外界因素作用下都是要变形的，但是因为变形都很微小，做体系的几何组成分析时可以忽略其变形，因而所有构件在本章将均视为**刚体**(rigid body)。

1.1 基本概念

1.1.1 几何不变体系、几何可变体系

在忽略微小变形的前提下，几何形状及位置都不能发生变化的杆件体系称为**几何不变体系**(geometrically stable system)，如图1-1(a)所示。而几何

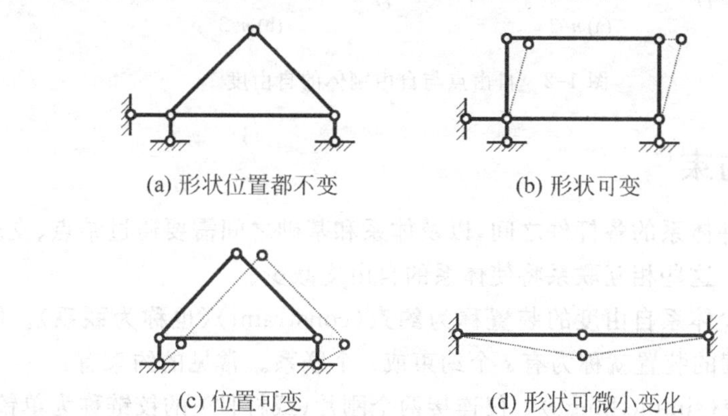

(a) 形状位置都不变　　(b) 形状可变

(c) 位置可变　　(d) 形状可微小变化

图 1-1　杆件体系

形状或位置能发生变化或两者均能发生变化的体系则称为**几何可变体系**(geometrically unstable system),如图1-1(b)、(c)、(d)所示。

几何可变体系又可分为**常变体系**(frequentation unstable system)和**瞬变体系**(instantaneous unstable system)。如图1-1(b)、(c)所示体系可以发生有限的位移,称为常变体系;如图1-1(d)所示体系,杆件处在水平位置时可有运动趋势,但在发生微小位移后又不再能继续运动的体系称为**瞬变体系**。

只有几何不变体系才能作为常规的工程结构使用。几何可变体系只能在特定荷载下保持平衡,在一般荷载作用下均将发生运动,因此几何可变体系不能作为常规的工程结构。

1.1.2 自由度

自由度(degree of freedom)是指确定体系位置所需的独立坐标数,或者体系运动时可以独立改变的几何参数的数目。体系的自由度通常记作 n。

根据上述定义,图1-2(a)所示的平面上一个自由点 A,其独立的坐标数为2,一个平面自由刚体 AB(平面刚体也称为**刚片**,其形状可任意)的独立坐标为3(两个坐标和一个转角)。因此,图1-2(a)所示的自由度为 $n=2$;图1-2(b)所示的自由度为 $n=3$。

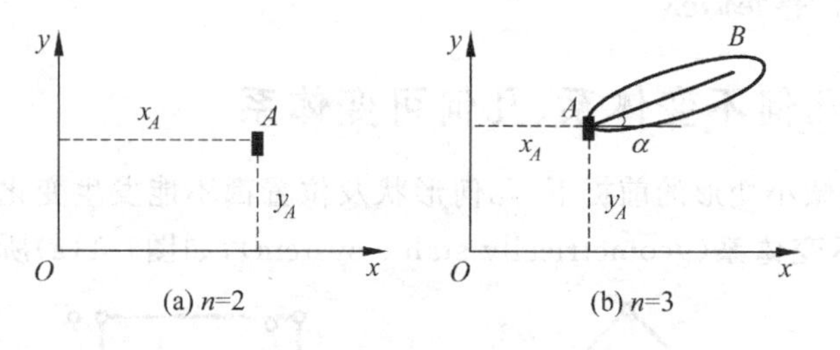

图1-2 自由点与自由刚体的自由度

1.1.3 约束

组成杆件体系的各杆件之间,以及体系和基础之间需要通过结点、支座相互联系起来。这些相互联系将使体系的自由度减少。

凡能减少体系自由度的装置称为**约束**(constraint)(也称为**联系**)。能减少 s 个自由度的装置就称为有 s 个约束或 s 个联系。常见的约束有:

(1) **单铰**(simple hinge) 仅连接两个刚片(或杆件)的铰链称为单铰,如图1-3(a)所示。若图中的单铰 A 不存在,两个杆件有6个自由度;加铰后,确定体系位置只需 4 个坐标：x_A、y_A、φ_1、φ_2，即有 4 个自由度。这个单铰能减少两个自由度，因此一个单铰相当于两个约束。

(2) **链杆**(connection link)　用于将两个刚片或杆件连接在一起的两端铰结的杆件称为链杆。图 1-3(b)中的 12 杆即为链杆。在几何组成分析时往往将大地视为刚片，体系与大地相连的支座杆即为链杆，它只能减少一个自由度，故一根链杆为一个约束。

(3) **单刚结点**(simple rigid joint)　仅连接两杆或刚片的刚结点，图 1-3(c)所示的 B 处即为单刚结点。它能减少三个自由度，所以单刚结点有三个约束。任一杆段均可视为由两段刚结而成，因而杆中任意截面处均可视为有三个约束。

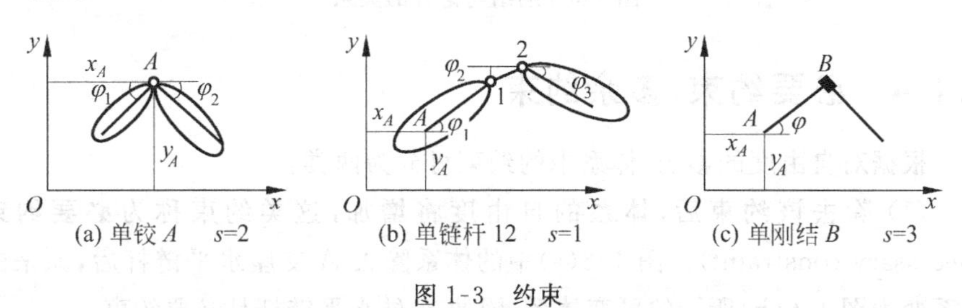

图 1-3　约束

链杆、单铰和单刚结点从运动的可能性或从所提供的约束方面考虑，可以如图 1-4 和图 1-5 所示互相代替，也即双向箭头(⇔)所表示的是相互可以替换的。例如图 1-4(a)相交两链杆等价于一个单铰；图 1-5 所示的单刚结点等价于不全平行、不交于一点的三根链杆或一个单铰和一根链杆等。图 1-4(c)所示的延长线相交的两根链杆使得它们所连接的刚片在当前位置只能发生绕 O 点的转动，其作用相当于在 O 点的一个单铰，称其为**虚铰**(virtual hinge)。相对于虚铰，图 1-4(a)所示单铰称为**实铰**。但是虚铰和实铰也是有区别的，实铰的转动中心是固定的，虚铰的转动中心不一定是固定的，因此虚铰也称为

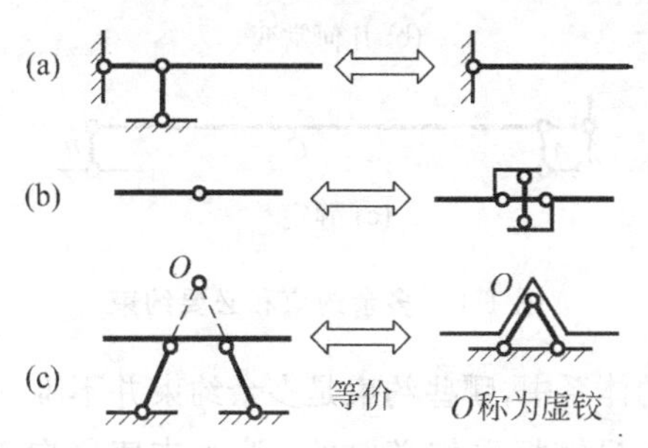

图 1-4　铰与链杆的关系

瞬铰,只是瞬间相当于在此处有铰的作用。

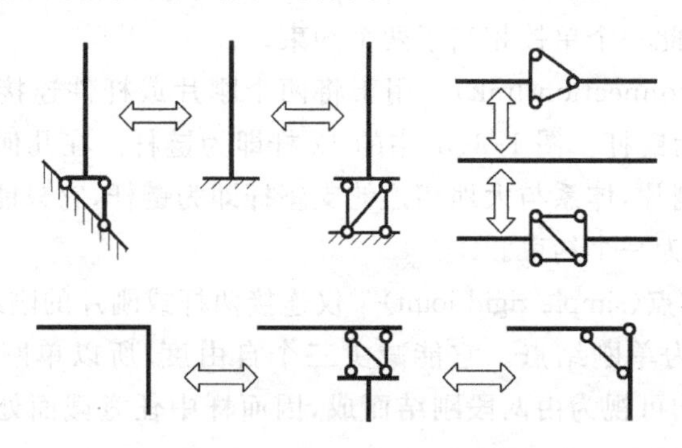

图 1-5 刚结与链杆的关系

1.1.4 必要约束、多余约束

根据对自由度的影响,体系中的约束可分为两类:

(1) 除去该约束后,体系的自由度将增加,这类约束称为**必要约束**(necessary constraint)。图 1-6(a)中的体系除去 A 支座水平链杆后,原来的体系变为图 1-6(b)所示的可变体系,因此 A 处水平链杆是必要约束。

(2) 除去该约束后,体系的自由度不变,这类约束称为**多余约束**(superfluous constraint)。图 1-6(a)中的体系,除去竖向链杆 C 后,变成图 1-6(c)所示体系,自由度不变,因此链杆 C 是多余约束。

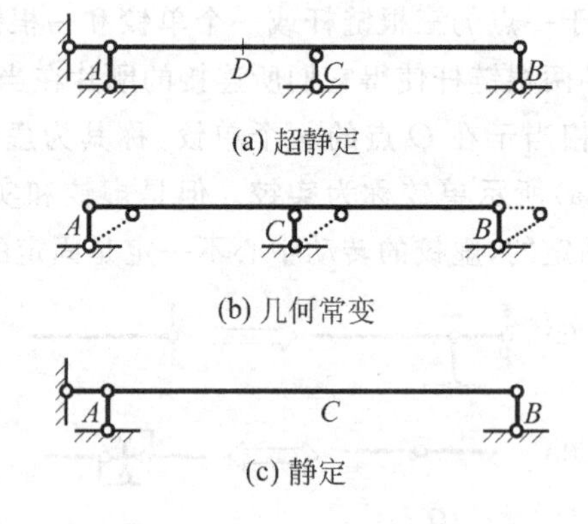

图 1-6 多余约束和必要约束

在有多余约束的体系中,哪些约束是多余约束并不唯一。例如在图 1-6(a)所示体系中,若将 B、C 链杆看作必要的,则 A 支座竖向链杆是多余的;若将 A 处竖向链杆与 B 链杆看成必要的,则 C 链杆就是多余的。

若一个几何不变体系中无多余约束，则称其为**无多余约束几何不变体系**。反之称为**有多余约束几何不变体系**。

1.1.5　静定结构、超静定结构

几何不变体系在荷载作用下可维持平衡，从而可作常规结构使用。当仅由静力平衡方程即可确定全部约束力和内力时，称为**静定结构**(statically determinate structure)。反之，不能全部确定的称为**超静定结构**(statically indeterminate structure)。

一个结构是静定结构还是超静定结构与其是否有多余约束有关。

一个无多余约束的平面几何不变体系在任意荷载作用下，若取体系中的每个刚片作为隔离体，则可建立的独立的平衡方程的个数为 $3\times N$(N 为刚片数)；体系中的约束数为 $3\times N$，则约束力数与独立的平衡方程数相同，约束力可确定。约束力确定后，利用截面法由平衡方程可确定内力。因此，无多余约束的几何不变体系是静定结构，如图 1-7(a)所示。

有多余约束的几何不变体系中的约束数多于可建立的独立平衡方程的个数，仅由平衡方程不能确定所有约束力。因此，有多余约束的几何不变体系是超静定结构，如图 1-7(b)所示。

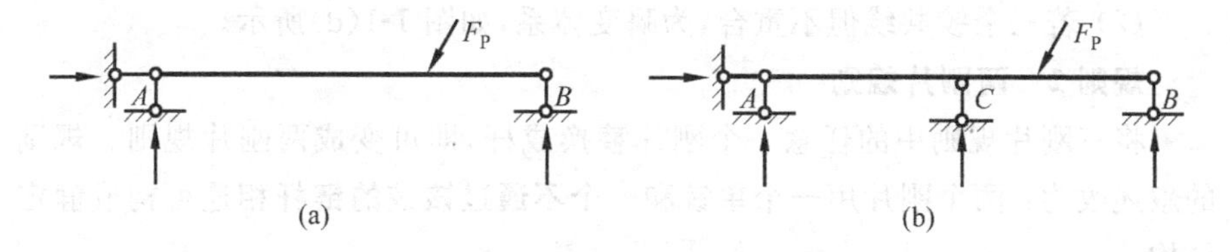

图 1-7　静定结构与超静定结构

静定结构与超静定结构的受力分析方法不同，在对结构进行受力、变形分析时，首先应该确定它属于哪种结构。而这个问题可由结构的几何组成分析来确定。

1.2　静定结构的组成规则

静定结构是构成超静定结构的基础，在静定结构上增加约束即可构成超静定结构。熟练掌握静定结构的组成规则，不仅可以确定一个结构是静定结构还是超静定结构，而且也可以确定超静定结构中哪些约束是多余的。后一点是第 4 章介绍的力法分析过程中的关键一步。

1.2.1 静定结构组成规则

众所周知,当三条边能组成三角形时,此三角形形状是唯一的,这是静定结构组成规则的基本出发点。由此基本点出发,可得如下构造静定结构的规则(统称为三角形规则)。

规则1 三刚片规则

三个刚片用**三个不共线单铰**两两相连可组成一静定结构。根据这一规则可构造出如图1-8(a)、(b)、(c)所示的静定结构。它们统称为**三铰结构**。

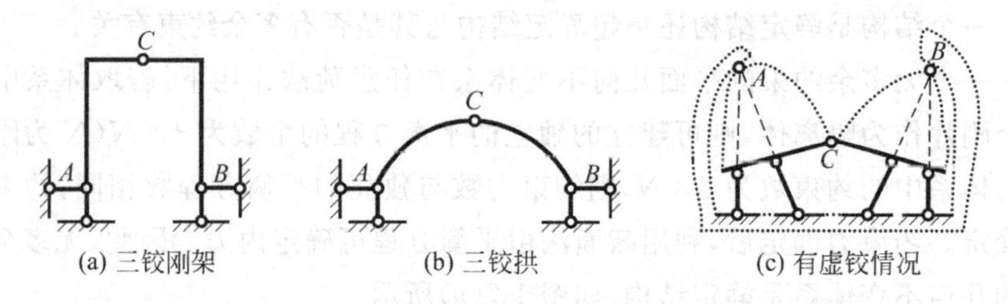

(a) 三铰刚架 (b) 三铰拱 (c) 有虚铰情况

图1-8 三铰结构

需要注意的是:

(1) 刚片的形状是可以任意转换的,例如图1-8(c)组成的虚铰。

(2) 若三个铰共线但不重合,为瞬变体系,如图1-1(d)所示。

规则2 两刚片规则

将三刚片规则中的任意一个刚片替换成杆,即可变成两刚片规则。规则的叙述改为:两个刚片用**一个单铰和一个不通过该铰的链杆**相连可构成静定结构。

根据这一规则构造出的静定结构如图1-9(a)、(b)、(c)所示,称为单体或联合结构;当刚片为一直杆时称为梁式结构。

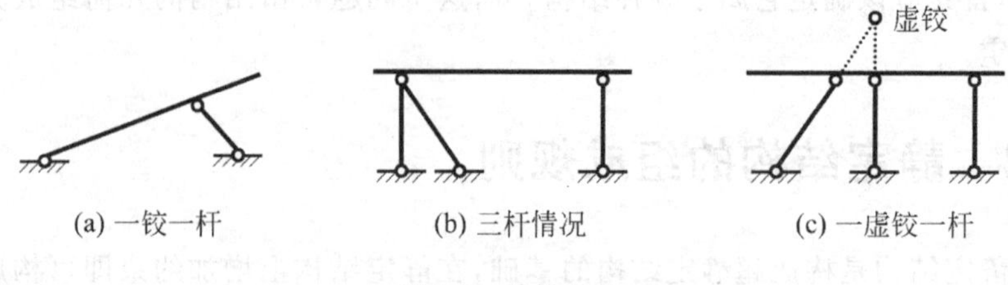

(a) 一铰一杆 (b) 三杆情况 (c) 一虚铰一杆

图1-9 单体结构

需要注意的是:

(1) 当进一步将铰链用两链杆代替时,规则叙述改为:两个刚片用三个既不平行也不交于一点的链杆相连构成静定结构，如图 1-9(b)、(c)所示。

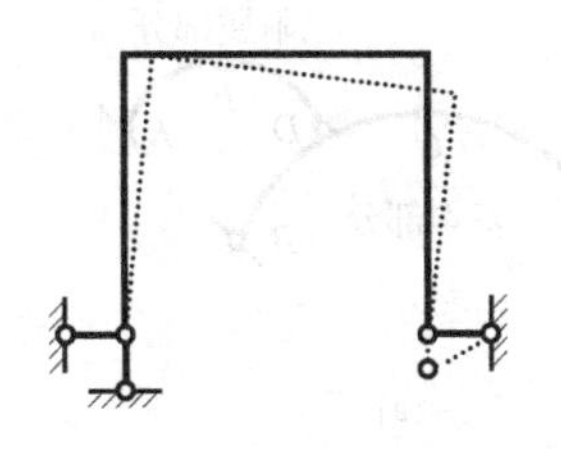
图 1-10　瞬变体系

若链杆延长线通过铰，则所组成的体系为瞬变体系。图 1-10 所示体系即为瞬变体系。

(2) 对两刚片三杆的情况，请读者自行分析不满足既不平行也不交于一点时的结论。

规则 3　二元体规则

定义：在体系上用两个不共线链杆或刚片铰结可生成一个新的结点，这种产生新结点的装置称为二元体，如图 1-11(a)所示。图 1-11(b)因为不符合上述定义条件，因此不是二元体。

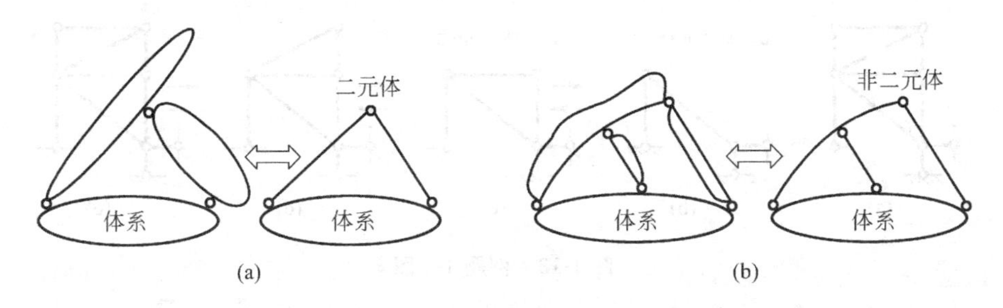

图 1-11　二元体和非二元体

基于二元体的定义，二元体规则可叙述为：在任意一个体系上加二元体或减二元体都不会改变体系的可变性。这可如下理解：如果体系是不变的，则将二元体的两杆视为刚体，在体系上加二元体后，由三刚片规则可知，新体系一定是不变的。而如果体系原来就是可变的，原体系的自由度大于零，因为在其上加二元体增加了一个铰结点和两根链杆，并不能减少增加后体系的自由度(一点二个自由度，两根链杆剥夺两个自由度)，所以新体系仍然自由度大于零，仍然可变。减去二元体情况与此类似。

利用二元体规则，可在一个按上述规则构成的静定结构基础上，通过增加二元体组成新的静定结构，如此组成的结构称为**主从结构**(principal and subordinate structure)或基附型结构。最先构建的基础静定部分称为主结构或**基本部分**(essential portion)，后增加的二元体部分称为从结构或**附属部分**(subsidiary portion)。图 1-12 所示结构均为主从结构。需要指出的是，此类结构的组成有先后次序，如图 1-12 (a)所示结构，先构造 ABC，然后加上 DEF，前者是基本部分，后者则为附属部分。

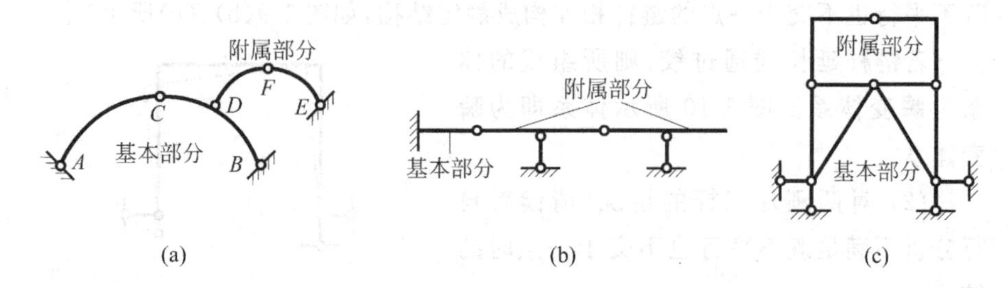

图 1-12 主从结构

1.2.2 组成分析举例

例题 1-1 分析图 1-13(a)所示体系的几何组成。

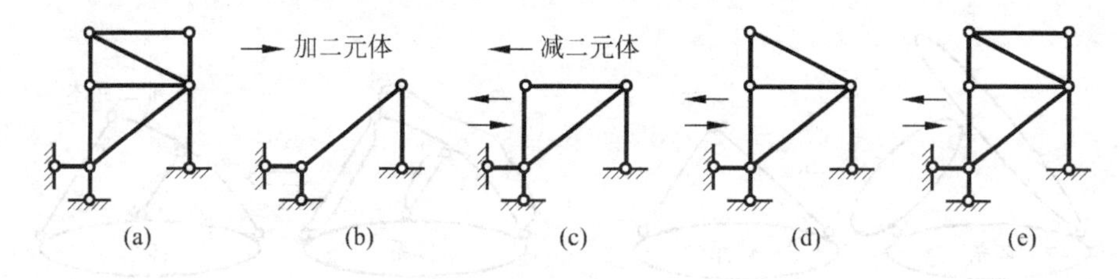

图 1-13 例题 1-1 图

解：图 1-13(a)所示体系可视为在图 1-13(b)所示几何不变体系的基础上，如图所示逐次增加两个杆(二元体)构成。当然也可按在原体系上依次撤除二元体，得图 1-13(b)所示几何不变体系。按规则 3 可知其为无多余约束的几何不变体系，是静定结构。

结论：分析时若能找出二元体并将其去掉，则会减少杆件数量，从而降低分析的难度。

例题 1-2 分析图 1-14(a)所示体系的几何组成。

解：将原体系的支座去掉，得图 1-14(b)所示体系。显然，若它几何不变，则由两刚片规则可确定原体系不变；若几何可变，原体系也为几何可变。图 1-14(b)所示体系用减二元体规则去除二元体后可得图 1-14(c)，到此已可看出是具有一个自由度的几何可变体系。所以原体系是具有一个自由度的可变体系。

若要使其成为无多余约束的几何不变体系，需要增加一个约束。例如可在 A、B 两点间加一个链杆，或在 C 点加一个竖向链杆(如图 1-14(d)所示)，它们都可构成静定结构。但如图 1-14(d)所示体系用前述“三角形”规则就不

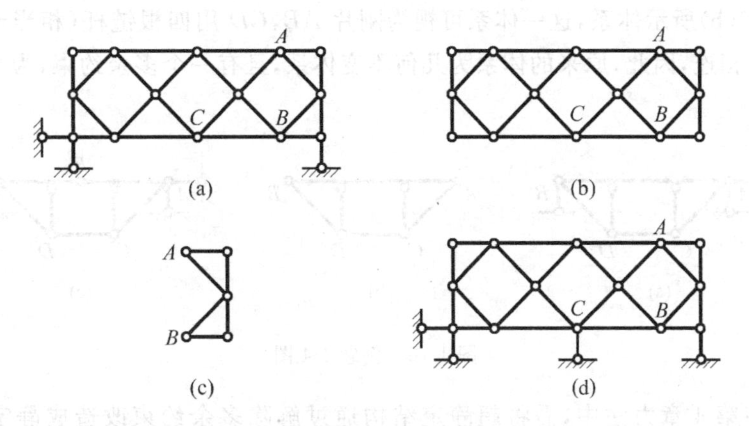

图 1-14　例题 1-2 图

能判定了，要用其他方法来判定。

结论：当体系与基础间仅用一个铰和一根不通过铰的链杆，或三根不交于一点、不全部平行的链杆相连时，只需分析去掉基础后的部分。习惯上称为分析体系的**内部可变性**。

例题 1-3　分析图 1-15(a)所示体系的几何组成。

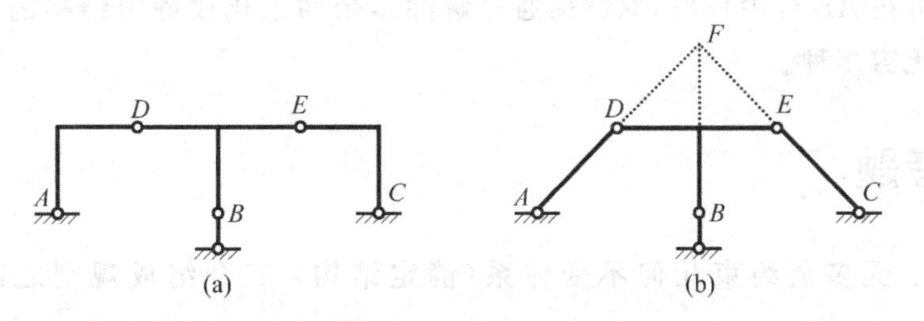

图 1-15　例题 1-3 图

解：将折杆 AD 看成链杆，其约束作用与连接 A、D 两点的直链杆相同，用直链杆代替后如图 1-15(b)所示。二刚片三杆相连，三杆交于一点 F 构成虚铰，故原体系为瞬变体系。

若将 B 点链杆换成水平链杆，则可使原体系变为静定结构，当然还有其他多种选择可使原来的可变体系变为静定结构。

结论：在分析中有时需要把与其他部分仅用两个铰相连的刚片以一根链杆代替，从而可使分析过程简化。

例题 1-4　分析图 1-16(a)所示体系的几何组成。

解：利用例题 1-2 的结论将图 1-16(a)所示体系除去支座后，得到

图 1-16(b)所示体系，这一体系可视为刚片 AB，CD 用四根链杆(相当于两个单铰)相连，因此，原来的体系为几何不变体系，且有一个多余约束，为超静定结构。

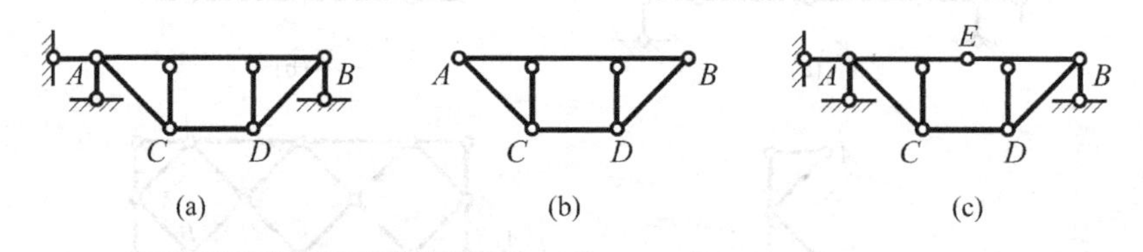

图 1-16 例题 1-4 图

在第 4 章力法中，需将超静定结构通过解除多余约束改造成静定结构(需注意：只能通过解除来实现，不能给它增加原来没有的约束)。对于本例，改造成静定结构时需要除去一个多余约束。在 1.1.4 节中已指明，将哪一个约束看成多余约束并不唯一，例如除支座链杆以外的任意一根链杆均可看成多余约束；去掉一个链杆后，即可得到一个静定结构。若在 AB 杆中 E 截面加一个铰(如图 1-16(c))所示，即将刚结点变成铰结点，相当于解除一个约束(见图 1-5(b)，解除铰 E 两侧截面发生相对转动的约束)。由于 E 点可在 AB 杆中任取，原结构通过解除多余约束化成静定结构的方案也就有无穷多种。

思考题

1. 无多余约束几何不变体系(静定结构)三个组成规则之间有何关系？

2. 实铰与虚铰有何差别？

3. 试举例说明瞬变体系不能作为结构的原因。接近瞬变的体系是否可作为结构？

4. 平面体系几何组成特征与其静力特征间关系如何？

5. 作平面体系组成分析的基本思路、步骤如何？

6. 构成二元体的链杆可以是复链杆吗？

7. 超静定结构中的多余约束是从何角度被看成是“多余”的？

习题

1-1　分析图示体系的几何组成(图(c)为分析内部可变性)。

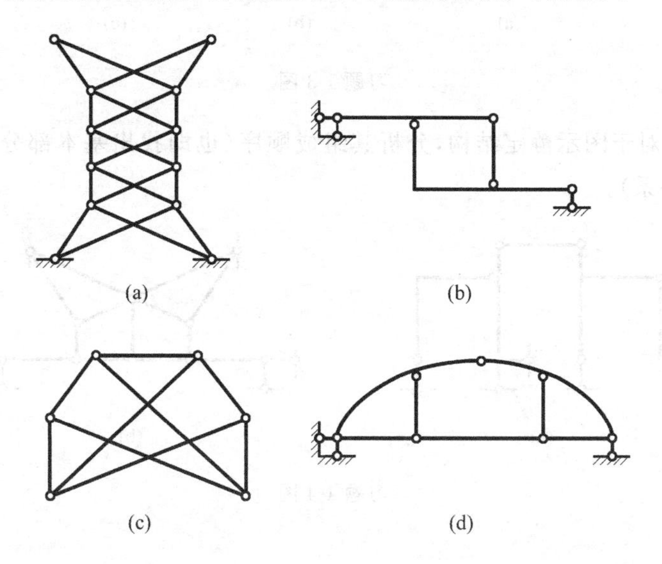

习题 1-1 图

1-2　分析图示体系的几何组成(图(c)为分析内部可变性)。

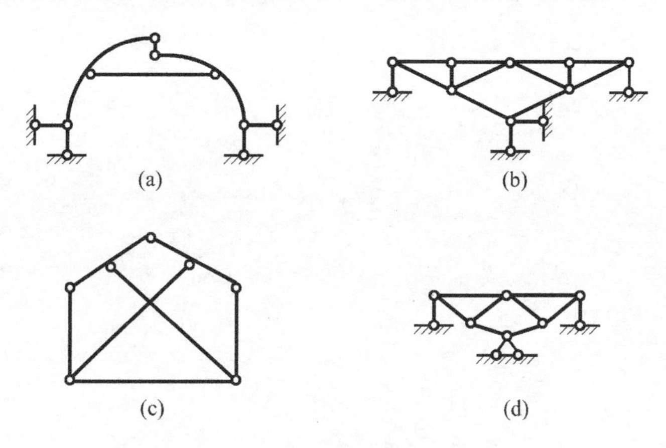

习题 1-2 图

1-3　将图示超静定结构通过适当减除约束改造成静定结构(不少于三种选择)。

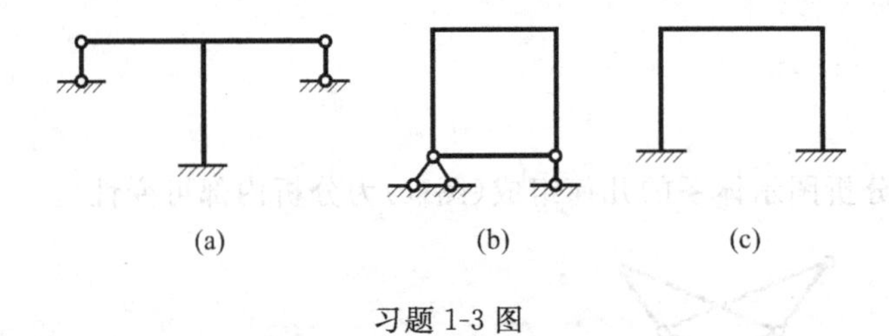

(a)　　(b)　　(c)

习题 1-3 图

1-4　对于图示静定结构,分析其组成顺序(也即找出基本部分和附属部分、附属关系)。

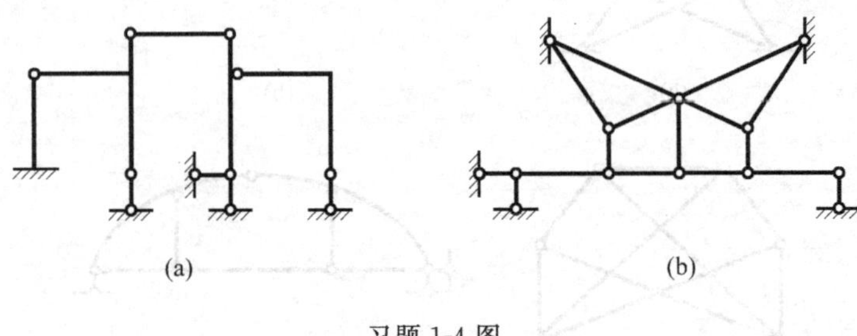

(a)　　(b)

习题 1-4 图

第2章

静定结构受力分析

静定结构的受力分析，将在理论力学的隔离体受力分析和材料力学建立杆件内力方程作受力分析的基础上，确定各类平面杆系结构由荷载所引起的弯矩、剪力和轴力的变化规律——内力图。主要是应用结点法、截面法和内力与荷载间的平衡微分关系等知识。这些在理论力学、材料力学中已经学过的基本理论知识如果有所遗忘或还不够熟练，必须及时复习、巩固。否则，将会给今后的学习带来困难。

2.1 弹性杆内力分析回顾

2.1.1 材料力学内容回顾

材料力学中关于杆件内力分析的要点有：

(1) **内力符号规定**：轴力 F_N，拉为正，压为负；剪力 F_Q 使截开部分产生顺时针旋转者为正，反之为负；梁的弯矩 M 使杆件产生上凹者为正(也即下侧纤维受拉为正)，反之为负。

(2) **求内力的方法——截面法**：用假想截面将杆件截开，以截开后受力简单部分为平衡对象(也称为**隔离体**，isolation bodies)并分析其受力，最后列平衡方程求得内力。

(3) **直杆平衡方程(也称为微分关系)**：取微段 dx 为隔离体如图 2-1 所示，假设其上受有轴向分布荷载集度 $p(x)$、横向分布荷载集度 $q(x)$，在给定坐标系中它们的指向与坐标正向相同者为正。考虑微段的平衡，通过建立 $\sum F_x = 0$、$\sum F_y = 0$ 和 $\sum M = 0$ 可得

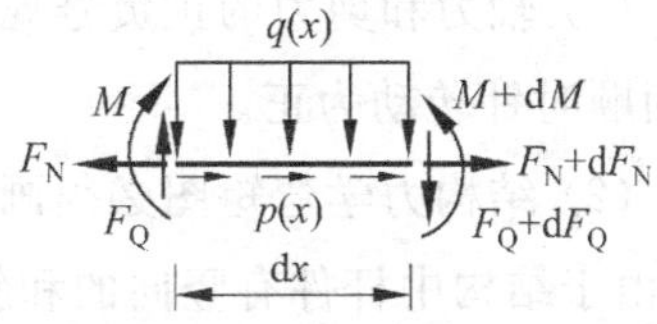

图 2-1 直杆段受力示意

$$\frac{\mathrm{d}F_{\mathrm{N}}}{\mathrm{d}x}=-p(x),\quad \frac{\mathrm{d}F_{\mathrm{Q}}}{\mathrm{d}x}=-q(x),\quad \frac{\mathrm{d}M}{\mathrm{d}x}=F_{\mathrm{Q}}$$

这就是直杆段的平衡微分关系。

(4) **内力图绘制方法**：利用截面法确定杆件控制截面上的内力，应用微分关系确定控制截面之间内力图的正确形状。常用的微分关系的结论如下表：

	荷载情况	剪力情况	弯矩情况
1	直杆段无横向外荷载作用	剪力等于常数	弯矩图为直线(当剪力等于零时，弯矩为常数)
2	横向集中力作用点处	剪力产生突变	弯矩图斜率发生改变
3	集中力偶作用点处	剪力不变	弯矩图产生突变
4	铰结点附近(或自由端处)有外力偶作用		铰附近截面(或自由端处)弯矩等于外力偶矩值
5	弯矩图与荷载方向关系		弯矩图凸向与荷载(集中力或均布荷载)方向一致

(5) **叠加法的应用**：小变形情况下，复杂荷载引起的内力，可由简单荷载引起的内力叠加得到。

2.1.2 一些应熟记的单跨梁内力图(如图 2-2)

2.1.3 结构力学与材料力学内力符号规定的异同

结构力学中对内力的一些规定和材料力学规定既有相同的，也有不同的，为便于后面的学习，读者需要注意这些区别。

(1) 轴力和剪力的正负号规定与材料力学一样，也即轴力拉为正，剪力使截面顺时针转动为正。

(2) 结构力学弯矩图必须画在杆件纤维受拉的一侧，弯矩图上不标正负号(由于结构中杆件有竖向的和斜向的，像材料力学那样规定杆件一侧受拉为正已无法表示，而杆件纤维受拉侧是唯一的)。

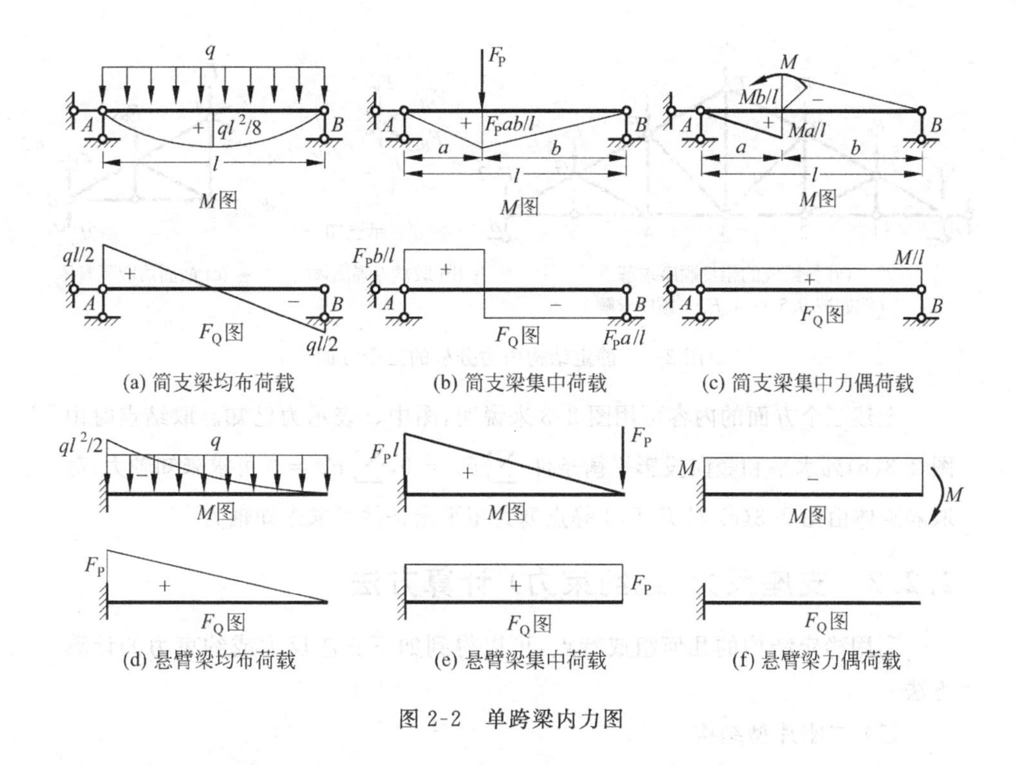

(a) 简支梁均布荷载　(b) 简支梁集中荷载　(c) 简支梁集中力偶荷载

(d) 悬臂梁均布荷载　(e) 悬臂梁集中荷载　(f) 悬臂梁力偶荷载

图 2-2　单跨梁内力图

2.2　静定结构的内力分析方法

静定结构有多种,受力性能也不一样,但应用截面法和平衡方程,是分析所有静定结构内力的基础。

2.2.1　静定结构内力分析方法

静定结构内力分析问题可以仅利用平衡条件解决,但各种不同结构受力性能不同,因此分析的具体内容也有所不同。但以下三个方面却是共同的。

(1) **基本原则**:循着结构组成的相反顺序(例如图 2-3(a)可按 B、5、G、4、F、…顺序),逐步应用平衡方程。

(2) **基本思路**:首先定性分析是否可能使问题简化,然后求支座反力,并根据所要解决的问题,选取合适的结点或截取结构部分(例如图 2-3(b)、(c)所示) 作为平衡对象——**隔离体**,最后由平衡条件求得问题的解答。

(3) **基本方法**:应用截面法(包括截取结点),也即切取隔离体画受力图,列平衡方程求未知力。

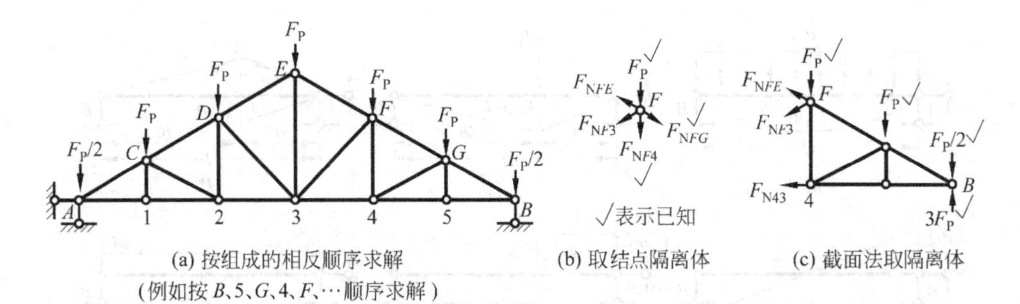

(a) 按组成的相反顺序求解
(例如按 B、5、G、4、F、…顺序求解)

(b) 取结点隔离体

(c) 截面法取隔离体

图 2-3 静定结构内力分析的三个方面

上述三个方面的内容可用图 2-3 来说明,图中√表示力已知。取结点时由图 2-3(b)列水平和竖向投影平衡条件 $\sum F_x=0$,$\sum F_y=0$ 可求未知轴力,截取隔离体由图 2-3(c) 对 B、F、3 等点列力矩平衡条件可求未知轴力。

2.2.2 支座反力(或约束力)计算方法

利用静定结构的几何组成特点,可以得到如下支座反力或约束力的计算方法。

(1) 二刚片型结构

二刚片型静定结构有两种:一种是一铰一杆相连(如图 2-4(a)所示),另一种是三杆相连(如图 2-4(b)所示)。由于刚片间都是三个联系(例如将Ⅱ看为地基,对应三个支反力),因此选取隔离体的原则是:**将刚片之间的三个约束切断,取一个刚片作为隔离体**(如图 2-4(c)、(d)所示)。

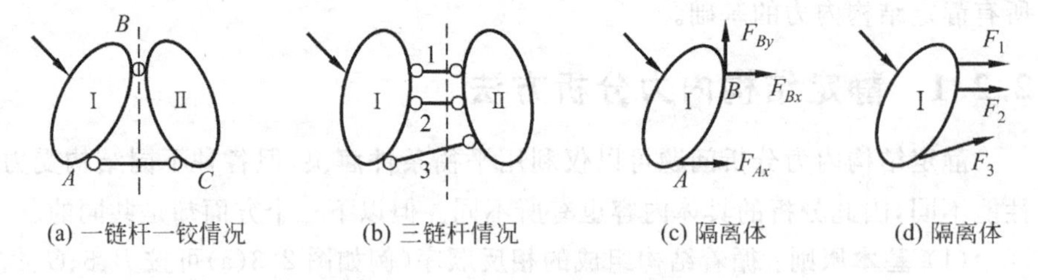

(a) 一链杆一铰情况 (b) 三链杆情况 (c) 隔离体 (d) 隔离体

图 2-4 二刚片隔离体示意图

反力可由如下平衡方程(一矩式)求得:

$$\sum F_x=0,\quad \sum F_y=0,\quad \sum M=0$$

也可用二矩或三矩式,目的是尽量使一个方程只含有一个未知力,以避免解联立方程。

(2) 三刚片型结构

三刚片型静定结构为：每两个刚片间都有一个铰(或虚铰)相连，如图 2-5(a)、(b)所示。若将Ⅲ视为地基，为求反力，应该用截面法从铰处切断。取任意刚片为隔离体时，都将切断四个约束(拆开两个铰或切断虚铰的链杆)，一个隔离体独立的平衡方程只有三个，不可能求出四个约束力，为此需要再截取一个新的隔离体。

为减少联立方程个数，例如先求 B 处两个约束力，首先用 1—1 截面取Ⅰ刚片作隔离体，如图 2-5(c)所示。对 A 点取矩列力矩平衡方程：

$$\sum M_A = 0 \tag{a}$$

再用 2—2 截面取包含 B 铰的另一个刚片作隔离体，如图 2-5(d)所示。对 C 点取矩，列力矩平衡方程：

$$\sum M_C = 0 \tag{b}$$

方程(a)、(b)中的未知量都是 B 铰约束力 F_{Bx}、F_{By}，因此联立求解可得 F_{Bx}、F_{By}。

有了 F_{Bx}、F_{By}，如图 2-5(c)和(d)所示其他铰处的约束力即可用投影或对 B 点取矩求出。

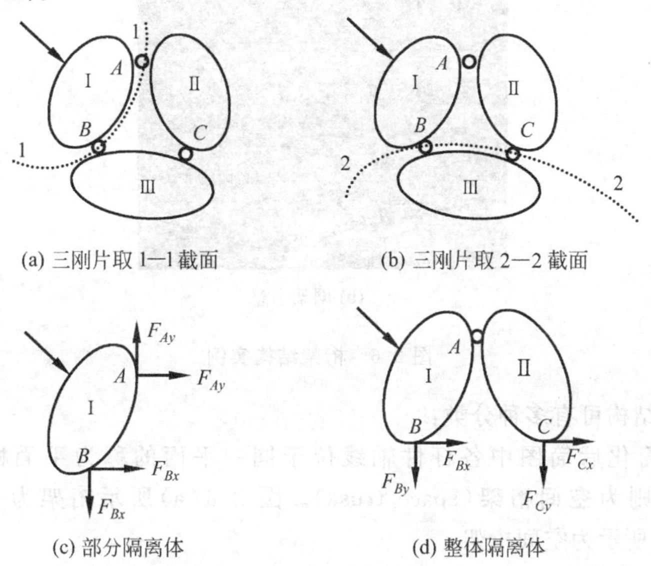

(a) 三刚片取 1—1 截面　(b) 三刚片取 2—2 截面

(c) 部分隔离体　(d) 整体隔离体

图 2-5　三刚片隔离体示意图

对有无穷远虚铰情况，不能列力矩平衡方程，而要列投影平衡方程。因为不论什么情况都必须用两个截面取两个隔离体，因此该种方法也称为**双截面法**。

2.3 桁架受力分析

2.3.1 桁架结构

如图 2-6 所示，一些杆轴交于一点的工程结构经合理抽象简化后，其计算简图都可化成“只受结点荷载作用的直杆、铰结体系”，称为**桁架结构**(truss structure)，其受力特性是结构内力只有轴力，而没有弯矩和剪力。

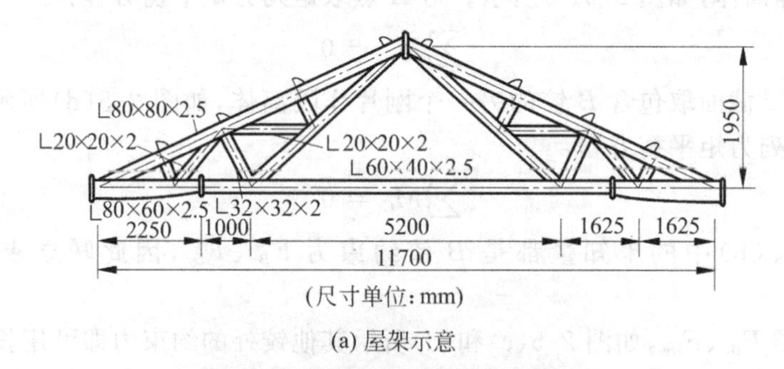

(尺寸单位: mm)

(a) 屋架示意

(b) 网架示意

图 2-6 桁架结构实例

桁架结构可有多种分类：

(1) 简化后简图中各杆件轴线位于同一平面的称为**平面桁架**(plane truss)，否则为**空间桁架**(space truss)。图 2-6(a)所示桁架为平面桁架；图 2-6(b)所示为空间桁架。

(2) 根据结构组成规则，若属先组成三角形，然后由加二元体所组成的桁架，则称为**简单桁架**(simple truss)，如图 2-7(a)所示。由几个简单桁架按二、三刚片组成规则构造的静定结构，称为**联合桁架**(combined truss)，如图 2-7(b)所示。除这两类以外的其他桁架，称为**复杂桁架**(complicated truss)，如图 2-7(c)所示。

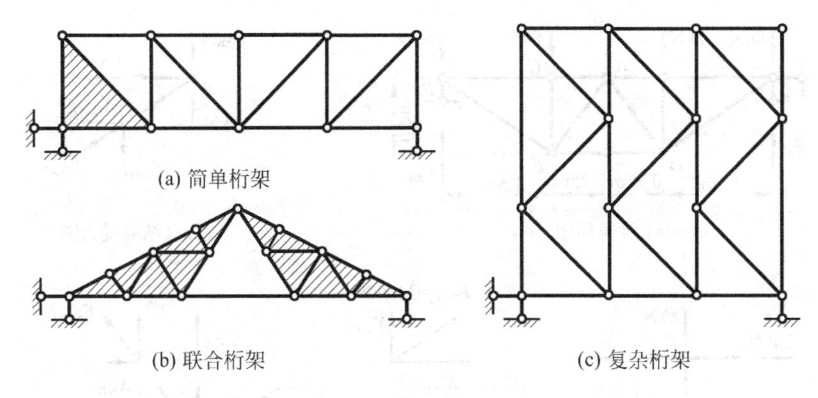

(a) 简单桁架　(b) 联合桁架　(c) 复杂桁架

图 2-7　桁架组成分类

桁架还可按外形特点进行分类，有所谓平行弦、梯形、折线型、抛物线桁架等，这里不再赘述。

2.3.2　结点法

以桁架的结点作为隔离体时，结点承受汇交力系作用。因为简单桁架是由加二元体所组成，所以当**遵循按"组成相反顺序"的求解基本原则**逐次建立各结点的平衡方程时，桁架各点未知内力数目一定不超过独立平衡方程数。据此，可求得桁架各杆内力。这种方法称为**结点法**(method of joint)。

例题 2-1　图 2-8(a)为一个施工用托架计算简图，是简单桁架。求图示荷载下各杆的轴力。

解：(1) 此简单桁架的几何组成顺序可看作：在刚片 BGF 上依次加二元体得 E、D、C、A 结点，因此结点求解顺序为 A、C、D、…。当然这不是唯一的组成和求解顺序。

(2) 该桁架的支座反力只有 3 个，因此取整体作为隔离体，利用平衡条件就可求出全部支座反力。对支座结点 B 取矩，列 $\sum M_B=0$ 得

$$F_{Ay}\times 4.5\text{m}-8\text{kN}\times 4.5\text{m}-8\text{kN}\times 3\text{m}-6\text{kN}\times 2.25\text{m}-8\text{kN}\times 1.5\text{m}=0$$

得 $F_{Ay}=19\text{kN}$。

再列竖向投影平衡方程 $\sum F_y=0$ 得

$$F_{Ay}+F_{By}-8\text{kN}-8\text{kN}-6\text{kN}-8\text{kN}-8\text{kN}=0$$

代入 F_{Ay} 整理得 $B_{By}=19\text{kN}$。

最后由水平投影方程 $\sum F_x=0$ 得 $F_{Ax}=0$。

实际上，由于水平反力为零，该托架和荷载都对称，因此竖向支座反力等于荷载合力的一半，结果显然与上述计算完全相同。

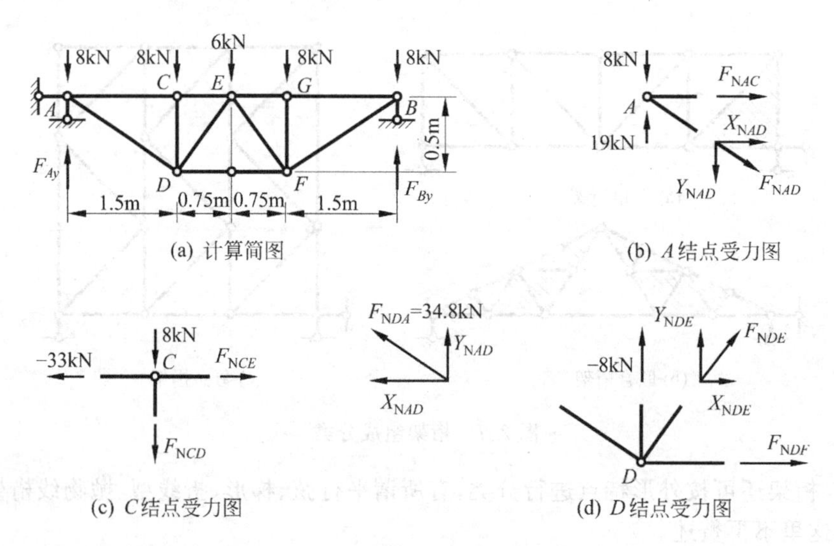

图 2-8 施工用托架求解过程

(3) 按照求解顺序取图 2-8(b)结点 A 作隔离体，列 $\sum F_y = 0$ 有：

$$F_{NAD} \times \frac{0.5\text{m}}{\sqrt{(0.5\text{m})^2 + (1.5\text{m})^2}} - 19\text{kN} + 8\text{kN} = 0$$

整理后可得 $F_{NAD} = 34.8\text{kN}$。

由平衡条件 $\sum F_x = 0$，可得

$$F_{NAC} = -F_{NAD} \times \frac{1.5\text{m}}{\sqrt{(0.5\text{m})^2 + (1.5\text{m})^2}} = -33\text{kN}$$

(4) 再取结点 C 作隔离体如图 2-8(c)，列 $\sum F_y = 0$ 有

$$F_{NCD} + 8\text{kN} = 0$$

整理可得 $F_{NCD} = -8\text{kN}$。列平衡方程 $\sum F_x = 0$，可得 $F_{NCE} = -33\text{kN}$。

(5) 接着取结点 D 作隔离体如图 2-8(d)，列 $\sum F_y = 0$ 有

$$F_{NDE} \times \frac{0.5\text{m}}{\sqrt{(0.5\text{m})^2 + (0.75\text{m})^2}}$$

$$+ F_{NDA} \times \frac{0.5\text{m}}{\sqrt{(0.5\text{m})^2 + (1.5\text{m})^2}} - 8\text{kN} = 0$$

将 F_{NDA} 代入上式整理后可得

$$F_{NDE} = -5.4\text{kN}。$$

列平衡方程 $\sum F_x = 0$，可得

$$F_{NDF}=-F_{NDA}\times\frac{1.5\text{m}}{\sqrt{(0.5\text{m})^2+(1.5\text{m})^2}}$$

$$+F_{NDE}\times\frac{0.75\text{m}}{\sqrt{(0.5\text{m})^2+(0.75\text{m})^2}}=37.5\text{kN}。$$

类似地，可求得其他各杆内力，不再赘述。

如果注意到$\frac{X_{NAD}}{Y_{NAD}}=\frac{X_{NDA}}{Y_{NDA}}=\frac{\overline{AC}}{\overline{CD}}=\frac{1.5\text{m}}{0.5\text{m}}$，$\frac{X_{NED}}{Y_{NED}}=\frac{X_{NDE}}{Y_{NDE}}=\frac{\overline{CE}}{\overline{CD}}=\frac{0.75\text{m}}{0.5\text{m}}$，列平衡方程先求投影后求轴力，一般可使计算得以简化。

在用结点法进行计算时，注意以下两点，还可使计算过程得到简化。

(1) **对称性**　杆件轴线对某轴线对称，结构的支座也对同一条轴对称的静定结构，称为**对称结构**(symmetrical structure)。对称结构在对称或反对称的荷载作用下，结构的内力及反力必然对称或反对称，这种性质称为**对称性**(symmetry)。因此，只要计算对称轴一侧的杆件内力，另一侧杆件的内力可由对称性直接得到。例题 2-1 中水平反力为零，为对称结构。所以只需要计算其中一半，另一半利用对称性得到。

(2) **结点单杆与零杆**　仅切取某结点为隔离体，并且结点连接的全部杆件内力未知，对于仅用一个平衡方程可求出内力的杆件，称为**结点单杆**。利用这个概念，根据荷载状况可判断此杆内力是否为零。零内力杆简称**零杆**(zero bar)。图 2-9 给出了一些零杆情形。图 2-9(a)所示情况结点连接两个杆件且无荷载作用，两杆都是零杆；图 2-9(b)所示情况结点连接三个杆件且无荷载作用，其中两个杆件轴线重合，则非共线的单杆为零杆；图 2-9(c)所示情况结点连接两个杆件且有荷载作用，而荷载作用线与其中一个杆件轴线重合，另一个杆件为零杆。

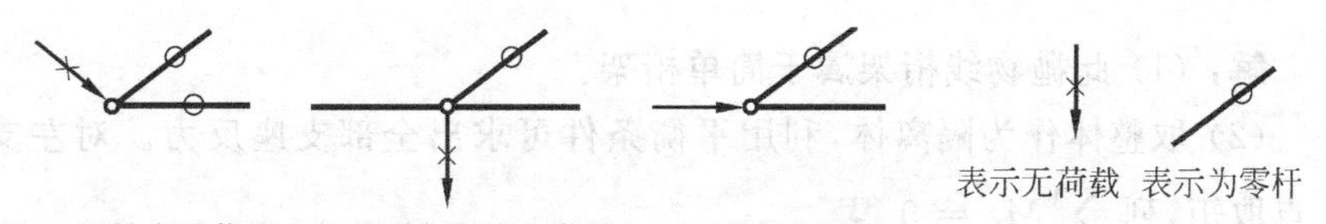

图 2-9　一些零杆情况

2.3.3　截面法

利用结点法可以求解任意静定桁架的内力，对于简单桁架可按照组成相反顺序逐步求解。实际工作中，如果只需确定少数杆件的内力或用结点法必须求解联立方程时(如联合桁架)，一般不用结点法，而采用截面法确定某些指定杆的内力。

所谓截面法，就是适当选择包含需求轴力杆的截面，以桁架的某一局部为隔离体，由平衡方程求所需杆件轴力的方法。

平面桁架截面法所取隔离体(荷载、支座反力和截断杆轴力构成平面任意力系)的独立平衡方程数为3，因此一般情形下截断的杆件未知轴力数应该不多于可列的独立平衡方程数。

例题 2-2 试求图 2-10 抛物线桁架在所示荷载作用下的指定杆 1、2、3、4 的轴力。图中杆边数字为杆长，长度单位是 mm。

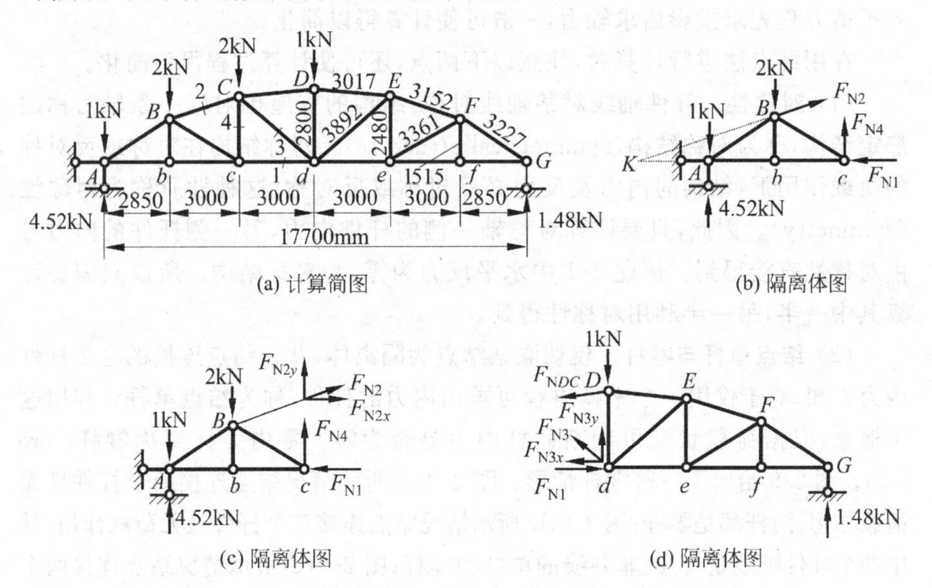

图 2-10 抛物线桁架示意

解：(1) 此抛物线桁架属于简单桁架。

(2) 取整体作为隔离体，利用平衡条件可求出全部支座反力。对左支座 A 点取矩，列 $\sum M_A = 0$ 得

$$F_{Gy} \times 17700\text{mm} - 2\text{kN} \times 2850\text{mm} - 2\text{kN} \times 5850\text{mm} - 1\text{kN} \times 8850\text{mm} = 0$$

整理后得 $F_{Gy}=1.48\text{kN}$。再列竖向投影方程 $\sum F_x = 0$ 得

$$F_{Ay} + F_{Gy} - 1\text{kN} - 2\text{kN} - 2\text{kN} - 1\text{kN} = 0$$

代入 F_{Gy} 整理后得 $F_{Ay}=4.52\text{kN}$。最后由水平投影 $\sum F_x = 0$ 得

$$F_{Ax} = 0$$

(3) 用截面将桁架从 1、2、4 杆处切断，取隔离体如图 2-10(b)所示。

① 对 C 点(2、4 杆件交点) 取矩，列力矩平衡条件 $\sum M_C = 0$，可求 1 杆

内力：

$$F_{N1} \times 2480\text{mm} - (F_{Ay} - 1\text{kN}) \times 5850\text{mm} + 2\text{kN} \times 3000\text{mm} = 0$$

整理后得：$F_{N1} = 5.87\text{kN}$。

② 对下弦 c 点（1、4 杆件交点）取矩，列力矩平衡条件 $\sum M_c = 0$，可求出 2 杆内力。为计算 2 杆轴力对 c 点的力矩，需先求得力臂（c 点到 2 杆距离，用 $\overline{c2}$ 表示）

$$\overline{c2} = \overline{cC} \times \sin\angle cCB$$

因为 $\sin\angle cCB = \dfrac{\overline{bc}}{\overline{BC}} = \dfrac{3000\text{mm}}{3152\text{mm}} = 0.952$，故有 $\overline{c2} = 2480\text{mm} \times 0.952 = 2360.4\text{mm}$。再列 c 点力矩平衡方程 $\sum M_c = 0$：

$$F_{N2} \times 2360.4\text{mm} + (F_{Ay} - 1\text{kN}) \times 5850\text{mm} - 2\text{kN} \times 3000\text{mm} = 0$$

整理后得：$F_{N2} = -6.18\text{kN}$。

上述直接计算力臂的方法较为复杂，也不直观。较为简便的方法是：根据已知的杆长，将 2 杆内力在 C 点沿坐标轴方向分解（如图 2-10(c)所示），此时竖向分力的力矩等于零，水平分力的力臂等于杆 Dd 长度已知。由此列出力矩平衡方程即可求得 2 杆轴力：

$$(4.52\text{kN} - 1\text{kN}) \times 5850\text{mm} - 2\text{kN} \times 3000\text{mm} + F_{N2x} \times 2480\text{mm} = 0$$

由此可得 $F_{N2x} = -5.88\text{kN}$，再由所给杆长几何关系可得 $\dfrac{3152}{3000} \times F_{N2x} = F_{N2} \approx -6.18\text{kN}$。

③ 对杆 BC 和 cd 延长线交点（设为 K 点）取矩可求 4 杆内力。交点 K 到 c 点的距离由所给杆长几何关系（相似三角形）求得如下：

$$\frac{2480\text{mm} - 1515\text{mm}}{3000\text{mm}} = \frac{2480\text{mm}}{\overline{Kc}}, \quad \overline{Kc} = 7709.84\text{mm}$$

据此再列 K 点力矩平衡方程 $\sum M_K = 0$：

$$F_{N4} \times \overline{Kc} + (F_{Ay} - 1\text{kN}) \times (\overline{Kc} - 5850\text{mm}) - 2\text{kN} \times (\overline{Kc} - 3000\text{mm}) = 0$$

代入力臂和反力，整理后得：$F_{N4} \approx 0.373\text{kN}$。

(4) 用截面将桁架 CD、3、1 杆截断，取右边部分为隔离体如图 2-10(d)所示。因为

$$\sin\angle CdD = \frac{\overline{cd}}{\overline{Cd}} = \frac{3000\text{mm}}{3892\text{mm}} = 0.77$$

将 3 杆内力在 d 点沿坐标轴方向分解，对 D 点取矩，竖向分力无力矩，列 D 点力矩平衡方程为

$$(F_{N3}\sin\angle CdD + F_{N1}) \times 2800\text{mm} - F_{Gy} \times 8850\text{mm} = 0$$

代入 F_{N1} 和 F_{Gy} 整理后得：$F_{N3} = -1.54\text{kN}$。

通过上述截面法求解过程可以看出，为使计算尽可能简单方便，一方面要选取合适的隔离体，另一方面，要考虑如何列方程使得一个方程能够求解一个未知量，以及是否需要将轴力进行分解等。

需要指出的是，应用截面法时同样可以利用对称性，同样存在单杆，在一定荷载下可直接判断出零杆。

(1) **对称性** 对于对称平面桁架，利用对称性也可只取对称轴一侧的结构为计算简图，此时对称轴位置处也可以用支座形式表示。如图 2-11(a)所示桁架结构在竖向荷载作用时，由于水平支杆反力为零，此时可当作对称结构，利用对称性来求解。

(a) 图 2-11(a)所示桁架结构当承受对称荷载时，在对称轴处水平位移(是反对称位移) 等于零、竖向位移(是对称位移) 不等于零，因此对称轴处的每个铰结点都相当于连接一个水平链杆支座，此时原来的结构也就相当于变成了左右两部分结构，由于左右两半结构的内力具有对称性，所以只需求解其中一半结构，图 2-11(b)所示为对称荷载作用时选取的左半结构。

(b) 当图 2-11(a)所示桁架承受反对称荷载时，在对称轴处竖向位移(对称位移) 等于零、水平位移(反对称位移) 不等于零，对称轴处的铰结点相当于连接一个竖向链杆支座，在对称轴上的杆件轴力为零。与上述对称荷载作用情况类似，反对称荷载作用时也可选取图 2-11(c)所示半结构作计算简图进行求解。

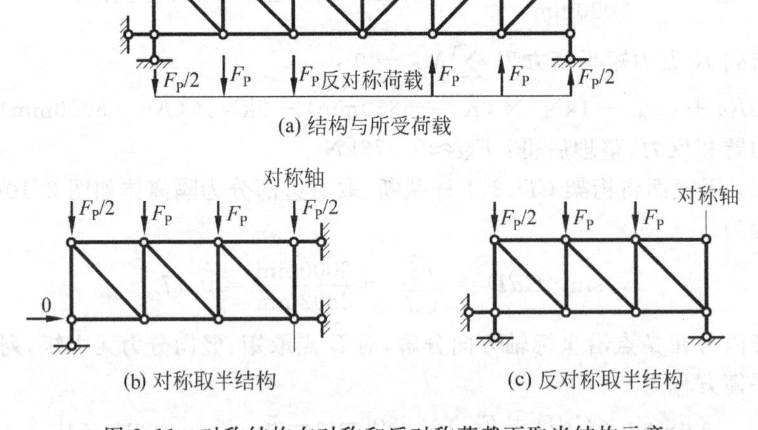

图 2-11 对称结构在对称和反对称荷载下取半结构示意

注意：这种取半结构的思想适用于任意对称静定结构。

(2) **单杆和零杆**　截面法取出的隔离体，不管其上有几个轴力，在全部内力未知的条件下，如果某杆的轴力可以通过列一个平衡方程求得，则此杆称为截面单杆，可能的截面单杆如图 2-12 所示。

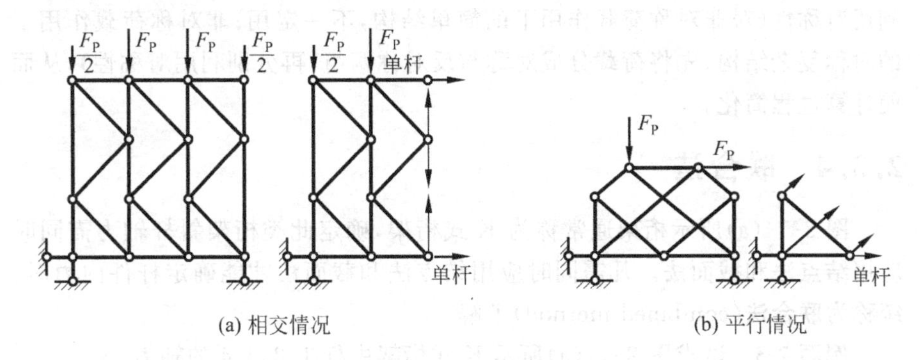

图 2-12　截面单杆

截开桁架后，除截面单杆外，若其他截断杆件的轴力作用线相交于一点，则称为相交情形，如图 2-12(a)所示。将隔离体上所有力对交点取矩，列力矩平衡条件即可求出单杆轴力；若其他截断杆件的作用线互相平行，则称为平行情形，如图 2-12(b)所示，将隔离体上所有力往平行力的垂直方向投影，列投影平衡方程即可求出单杆轴力。

对于相交情形，如果荷载与反力对其他未知力交点的总力矩为零，则截面单杆为零杆。对于平行情形，如果荷载与反力对垂直于平行力的某直线投影之和为零，则截面单杆为零杆。

此外，对称结构承受对称或反对称荷载时，如图 2-13 还有三种零杆情形。图 2-13(a)所示情况，对称荷载作用时，首先根据对称性可知图中两个斜杆的轴力应相等，再利用结点法列沿对称轴方向投影平衡方程可得斜杆轴力为零，即斜杆为零杆；图 2-13(b)所示情况，在反对称荷载作用时，与对称轴相交且垂直的杆件，先将该杆件在对称轴处切开，暴露出的轴力关于对称轴是对称的，这与反对称荷载作用的对称性结论矛盾，因此该杆件的轴力必须等于零，

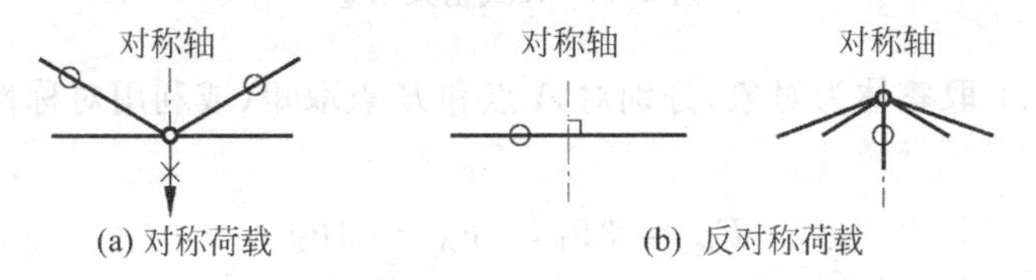

图 2-13　对称时的零杆

也即为零杆;图 2-13(b)右图所示情况,在反对称荷载作用时,轴线与对称轴重合的杆件,其中轴力关于对称轴也是对称的,该杆件轴力为零(也可从其他杆内力反对称,故在对称轴方向投影该杆轴力为零),即为零杆。

需要指出的是,分析桁架内力时,应首先分析并确定单杆和零杆,应充分利用对称性(对非对称荷载作用下的简单结构,不一定用;非对称荷载作用下的对称复杂结构,先将荷载分成对称与反对称两组,再分别利用对称性),从而使计算过程简化。

2.3.4 联合法

图 2-14(a)所示桁架通常称为 K 式桁架,确定此类桁架斜杆轴力需同时应用结点法和截面法。凡需同时应用结点法和截面法才能确定杆件内力时,统称为**联合法**(combined method)求解。

例题 2-3 试求图 2-14(a)所示 K 式桁架中杆 1、2、3、4 的轴力。

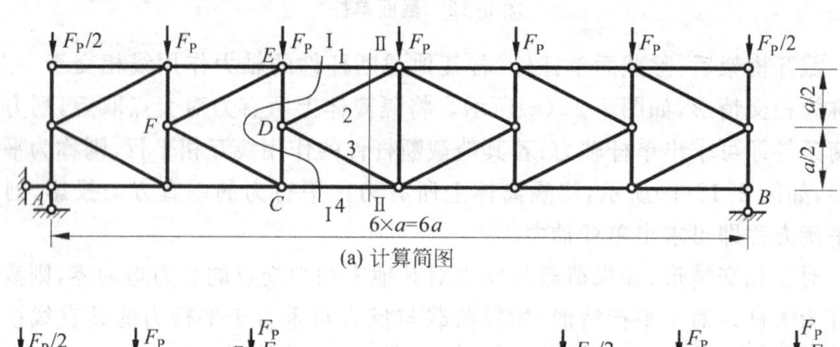

(a) 计算简图

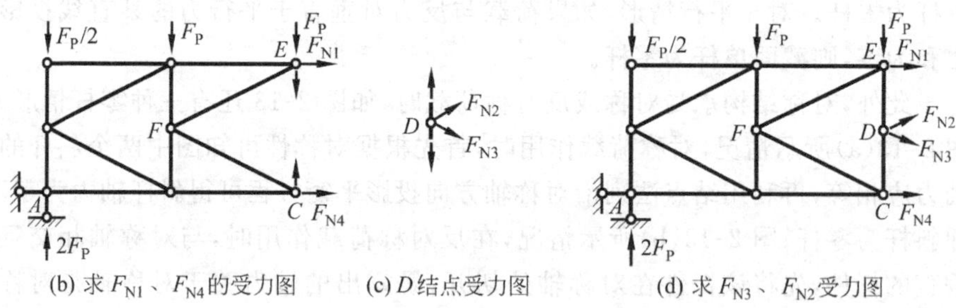

(b) 求 F_{N1}、F_{N4}的受力图 (c) D结点受力图 (d) 求 F_{N3}、F_{N2}受力图

图 2-14 K 式桁架示意

解:(1) 取整体为对象,分别对 A 点和 B 点取矩(或利用对称性)可得支座反力为:

$$F_{By}=3F_P,\quad F_{Ay}=3F_P$$

由水平投影方程得 $F_{Ax}=0$

(2) 用截面Ⅰ—Ⅰ(曲面)将桁架从杆 1、ED、DC、4 处截开,隔离体如

图 2-14(b)所示。

① 对 C 点取矩,可求得 1 杆内力。列 C 点力矩平衡方程为

$$F_{N1} \cdot a + F_{Ay} \cdot 2a - \frac{F_P}{2} \cdot 2a - F_P \cdot a = 0$$

整理后得　$$F_{N1} = -4F_P$$

② 对 E 点取矩,可求得 4 杆内力。列 E 点力矩平衡方程为

$$F_{N4} \cdot a - F_{Ay} \cdot 2a + \frac{F_P}{2} \cdot 2a + F_P \cdot a = 0$$

整理后得　$$F_{N4} = 4F_P$$

(3) 以结点 D 为隔离体如图 2-14(c)所示(结点法),列水平投影方程 $\sum F_x = 0$ 有

$$(F_{N2} + F_{N3})\cos\alpha = 0 \quad (\alpha\ 为斜杆与水平轴的夹角)$$

即　$$F_{N2} = -F_{N3}$$

可知 2、3 杆内力等值反向。

(4) 用Ⅱ—Ⅱ截面从杆 1、2、3、4 处将桁架截开,其左边部分隔离体如图 2-14(d)所示(截面法)。由 $\sum F_y = 0$ 可求得

$$F_{N2} \cdot \frac{0.5a}{\sqrt{a^2 + (0.5a)^2}} - F_{N3} \cdot \frac{0.5a}{\sqrt{a^2 + (0.5a)^2}} + F_{Ay} - \frac{F_P}{2} - F_P - F_P = 0$$

联立求解可得　$$F_{N2} = -F_{N3} = -\frac{\sqrt{5}}{4}F_P$$

上述分析过程表明,如果要求 ED 或 DC 杆内力,应先确定相邻节间斜杆(C 左节间斜杆)的内力,然后再用结点法(结点 E、C)求解。

2.4　三铰拱受力分析

轴线为曲线、在竖向荷载作用下能产生水平反力(推力)的结构称为拱,图 2-15 所示为桥梁工程中的拱结构实例。图 2-16 所示为几种静定拱的不同形式。

构成拱的曲杆称为拱肋,拱的支座称为拱趾。不同形式拱的一些专有名称如图 2-16 所示。

具有与拱相同跨度且承受相同竖向荷载的简支梁称为**等代梁**(equivalent beam),简称**代梁**。在拱的受力分析中常用代梁作对比。

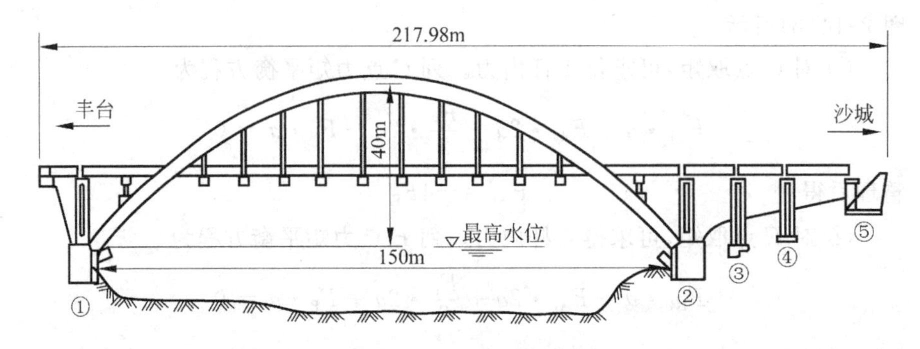

图 2-15 工程中的拱结构

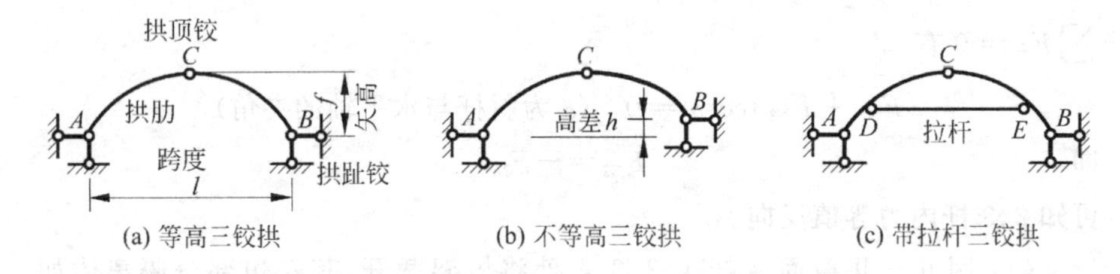

图 2-16 静定拱的不同形式及一些名称

2.4.1 拱反力计算

图 2-17 中所示的拱有四个反力，而以整体为对象只有三个独立平衡方程，故无法求得全部支座反力。由于属三刚片组成，故可按 2.2 节所说的双截面法来求。

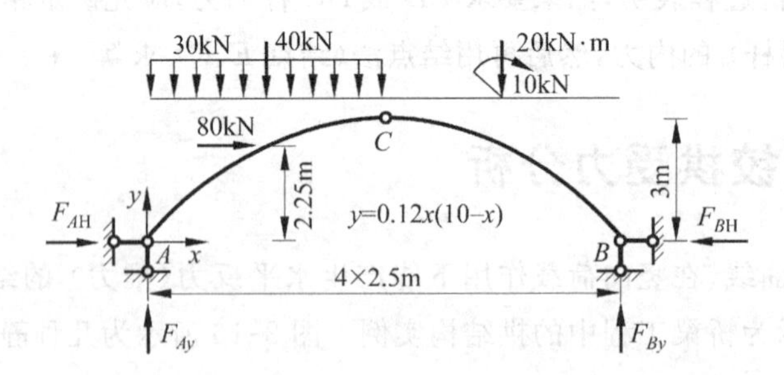

图 2-17 三铰拱反力示意

对等高拱可先取整体作隔离体，对拱趾铰取矩可求竖向反力，再取受力简单部分为隔离体，对拱顶铰取矩可求水平反力。只有竖向荷载作用时，竖向反力与代梁反力相同，水平反力等值反向，称为**推力**(push forces)，记作 F_{H}。

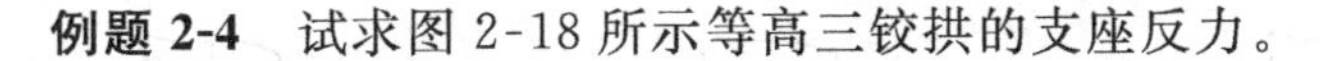

例题 2-4　试求图 2-18 所示等高三铰拱的支座反力。

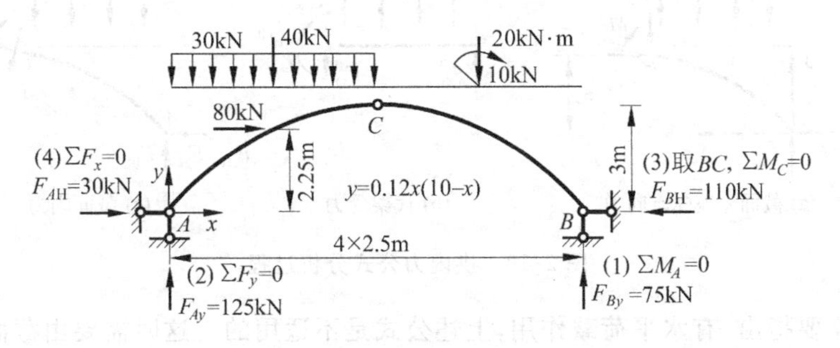

图 2-18　例题 2-4 求反力示意图

解：在图 2-18 中给出了在所示荷载作用下的反力计算过程和结果(括号中数字表示求解步骤)。

(1) 先取整体作隔离体，对 A 点取矩列力矩平衡条件 $\sum M_A = 0$ 有：

$$F_{By} \times 10\text{m} - 80\text{kN} \times 2.25\text{m} - 40\text{kN} \times 2.5\text{m} - 10\text{kN} \times 7.5\text{m}$$
$$- 30\text{kN/m} \times 5\text{m} \times 2.5\text{m} - 20\text{kN} \cdot \text{m} = 0$$

整理后可得：　$F_{By} = 75\text{kN}$

列竖向投影方程 $\sum F_y = 0$ 可得：$F_{Ay} = 125\text{kN}$

(2) 再取 BC 部分作隔离体，对 C 点取矩列力矩平衡条件 $\sum M_C = 0$ 有：

$$F_{BH} \times 3\text{m} - F_{By} \times 5\text{m} + 10\text{kN} \times 2.5\text{m} + 20\text{kN} \cdot \text{m} = 0$$

整理后可得：　$F_{BH} = 110\text{kN}$

利用整体作隔离体，列水平投影方程 $\sum F_x = 0$ 可得：$F_{AH} = 30\text{kN}$。

2.4.2　竖向荷载作用下等高拱指定截面内力计算公式

为建立竖向荷载作用下等高拱指定截面内力计算公式，取隔离体如图 2-19 所示(图中所标的力都是正向，**注意**：截面轴力压为正)，由图 2-19(a)、(b)受力情形对比可有如下关系：

$$F_x = F_{\text{H}}, \quad F_y = F_{\text{Q}}^0, \quad M = M^0 - F_{\text{H}}y$$

其中带上角 0 的内力为代梁的内力，y 由给定的拱轴方程计算。再由图 2-19(a)、(c)对比拱肋同一点的两截面受力，设指定截面的切线倾角为 φ(可由轴线方程求导获得，逆时针为正)，由沿截面和沿截面法向投影，可得内力公式为：

$$F_{\text{Q}} = F_y\cos\varphi - F_x\sin\varphi = F_{\text{Q}}^0\cos\varphi - F_{\text{H}}\sin\varphi$$
$$F_{\text{N}} = F_y\sin\varphi + F_x\cos\varphi = F_{\text{Q}}^0\sin\varphi + F_{\text{H}}\cos\varphi$$

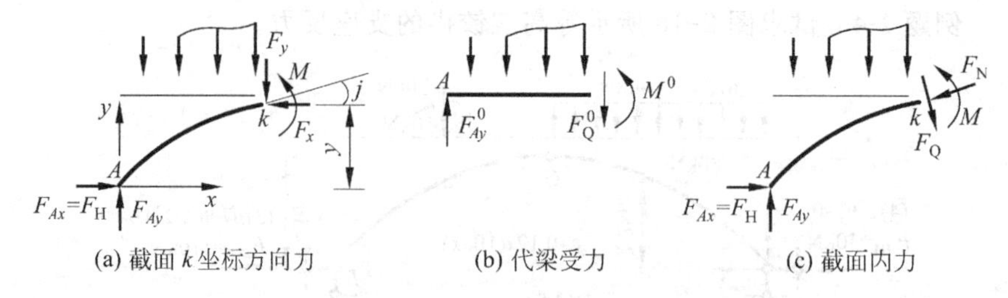

(a) 截面 k 坐标方向力　(b) 代梁受力　(c) 截面内力

图 2-19　拱内力公式分析过程

需要指出,有水平荷载作用,上述公式是不适用的。这时需要由截面法直接求解内力。

2.4.3 合理拱轴线

使拱在给定荷载下只产生轴力的拱轴线,被称为与该荷载对应的**合理拱轴**(reasonable axis of arch)。当拱轴线为合理拱轴时,拱截面上只受压力(弯矩和剪力均为零)、应力均匀分布,因此材料能充分发挥作用。

对给定竖向荷载作用的拱,令 $M=M^0-F_H y=0$ 可得到合理拱轴为 $y=M^0/F_H$。这表明,与代梁弯矩图成比例的轴线为合理拱轴。因此对满跨均布荷载,合理拱轴为二次抛物线。

例题 2-5　试在图 2-20(a)所示荷载下,确定矢高为 f、跨度为 l 的三铰拱的合理拱轴。

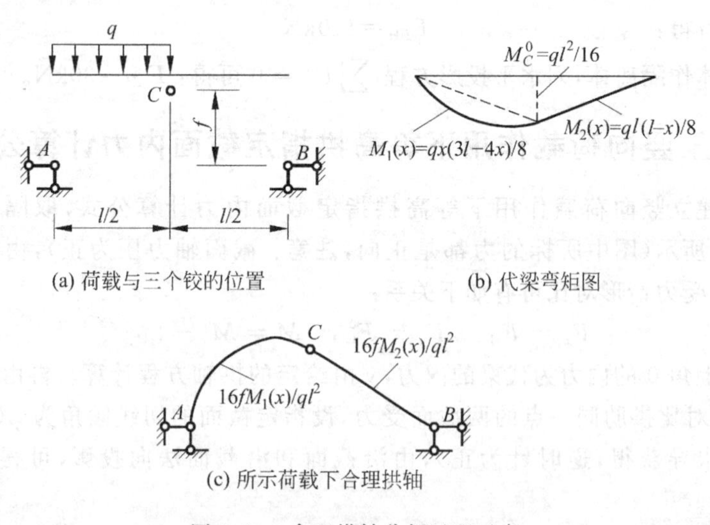

(a) 荷载与三个铰的位置　(b) 代梁弯矩图

(c) 所示荷载下合理拱轴

图 2-20　合理拱轴分析过程示意

解：根据图 2-20(a)所示荷载可作出 2-20(b)代梁弯矩图，由 $y=M^0/F_H=M^0 f/M_C^0$ 可知，只要将代梁弯矩图翻过来并乘以系数 f/M_C^0，则此"弯矩图形状"就是所示荷载的合理拱轴，如图 2-20(c)所示。

2.5 静定梁受力分析

2.5.1 基本与附属关系分析

由一些基本部件按静定结构组成规则、杆轴共线的受弯结构，称为**多跨静定梁**(multi-span statically determinate beam)。能独立(不需要其他部件支撑) 承担荷载的部件称为**基本部分**(fundamental part)。否则，需要其他部件的支撑才能承担荷载的，称为**附属部分**(accessory part)。多跨静定梁的可能形式很多，图 2-21 只给出其中几种形式，由几何组成分析可得其基本-附属关系，图中以"基"代表基本部分，以"附"代表附属部分。

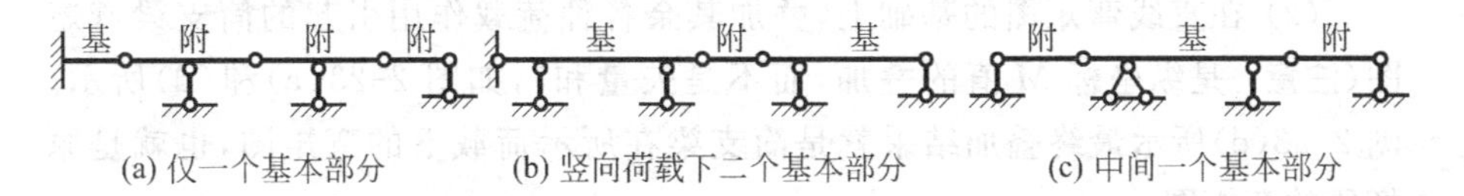

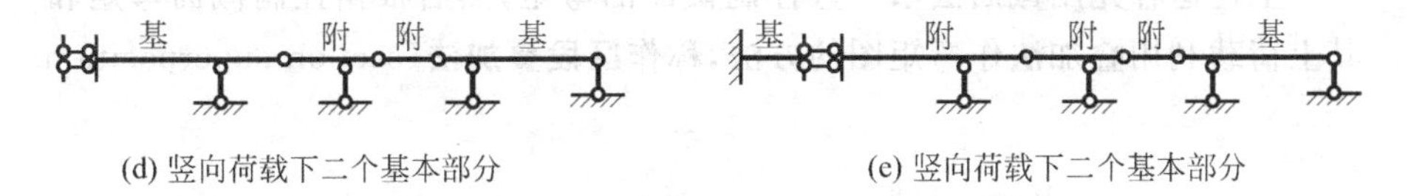

图 2-21　几种可能的多跨静定梁构造示意

2.5.2 区段叠加法

以图 2-22(a)所示结构中任意一直线区段 AB 为例加以说明，假设已经求得(暂不管具体怎么求) 区段两端横截面上的内力如图 2-22(b)所示。图 2-22(c)为和图 2-22(b)对应的一简支梁，受相同荷载、杆端弯矩和右端轴力作用。

利用平衡条件可以证明，图 2-22(c)简支梁的竖向、水平支座反力和图 2-22(b)中的杆端剪力、左端轴力完全相同。也即 $F_{Ax}=-F_{NAB}(\rightarrow)$，$F_{Ay}=F_{QAB}(\uparrow)$，$F_{By}=-F_{QBA}(\uparrow)$。因此，用截面法求对应横截面 C 上的内力当然也就完全相同。这表明，杆段 AB 弯矩图可用与之对应的简支梁用叠加法作出(其他内力也一样)。以图 2-23(a)所示简支梁为例，叠加法的步骤为：

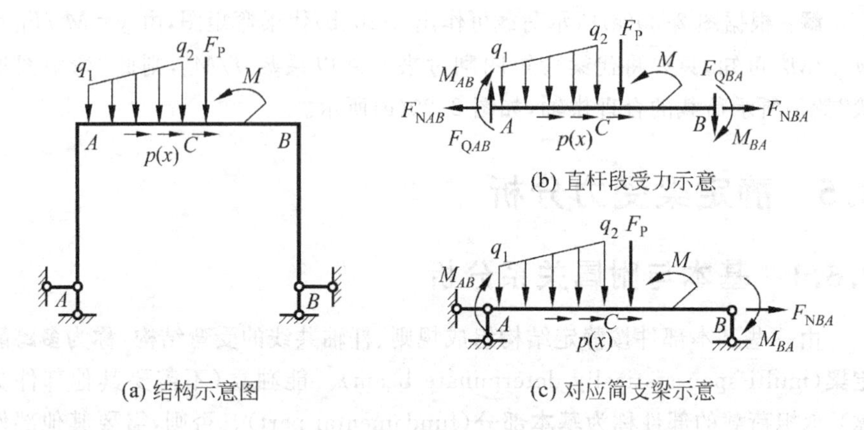

(a) 结构示意图 (b) 直杆段受力示意 (c) 对应简支梁示意

图 2-22 区段叠加法示意

(1) 首先确定只有杆端弯矩作用时的弯矩图。这时根据两端截面上的弯矩,因为杆上无荷载,由平衡微分关系可知,弯矩图为直线,如图 2-23(b)所示。

(2) 在直线弯矩图的基础上,叠加其余各种荷载作用引起的简支梁弯矩图(**注意**:是纵坐标 M 值的叠加,而不是矢量和),如图 2-23(c)和(d)所示。图 2-23(d)所示最终叠加结果就是简支梁在所示荷载下的弯矩图,也就是原杆段的弯矩图。

上述这种先用截面法求一些控制截面的弯矩,然后根据控制截面弯矩和其上荷载利用叠加法作弯矩图的方法,称作**区段叠加法**(section superposition

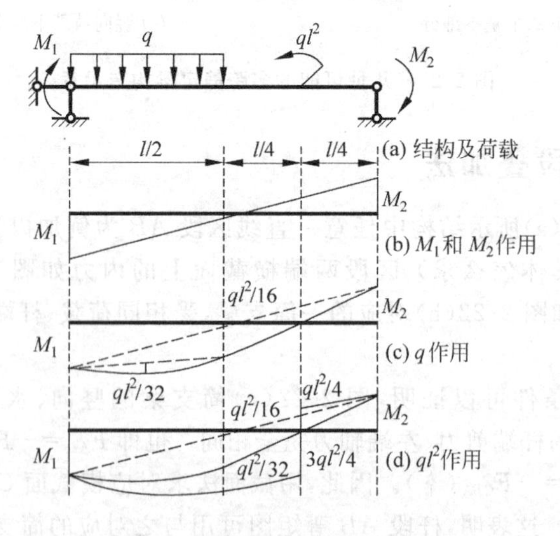

图 2-23 简支梁叠加作弯矩图

method)。

需要再次强调的是，这里的叠加是弯矩的代数值相加，也即图形纵坐标相加。区段叠加法不仅能用来作弯矩图，也一样可用于作其他内力图。

2.5.3　受力分析举例

从多跨静定梁的组成可知，其部件都是单跨梁，因此，只要注意部件间的相互作用和反作用关系，根据各单跨梁所受荷载和单跨梁作内力图的方法，按组成相反顺序："先附属部分，后基本部分"。先求支座反力和支座截面控制弯矩，然后用区段叠加及平衡微分关系即可作出多跨静定梁的内力图。

例题 2-6　作图 2-24(a)所示多跨静定梁的内力图。

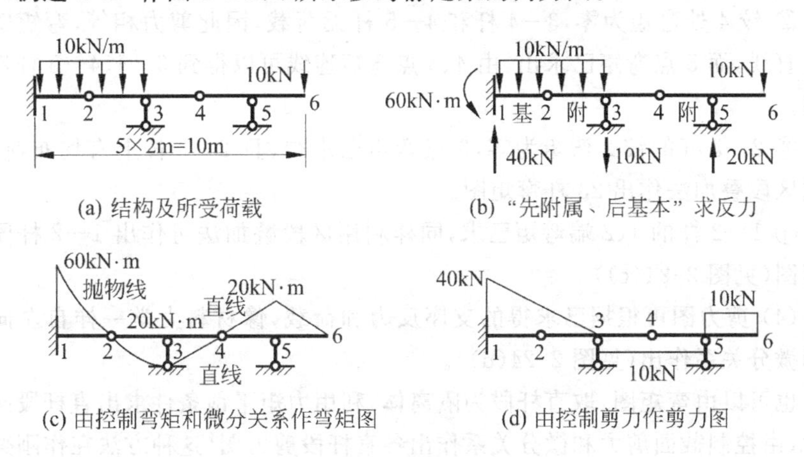

图 2-24　例题 2-6 图

解：(1) 图 2-24(a)所示结构的组成顺序为，首先 12 基本部分与地基组成几何不变体，接着是 234 附属部分与 12 和地基一铰一杆组成不变体，最后为 456 附属部分和地基一铰一杆组成不变体。求解将按照与此相反的顺序进行。

(2) 先取 456 附属部分为隔离体，对 4 点取矩求 5 处支座反力 F_{5y}，$\sum M_4 = 0$ 为：

$$F_{5y} \times 2\mathrm{m} - 10\mathrm{kN} \times 10\mathrm{m} = 0$$

整理后可得：　$F_{5y} = 20\mathrm{kN}$(向上)

再取 23456 部分为隔离体，对 2 点取矩求 3 处支座反力 F_{3y}，$\sum M_2 = 0$ 为：

$$F_{3y} \times 2\mathrm{m} - 10\mathrm{kN} \times 8\mathrm{m} + 20\mathrm{kN} \times 6\mathrm{m} - 10\mathrm{kN/m} \times 2\mathrm{m} \times 1\mathrm{m} = 0$$

整理后可得：　　　　　　$F_{3y}=-10\text{kN}$(向下)

最后取整体作隔离体，对1点取矩求1处反力矩 M_1，$\sum M_1=0$ 有：

$$M_1-10\text{kN}\times10\text{m}+20\text{kN}\times8\text{m}-10\text{kN}\times4\text{m}-10\text{kN/m}\times4\text{m}\times2\text{m}=0$$

整理后可得：　　　　　　$M_1=60\text{kN}\cdot\text{m}$(逆时针)

列竖向投影方程 $\sum F_y=0$ 可得：$F_{1y}=40\text{kN}$
支座反力如图2-24(b)所示。

(3) 按照组成相反顺序，由控制截面弯矩和微分关系以及区段叠加法作出各段的弯矩图。

① 5—6杆为悬臂部分，可按2.1.2节悬臂梁作弯矩图。

② 铰4处弯矩为零，3—4杆和4—5杆无荷载，因此剪力相等，弯矩图为一条直线，而5点弯矩已求出，由4、5点弯矩连线可以得到3—4、4—5杆件弯矩图。

③ 2—3杆的铰2弯矩为零，3点弯矩已求得，且2—3杆上有均布荷载，利用区段叠加法作出23杆弯矩图。

④ 1—2杆的1、2端弯矩已求，同样利用区段叠加法可作出1—2杆段的弯矩图(见图2-24(c))。

(4) 剪力图可根据已求得的支座反力和荷载，像材料力学一样自左向右应用微分关系作出(见图2-24(d))。

也可以由弯矩图，取直杆段为隔离体，利用力矩平衡条件求出直杆段两端剪力，由控制截面剪力和微分关系作出各直杆段剪力图(这种方法在作刚架剪力图时常用)。

2.6 静定刚架受力分析

刚架(determinate frame)也称框架，是工程中最常见的结构形式之一，一般都是超静定的。但也有如图2-25(a)所示的小型厂房框架是静定的，其计算简图如2-25(b)所示。

静定刚架按组成方式有“单体刚架”、“三铰刚架”和具有“基本-附属关系”的刚架，分别如图2-26所示。

2.6.1 单体刚架

单体刚架的分析计算过程和多跨静定梁类似。但对悬臂式单体刚架，只要取悬臂端部分作受力图，用平衡方程求控制截面弯矩即可。否则，应先求反

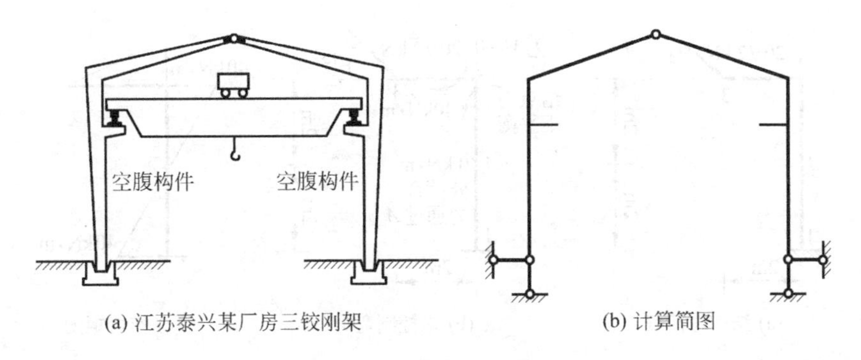

(a) 江苏泰兴某厂房三铰刚架　　(b) 计算简图

图 2-25　厂房及计算简图

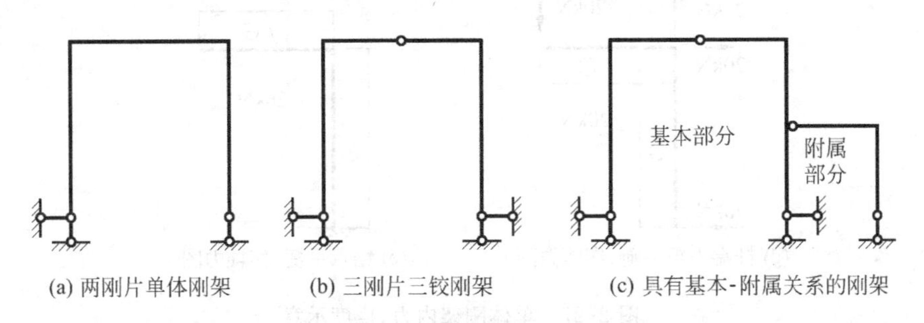

(a) 两刚片单体刚架　　(b) 三刚片三铰刚架　　(c) 具有基本-附属关系的刚架

图 2-26　静定刚架示意

力(不一定都求)再求控制截面弯矩,最后用区段叠加法作弯矩图,进一步如下例作内力图顺序,可作出剪力和轴力图。

例题 2-7　试作图 2-27(a)所示悬臂单体刚架的内力图。

解:图 2-27(b)～(e)中给出了所示单体刚架的求解过程和结果示意。

(1) 截取 2—3 杆为隔离体,对 2 点取矩可得杆端弯矩为:

$$M_{23}=-40\text{kN}\cdot\text{m}$$

(2) 取结点 2 为隔离体,列力矩平衡条件可得杆端弯矩为:

$$M_{21}=40\text{kN}\cdot\text{m}$$

(3) 因为悬臂部分上荷载"合力"作用线通过 A 点,因此 A 点的弯矩为零。

有了上述控制截面弯矩,利用平衡微分关系,当荷载复杂时需要利用区段叠加法,根据杆上荷载即可作出弯矩图,如图 2-27(c)所示。

(4) 分别取杆件 1—2 和 2—3 为隔离体,在已知杆端弯矩的条件下,对杆端取矩可求得杆端剪力(杆上无荷载,杆端剪力数值等于杆端弯矩之和除以杆长。即剪力与杆端弯矩平衡)

$$F_{Q12}=-20\text{kN},\quad F_{Q23}=20\text{kN}$$

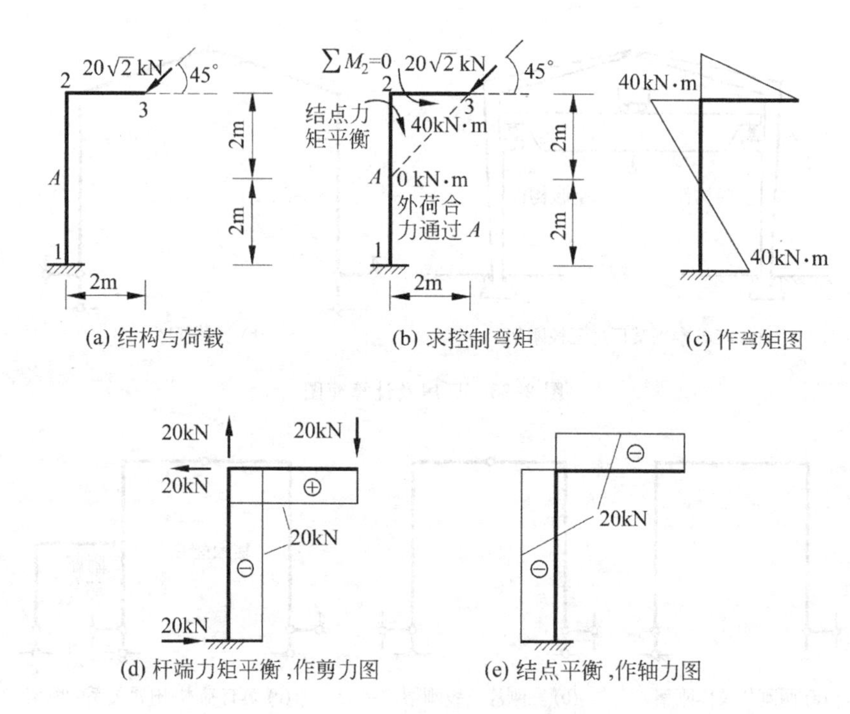

图 2-27 单体刚架内力、挠度示意

有了杆端剪力,即可像材料力学一样作出剪力图如图 2-27(d)所示。

(5) 取结点 2 为隔离体,分别列水平、竖向投影方程可得:

$$F_{N12} = F_{N23} = -20\text{kN}$$

由此可作轴力图如图 2-27(e)所示。

2.6.2 三铰刚架

三铰刚架(frame with three hinges)是由两个无多余联系刚结直杆部分(刚片)像三铰拱一样用三个铰组成的静定结构。三铰刚架支座反力计算方法与三铰拱完全一样,因为杆轴都是直线,因此内力分析过程比三铰拱还要简单。关键在求反力:一般先以整体结构为隔离体,对底铰取矩;然后以部分结构(一个刚片)为隔离体,对顶铰取矩,即可解决反力计算。

例题 2-8 图 2-28(a)所示三铰刚架在铰 C 处有一对力偶荷载作用下,试作内力图。

解法一:图 2-28 中给出了所示的三铰刚架分析过程示意(图中带括号数字均表示求解步骤)。本题三铰刚架是按照三刚片规则组成的,需要取两次隔离体,列两个力矩平衡条件,解联立方程求得支座反力。作内力图的方法和顺

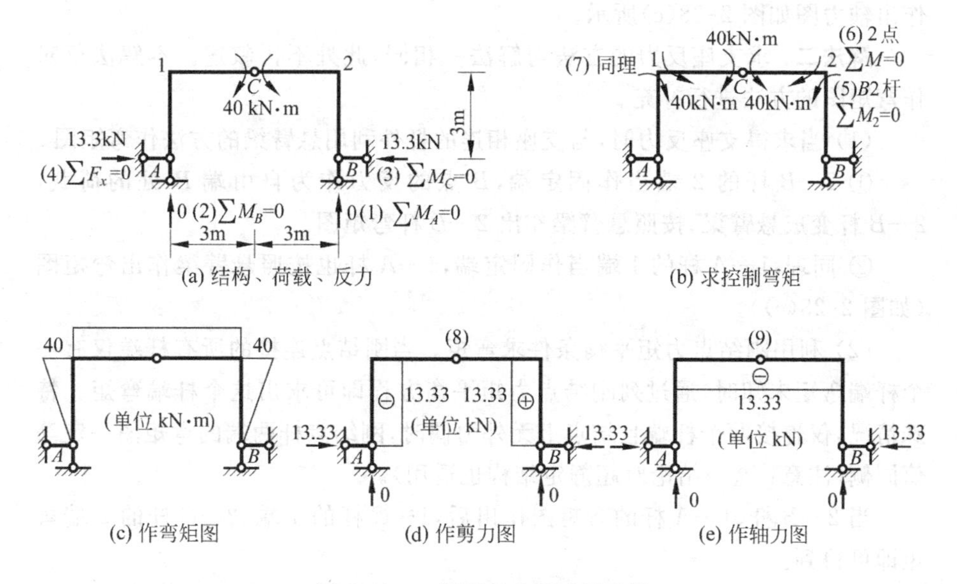

图 2-28　三铰刚架分析过程示例

序与单体刚架类似。

(1) 取整体隔离体,对 A 点取矩列力矩平衡方程 $M_A=0$ 得 $F_{By}=0$。

(2) 利用整体隔离体,对 B 点取矩列力矩平衡方程 $M_B=0$ 得:

$$F_{Ay}=0\left(\text{也可列竖向投影方程}\sum F_y=0\text{求得}\right)。$$

(3) 取 BC 部分为隔离体,对 C 点取矩列力矩平衡方程 $M_C=0$ 得:

$$F_{Bx}\times 3\text{m}-F_{By}\times 3\text{m}-40\text{kN}\cdot\text{m}=0$$

即得　$F_{Bx}=13.3\text{kN}$(指向左)

(4) 列水平投影方程 $\sum F_x=0$ 可得 $F_{Ax}=13.3\text{kN}$(指向右)。

(5) 取 2—B 杆件作隔离体,对 2 点取矩列力矩平衡方程 $M_2=0$ 得 $M_{2B}=40\text{kN}\cdot\text{m}$。

(6) 截取结点 2 作隔离体,列 2 结点力矩平衡方程 $M_2=0$ 得:

$$M_{2C}=40\text{kN}\cdot\text{m}$$

(7) 与(5)、(6) 步骤同理求结点 1 两端的弯矩为:

$$M_{1A}=M_{1C}=40\text{kN}\cdot\text{m}$$

由所求杆端弯矩,利用微分关系即可作出弯矩图,如图 2-28(c)所示。

(8) 根据已求反力、弯矩图,利用微分关系作出剪力图,如图 2-28(d)所示。

(9) 根据已作出的剪力图,取结点作隔离体,利用投影平衡条件求轴力,作出轴力图如图 2-28(e)所示。

解法二：求支座反力的方法与解法一相同,此处不再叙述。本解法仅对作弯矩图的方法进行补充。

(1) 当求得支座反力时,与支座相连的杆件利用悬臂梁的方法作弯矩图。

① 2—B 杆的 2 端当作固定端,B 点的反力作为自由端 B 处的荷载,2—B 杆变成悬臂梁,按照悬臂梁作出 2—B 杆弯矩图。

② 同理,1—A 杆的 1 端当作固定端,1—A 杆也按照悬臂梁作出弯矩图(如图 2-28(c))。

(2) 利用刚结点力矩平衡条件求弯矩。当刚结点连接的所有杆端仅有一个杆端弯矩未知时,通过列刚结点力矩平衡方程即可求出这个杆端弯矩。特殊情况,仅连接两个杆端且结点上无外力偶时,刚结点杆两端的弯矩图一定等值同侧(注意:这一结论对超静定结构也适用)。

当 2—B 杆、1—A 杆的弯矩图作出后,1—C 杆的 1 端、2—C 杆的 2 端弯矩即可得到。

(3) 利用微分关系作弯矩图。

① 铰附近截面作用外力偶时,铰附近截面弯矩等于外力偶(切开铰来判断受拉侧)。由于铰 C 左右两侧截面都作用外力偶,弯矩均为 40kN·m(均为上侧受拉)。

② 无横向外荷载作用的直杆段上,弯矩图为直线,已知两点弯矩即可作出弯矩图。特殊情况,当剪力为零时直杆段上弯矩为常数,已知两点弯矩即可作出弯矩图。由此可作出 1—C 杆、2—C 杆的弯矩图如图 2-28(c)所示。

实际上由竖向反力为零,可知 1—C 杆、2—C 杆剪力为零,1—C 杆、2—C 杆弯矩图利用铰 C 处弯矩即可作出。

(4) 当已知直杆段两端弯矩时,利用区段叠加法作弯矩图。直杆段上有外荷载,需要叠加作出弯矩图;若无外荷载,杆端弯矩直接连线不需要叠加。

上述 1—C 杆、2—C 杆的弯矩图也可由区段叠加法得到(如图 2-28(c)所示)。

2.6.3 具有基本-附属关系的刚架(frame with fundamental and accessory part)

这类刚架的分析过程与多跨静定梁一样,首先分清基本和附属部分,然后按先附属部分、后基本部分的顺序作计算,此时应注意各部分之间的作用-反作用关系。

图 2-29 给出了这种刚架在所示荷载下计算机程序计算并作出的弯矩、剪

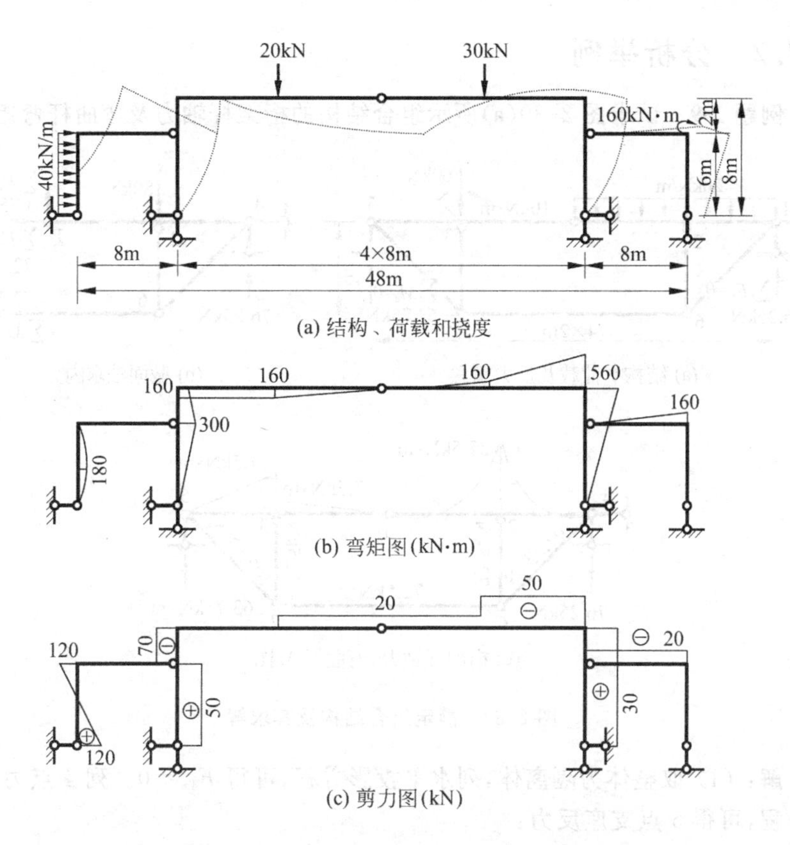

图 2-29 具有基本-附属关系刚架的弯矩和剪力示意图

力和挠度等示意图,读者可自行用截面法和微分关系等复核弯矩图的正确性。

2.7 静定组合结构受力分析

部分杆件为二力杆(桁架杆)、其余杆件又属于弯曲杆,按无多余联系几何不变体系组成的结构,称为**组合结构**(composite structures)。

2.7.1 受力特点

二力杆只有轴力,而弯曲杆一般有弯矩、剪力、轴力三个内力。对图 2-30(a)所示"联合型"组合结构,一般用截面法先求"联系杆轴力";再求其他桁架杆内力;最终求弯曲杆内力,这时相关的桁架杆内力视为外力。其他形式组合结构,按组成相反顺序原则进行分析,当切断弯曲杆时要暴露三个力。

2.7.2 分析举例

例题 2-9 试求图 2-30(a)所示组合结构的桁架杆轴力及弯曲杆弯矩图。

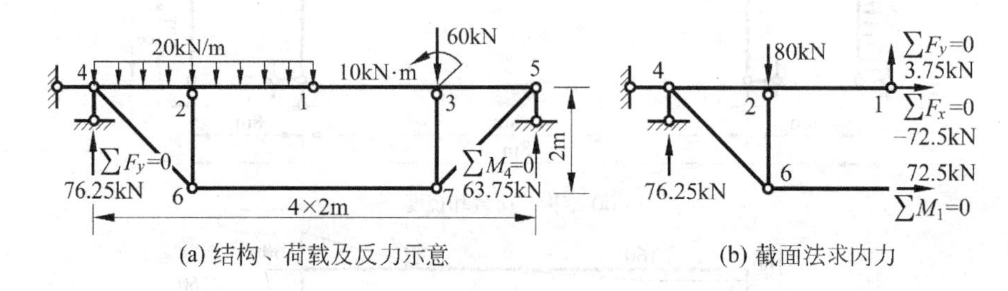

(a) 结构、荷载及反力示意　　(b) 截面法求内力

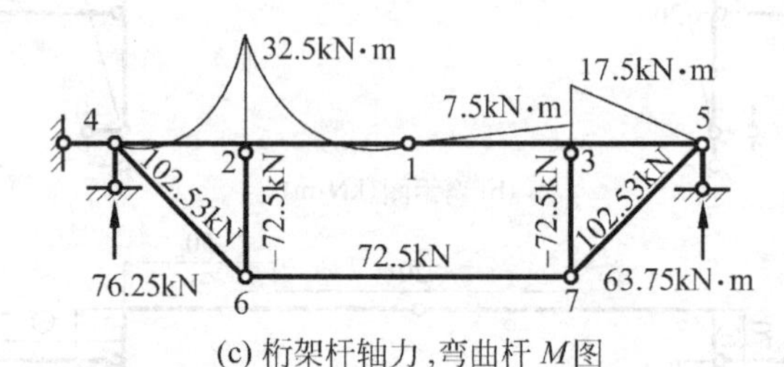

(c) 桁架杆轴力，弯曲杆 M 图

图 2-30 静定组合结构及其求解

解：(1) 取整体为隔离体，列水平投影方程，可得 $F_{4x}=0$。列 4 点力矩平衡方程，可得 5 点支座反力：

$$20\text{kN/m}\times4\text{m}\times2\text{m}+60\text{kN}\times6\text{m}-10\text{kN}\cdot\text{m}-F_{5y}\times8\text{m}=0,$$

$$F_{5y}=63.75\text{kN}$$

列竖向投影方程，可得 4 点竖向反力：

$$20\text{kN/m}\times4\text{m}+60\text{kN}-F_{5y}-F_{4y}=0,\quad F_{4y}=76.25\text{kN}$$

(2) 取图 2-30(b)所示隔离体，对 1 点取矩可得：

$$76.25\text{kN}\times4\text{m}-20\text{kN/m}\times4\text{m}\times2\text{m}-F_{\text{N67}}\times2\text{m}=0,\quad F_{\text{N67}}=72.5\text{kN}$$

由竖向投影及水平投影方程可得：

$$F_{1x}=-72.5\text{kN},\quad F_{1y}=3.75\text{kN}$$

(3) 取 6 点为隔离体，由结点平衡可得：

$$F_{\text{N62}}=-72.5\text{kN},\quad F_{\text{N64}}=72.5\sqrt{2}\text{kN}$$

取 7 点为隔离体，可得

$$F_{\text{N73}}=-72.5\text{kN},\quad F_{\text{N75}}=72.5\sqrt{2}\text{kN}$$

(4) 取 12 杆为隔离体，对 2 点取矩，可得 2 截面弯矩：

$$20\text{kN/m}\times2\text{m}\times1\text{m}-3.75\text{kN}\times2\text{m}-M_2=0,$$

$$M_2 = 32.5\text{kN} \cdot \text{m}(逆时针)$$

取 13 杆(分别取 3 左和 3 右)为隔离体,可得 3 截面控制弯矩:

$$3.75\text{kN} \times 2\text{m} - M_3^L = 0,\quad M_3^L = 7.5\text{kN} \cdot \text{m}\ (3 左截面,顺时针)$$

$$3.75\text{kN} \times 2\text{m} + 10\text{kN} \cdot \text{m} - M_3^R = 0,$$

$$M_3^R = 17.5\text{kN} \cdot \text{m}\ (3 右截面,顺时针)$$

(5) 有了控制截面弯矩,由区段叠加可作出 42、21 杆弯矩图,由于 13、35 杆上无荷载,M 图为直线,据此可作出图 2-30(c)所示的弯矩图。

2.8　静定结构性质

2.8.1　静定结构解答唯一性

静定结构的内力和反力仅用平衡方程就可以全部确定,也可用刚体虚位移原理来确定。应用刚体虚位移原理的过程是,解除与所要求的量相对应的约束,使静定结构变成单自由度系统,使内力变成外力;然后令单自由度系统产生沿约束力方向的单位虚位移,并计算全部主动力所作的总虚功;最后由总虚功为零即可求得所要求的量。

如图 2-31(a)所示静定刚架,为求支座 C 的反力,可解除支座约束代替以待定支座反力 X,如图 2-31(b)所示。令体系发生图示约束所允许的单位微小虚位移。为利用虚位移原理求反力,需要首先计算由于单位虚位移所引起的主动力作用点沿力方向的位移:

F 点水平位移为 $2\text{m} \times \dfrac{1}{4\text{m}} = 0.5(\leftarrow)$,　G 点水平位移为 $2\text{m} \times \dfrac{1}{4\text{m}} = 0.5(\rightarrow)$

然后列主动力的虚功方程:

$$X \times 1 - 40\text{kN} \times 0.5 + 50\text{kN} \times 0.5 = 0$$

可得 $X = -5\text{kN}$。

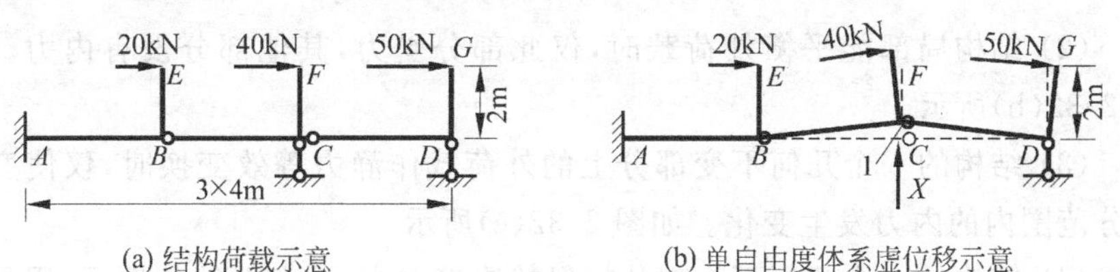

图 2-31　虚位移原理应用示意

由此例可见,因为静定结构是无多余约束的几何不变体系,解除一个与所要求的量相对应的约束并用"力"代替后,结构变成单自由度的几何可变体系,所要求的量变成了主动力。因为解除约束后的系统发生单位虚位移是可能和唯一的,因此应用刚体虚位移原理的虚功方程,自然可以求得唯一的、有限的约束力。这表明,**一组满足全部平衡条件的解答,就是静定结构的真实解答。这是静定结构最基本的性质,称作静定结构解答唯一性**。

2.8.2 导出的性质

根据静定结构解答唯一性这一基本性质,可导出静定结构以下的性质:

(1) 支座移动、温度改变、制造误差等因素只使结构产生位移,不产生内力、反力。如图2-32(a)所示。

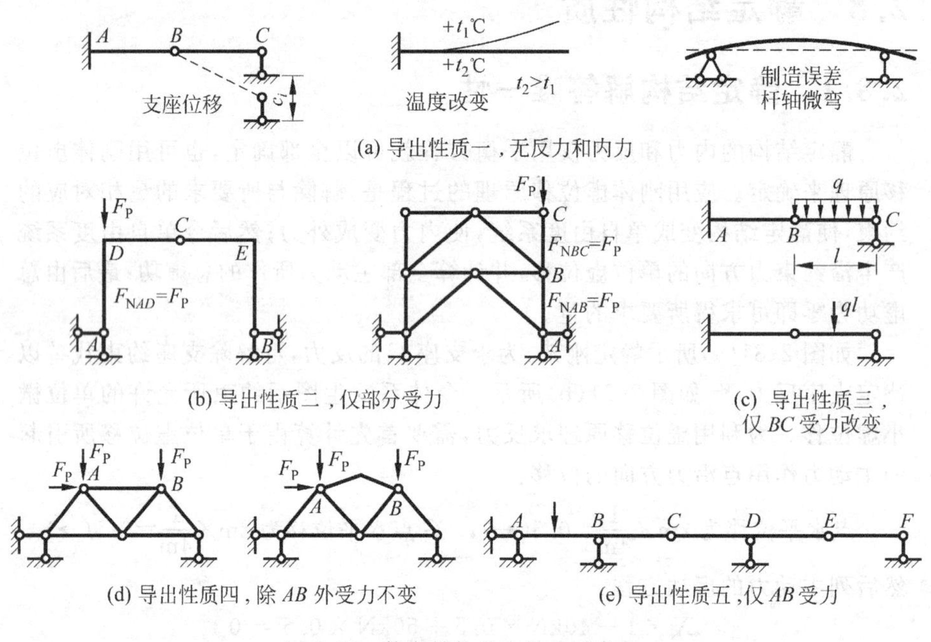

图2-32 静定结构导出性质示意图

(2) 结构局部能平衡外荷载时,仅此部分受力,其他部分没有内力。如图2-32(b)所示。

(3) 结构的一个几何不变部分上的外荷载作静力等效变换时,仅使变换部分范围内的内力发生变化。如图2-32(c)所示。

(4) 结构的一个几何不变部分在保持连接方式、不变性的条件下,用另一构造方式的几何不变体代替,则其他部分受力不变。如图2-32(d)所示。

(5) 具有基本部分和附属部分的结构,当仅基本部分受荷载时,附属部分不受力。如图2-32(e)所示。

熟练地应用上述静定结构性质,可使分析计算得到简化。

思考题

1. 三刚片规则组成的联合桁架应如何求解？
2. 不等高三铰刚架的反力计算能否不解联立方程？
3. 如何确定三铰拱的合理轴线？
4. 三铰拱的合理轴线与哪些因素有关？
5. 带拉杆的三铰拱，拉杆轴力如何确定？
6. 多跨静定梁分析关键是什么？
7. 何谓区段叠加法？其作 M 图的步骤如何？
8. 作平面刚架内力图的一般步骤如何？
9. 静定组合结构分析应注意什么？
10. 由 M 图作出剪力图的条件是什么？
11. 由剪力图作出轴力图的条件是什么？
12. 如何利用几何组成分析结论计算支座(约束) 反力？
13. 静定结构内力分布，与杆件截面的几何性质和材料物理性质是否有关？
14. 如何证明静定结构的解答唯一性？

习题

2-1　试判断图示桁架中的零杆。

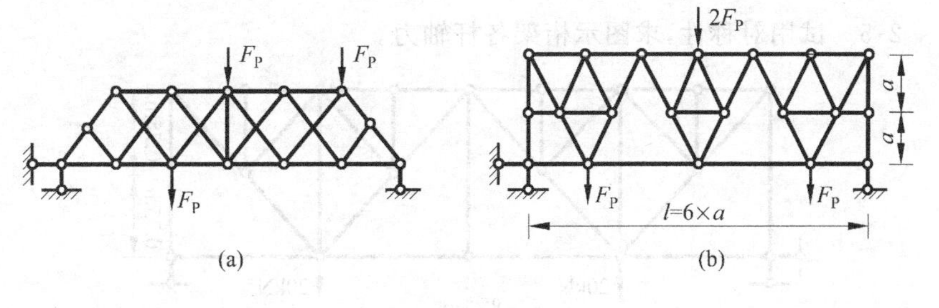

习题 2-1 图

2-2　试用结点法求图示桁架中的各杆轴力。

2-3　试用截面法求图示桁架指定杆件的轴力。

2-4　试判断图示桁架中的零杆，并求 1、2 杆轴力。

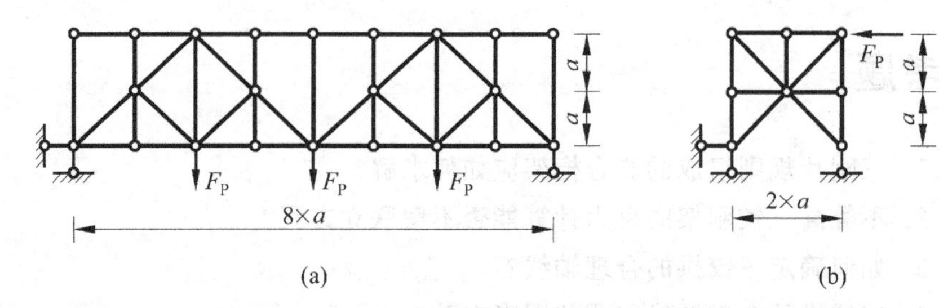

习题 2-2 图

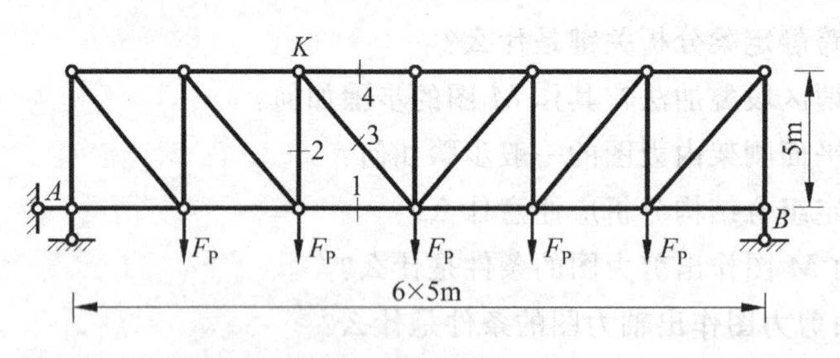

习题 2-3 图

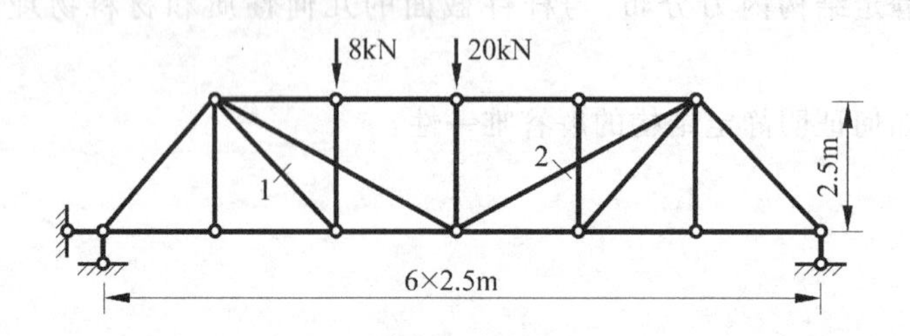

习题 2-4 图

2-5　试用对称性,求图示桁架各杆轴力。

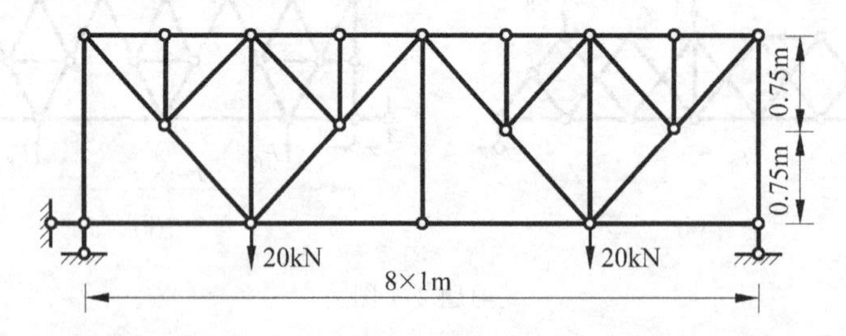

习题 2-5 图

2-6　试选择较简单的方法,求图示桁架指定杆件的轴力。

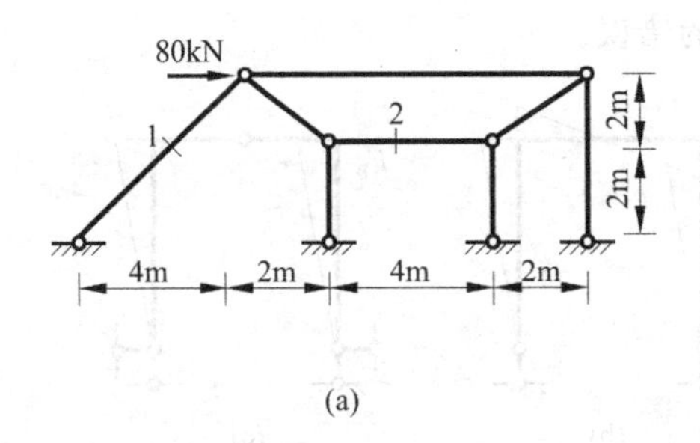

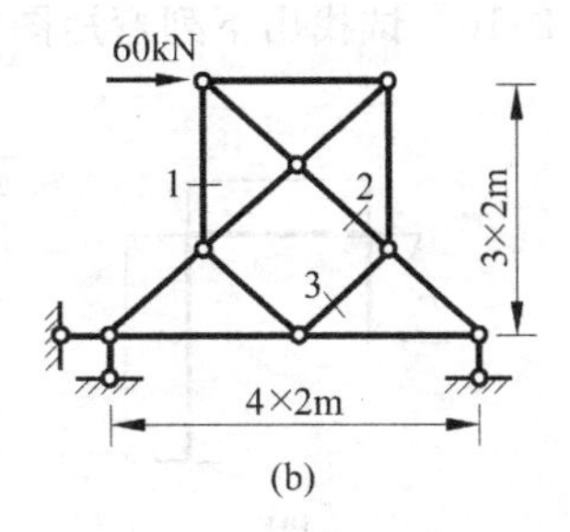

习题 2-6 图

2-7　试求图示抛物线 $y=4fx(l-x)/l^2$ 三铰拱距左支座 5m 的截面 K 的内力。

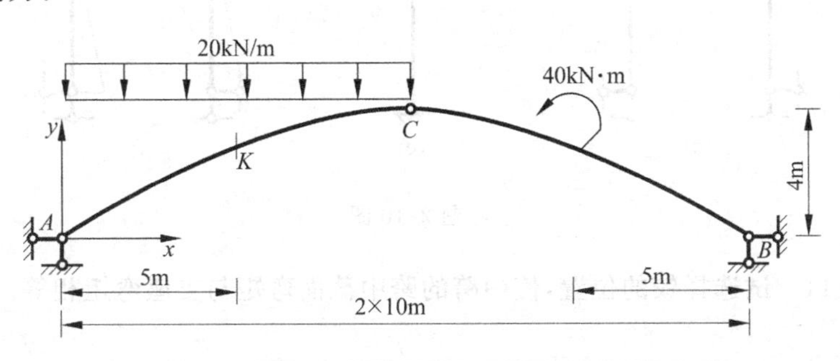

习题 2-7 图

2-8　试作图示多跨静定梁内力图。

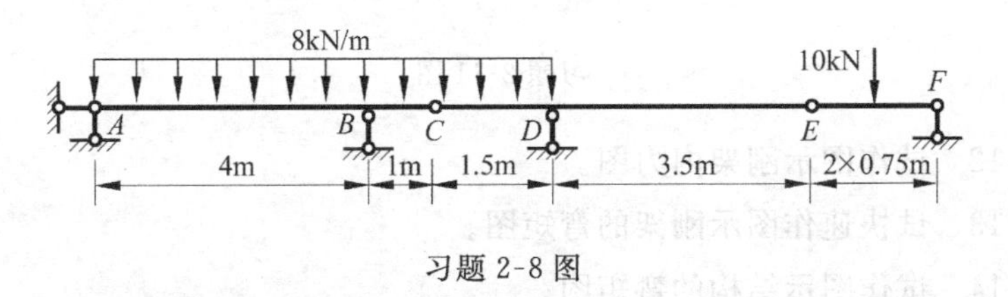

习题 2-8 图

2-9　试作图示多跨静定梁弯矩图。

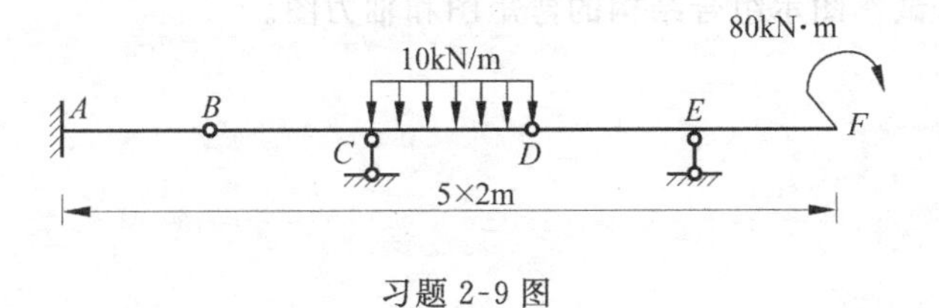

习题 2-9 图

2-10 试找出下列弯矩图中的错误。

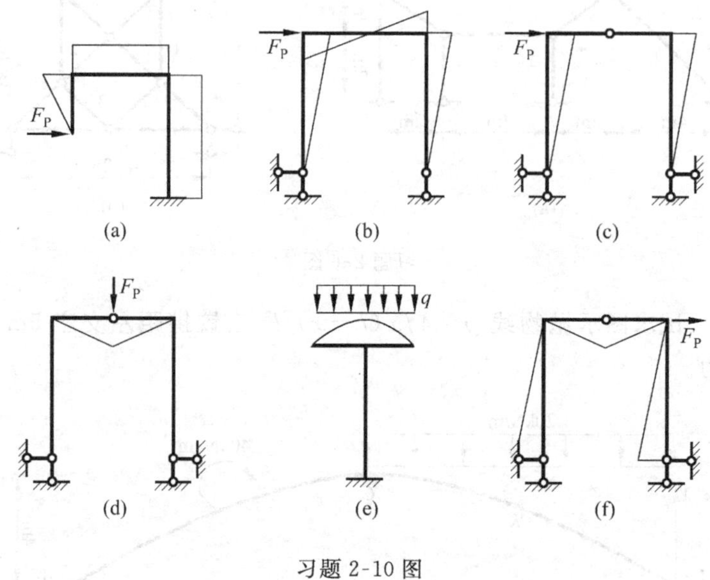

习题 2-10 图

2-11 试选择铰的位置,使中跨的跨中截面弯矩与支座弯矩相等。

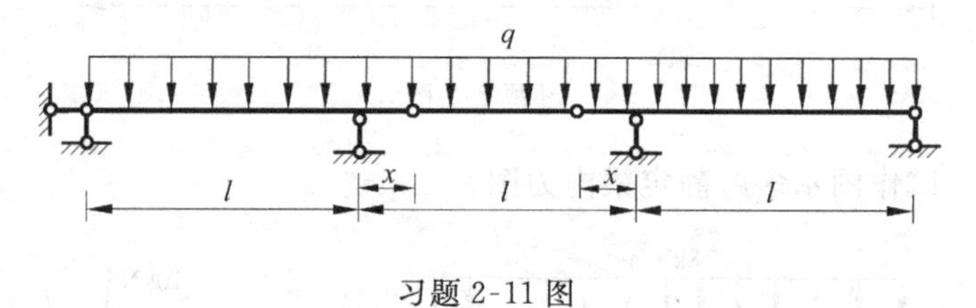

习题 2-11 图

2-12 试作图示刚架内力图。

2-13 试快速作图示刚架的弯矩图。

2-14 试作图示结构的弯矩图。

2-15 试作图示组合结构的内力图。

2-16 试作图示组合结构的弯矩图和轴力图。

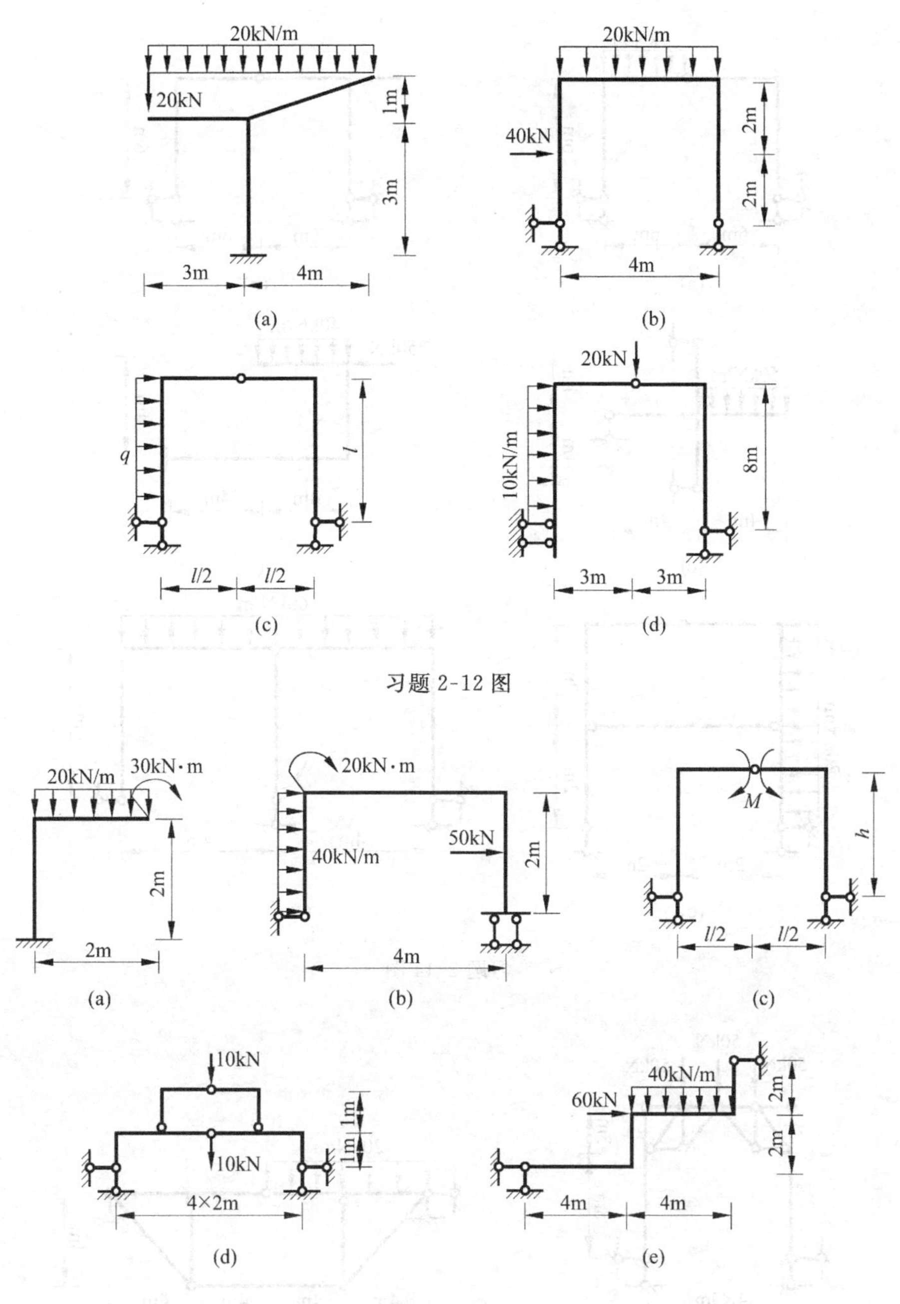

习题 2-12 图

习题 2-13 图

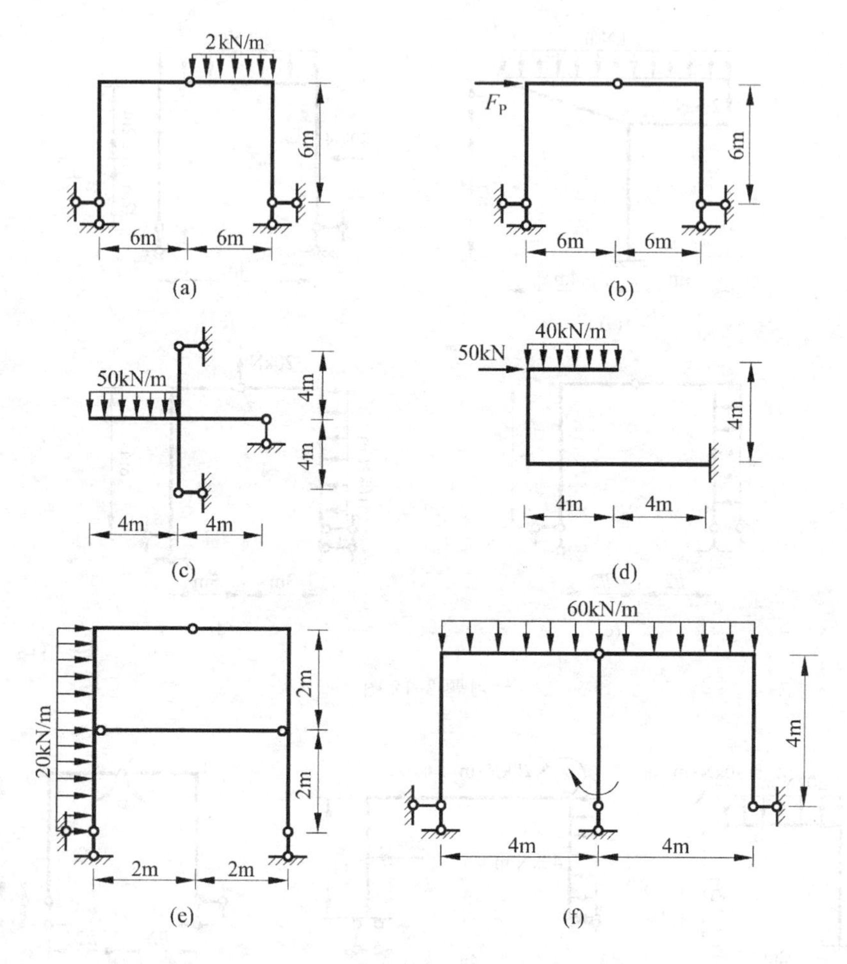

习题 2-14 图

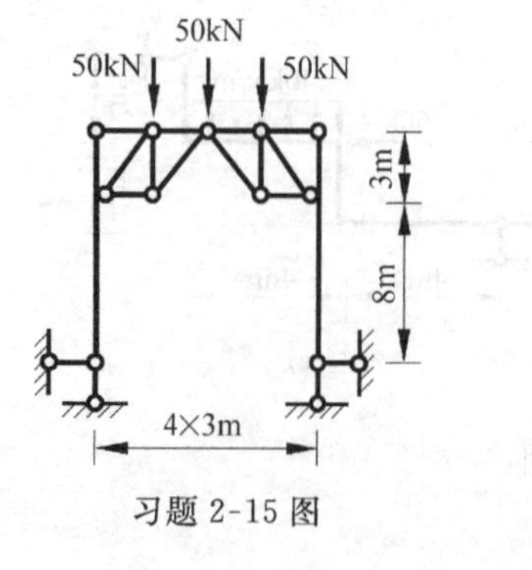

习题 2-15 图

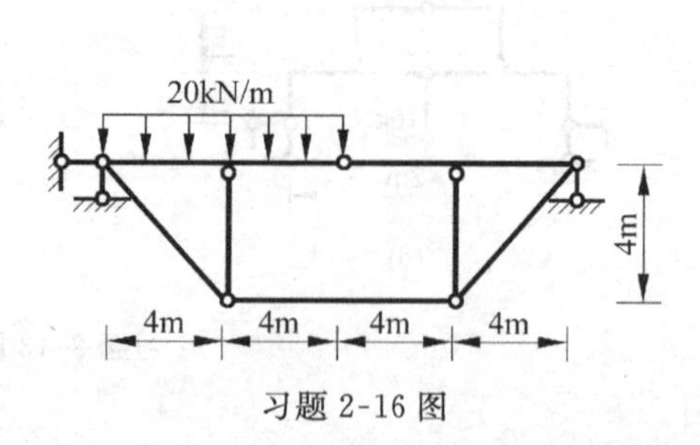

习题 2-16 图

第3章 静定结构位移计算

工程结构设计除了必须满足强度要求外，还必须保证具有足够的刚度，即不能产生过大的变形。此外，工程中大量的结构是超静定的，在材料力学中已经给出了解决超静定问题的基本思想，即综合考虑“平衡、协调和材料的物性关系”三个方面才能求得问题的解答。因此，要求解超静定结构不仅要会分析结构的内力，而且要能分析结构的变形。而结构的变形是由各部分位移表征的，所以学习并掌握结构的位移计算，对本课程具有十分重要的意义。

本章首先介绍若干基本概念，然后在变形体虚功原理的基础上，推导出用于位移计算的单位荷载法，建立起杆系结构位移计算公式，举例说明各种外因引起的结构位移计算，最后导出线性弹性结构的互等定理。

3.1 基本概念

3.1.1 材料力学变形公式回顾

在材料力学基本受力（拉压、弯、剪）变形形式下，内力与变形关系已有如下结论：

$$\left.\begin{array}{l}\text{拉压变形}\quad\text{应变}\quad \varepsilon=\dfrac{F_{\mathrm{N}}}{EA};\quad\text{伸长}\quad \Delta l=\dfrac{F_{\mathrm{N}}l}{EA}\\ \text{弯曲变形}\quad\text{曲率}\quad \kappa=\dfrac{1}{\rho}=\dfrac{M}{EI}\\ \text{剪切变形}\quad\text{切应变}\ \gamma=\dfrac{kF_{\mathrm{Q}}}{GA}\end{array}\right\}\qquad\text{(a)}$$

式中，F_{N}、F_{Q} 分别为轴向力和剪力（也称为切力），M 为弯矩，EA、EI 和 GA 分别为抗拉压刚度、抗弯刚度和抗剪（抗切）刚度，k 为截面切应力不均匀分布系数，l 为杆件长度。

3.1.2 广义位移和广义力

由于外界因素的作用,结构将产生变形,导致截面发生位移,这些位移可以是线位移、角位移、相对线位移和相对角位移等,如图3-1所示,它们统称为**"广义位移"**(generalized displacement),通常记为Δ[①]。从做功的角度与上述广义位移相对应的力可以是集中力、集中力偶、力系、力偶系及分布荷载(力和力偶)等,如图3-2所示,下面统称为**"广义力"**(generalized force),通常记为P[②]。利用广义位移和广义力的概念,功的表达式可写为

$$功 = 广义力 \times 广义位移 \tag{3-1}$$

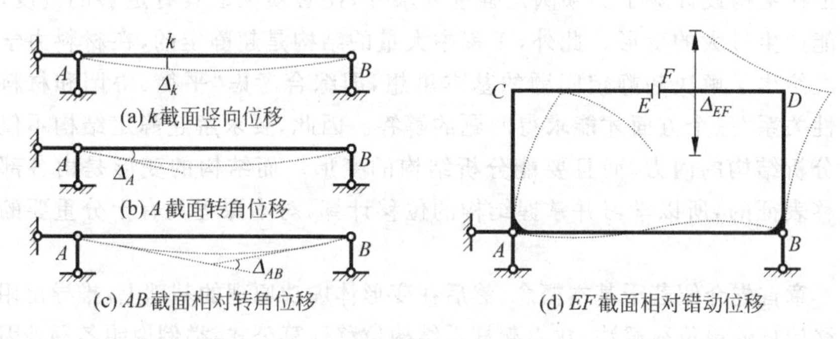

图3-1 可能发生的广义位移

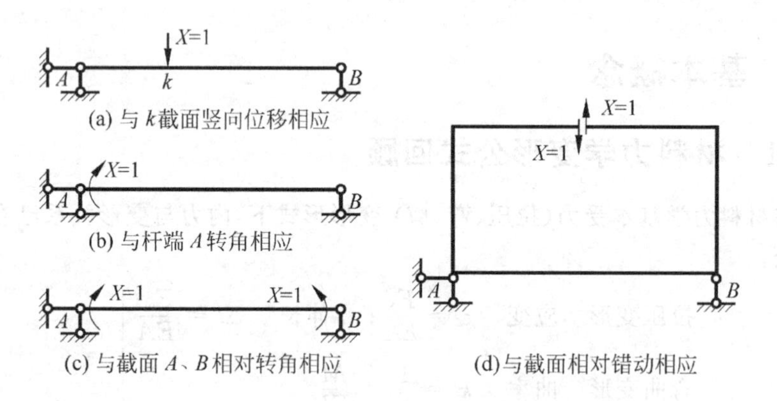

图3-2 与可能发生的广义位移对应的广义力

① 在结构力学中广泛使用的广义位移(包括线位移、角位移等),为了体现其广义性,考虑到全书叙述的统一和表达的简洁、完整,本书仍沿用Δ。

② 与注①同理,广义力(包括力和力偶矩、力矩等)本书仍沿用P。

3.1.3　变形体虚功原理

1. 表述

任何一个处于平衡状态的变形体，当发生任意一个虚位移时，变形体所受外力在虚位移上所作的总虚功 δW_e，恒等于变形体所接受的总虚变形功 δW_i。也即恒有如下虚功方程成立：

$$\delta W_e \equiv \delta W_i \tag{3-2}$$

2. 原理的说明

(1) 虚功原理中涉及两种状态：一个是变形体处于平衡的力状态；另一个是不管产生位移原因的满足协调条件的微小位移状态(虚位移状态)。原理的证明和更详细的说明，可参考《结构力学 Ⅰ》(第二版)，王焕定等，高等教育出版社，2004。

(2) 虚功方程中“变形体所接受的总虚变形功 δW_i”的计算在下一小节说明。

(3) 本原理对任意力-变形关系(力学中常称为本构关系)的可变形物体都适用。

(4) 本原理就本书所涉及的内容，适用于任何杆件体系结构。

(5) 虚功原理的前提条件是受力作用的变形体平衡，所发生的虚位移协调。在这一前提下有虚功方程 $\delta W_e = \delta W_i$ 恒成立的结论。因此，它是一个必要条件。

(6) 刚体虚位移原理是变形等于零时的特例(也是原理证明的基础)。

3. 杆系结构的虚功方程

设杆系结构所受的外荷载有集中的广义力和广义分布荷载，其值和分布集度分别记为 $P_i(i=1,2,\cdots)$ 及 $q_j(j=1,2,\cdots)$。与这些外荷载对应的虚位移记作 $\delta\Delta_{P_i}$ 和 $\delta\Delta_{q_j}$(与 $q_j\mathrm{d}s$ 相对应)。则虚功方程中的外力总虚功 δW_e 为

$$\delta W_e = \sum_i P_i \delta\Delta_{P_i} + \sum_j \int q_j \delta\Delta_{q_j} \mathrm{d}s$$

式中等号右侧第一项为广义集中力的总虚功，第二项为广义分布荷载的总虚功。

为了便于说明变形体所接受的总虚变形功的计算，图 3-3 给出了任意直杆微段的两种状态。图 3-3(a)为平衡状态中微段的受力情形示意，图 3-3(b)～(d)为虚位移状态中微段的相对变形分解示意。例如虚位移导致微段左、右

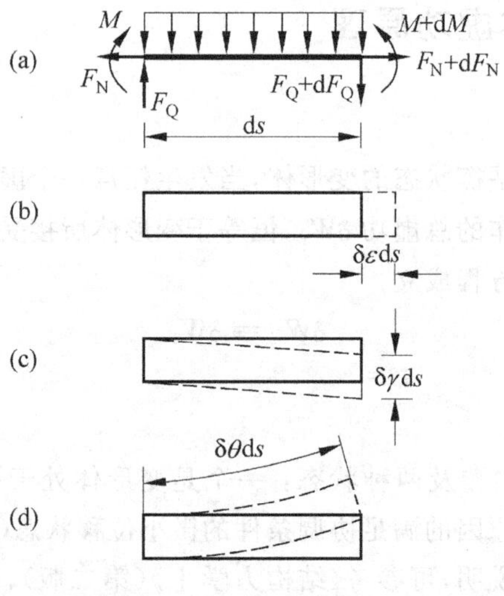

图 3-3 微段小变形示意

端轴向虚位移分别为 δu 和 $\delta u+\frac{d\delta u}{ds}ds$，微段轴向的相对伸长为$\frac{d\delta u}{ds}ds=\delta\varepsilon ds$。由于是相对伸长，因此示意图中左端没有位移。其他变形情况可仿此获得。由于在直杆小变形情形下，弯矩不在剪切变形和轴向变形上做功(这些变形不产生截面相对转角)，剪力不在弯曲变形和轴向变形上做功等，也即截面内力在相对虚变形位移上所做的功是互不耦联的。此外，微段上外荷载在虚变形位移上所做的功，相对于截面内力的虚变形功是高阶小量(仍以轴向变形为例，微段轴向分布荷载合力为 pds，微段中点的虚位移为$\frac{1}{2}\delta\varepsilon ds$，因此微段上轴向荷载合力所做的虚功为

$$\frac{1}{2}p\delta\varepsilon ds^2$$

轴向力虚功为

$$\begin{aligned}&\left(F_N+\frac{dF_N}{ds}ds\right)(\delta u+\delta\varepsilon ds)-F_N\delta u\\&=\frac{dF_N}{ds}\delta u ds+F_N\delta\varepsilon ds+\frac{dF_N}{ds}\delta\varepsilon ds^2\approx F_N\delta\varepsilon ds\end{aligned}$$

由此可见，荷载总虚功相对轴力的虚变形功是高一阶的小量。其他情况可类似地证明)。因此总虚变形功为

$$\delta W_i=\sum_e\int_0^l(F_N\delta\varepsilon+F_Q\delta\gamma+M\delta\kappa)ds$$

式中,F_N、F_Q、M 分别为平衡的力状态下杆件中的轴力、剪力和弯矩。$\delta\varepsilon$、$\delta\gamma$、$\delta\kappa$ 分别为由于虚位移引起的微段虚轴向应变、虚剪切角、虚曲率。$\sum_e$ 表示对结构的所有杆件求和。

将上述结果代入虚功方程式(3-2),则可得到杆系结构的虚功方程为

$$\begin{aligned}\delta W_e &= \sum_i P_i \delta\Delta_{P_i} + \sum_j \int q_j \delta\Delta_{q_j} \mathrm{d}s \\ &= \sum_e \int_0^l (F_N \delta\varepsilon + F_Q \delta\gamma + M\delta\kappa) \mathrm{d}s = \delta W_i \end{aligned} \tag{3-3}$$

和式(3-2)一样,式(3-3)也适用于一切杆系结构,它是本章下面所有讨论的理论基础。

3.2 荷载下位移计算公式

引起结构位移的原因很多,本节首先讨论荷载作用所引起的位移计算问题,它是本章的重点。

3.2.1 单位荷载法推导公式

1. 位移计算一般公式

为了用虚功原理导出荷载作用下位移的计算公式,首先需要确定虚功原理中的两种状态。

因为目的是计算荷载作用下的结构位移,因此将待求位移的结构状态视为虚功原理中的"虚位移状态"。此外,为了从虚功方程能够直接求得位移,需建立一个与待求广义位移对应的、平衡的力状态。若这个平衡的力状态是对应于待求广义位移的一个单位广义力状态(今后将单位广义力记作 $X=1$ 或 $F_P=1$),则单位广义外力在虚位移时所做的总虚功恰好等于待求的广义位移值,这样就能通过变形功的计算直接求得待求的位移值。图 3-4 给出了上述思想的示意图。

基于上述思路,若将待求广义位移记作 Δ,由虚功方程可得

$$1 \cdot \Delta = \sum_e \int_0^l (\overline{F}_N \delta\varepsilon + \overline{F}_Q \delta\gamma + \overline{M} \delta\kappa) \mathrm{d}s \tag{3-4}$$

式中,$\overline{F}_N$、$\overline{F}_Q$、$\overline{M}$ 分别为单位广义力状态中的轴力、剪力和弯矩;$\sum_e$ 表示对所有杆求和;积分上限 l 为杆长;$\delta\varepsilon$、$\delta\gamma$、$\delta\kappa$ 分别为荷载作用下,待求位移结构的虚轴向变形、虚剪切角和虚曲率。

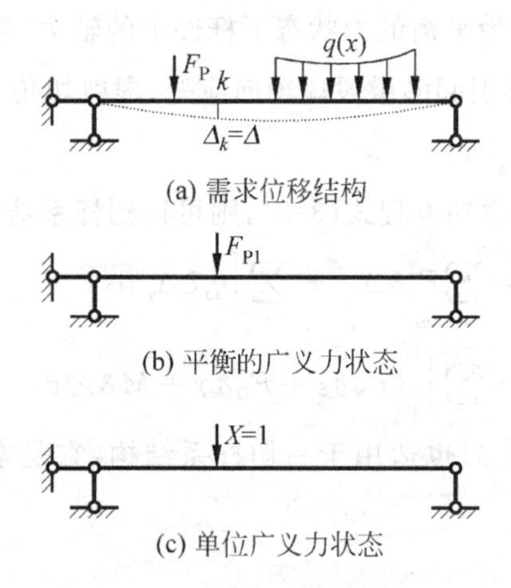

(a) 需求位移结构

(b) 平衡的广义力状态

(c) 单位广义力状态

图 3-4 求位移思路示意图

这种通过建立平衡的单位广义力状态，利用虚功方程求位移的方法，称为**单位荷载法**(unit load method)。式(3-4) 适用于任何材料力学行为、任何外因的杆系结构，因此是杆系结构位移计算的一般性公式。

* **关于单位广义力问题的说明**

如果对图 3-4(a)、(b)利用虚功原理，根据式(3-3) 虚功方程为

$$F_P\cdot\Delta=\sum_e\int_0^l(F_N\delta\varepsilon+F_Q\delta\gamma+M\delta\kappa)\mathrm{d}s$$

等式两边同除 F_P 可得

$$1\cdot\Delta=\sum_e\int_0^l\left(\frac{F_N}{F_P}\delta\varepsilon+\frac{F_Q}{F_P}\delta\gamma+\frac{M}{F_P}\delta\kappa\right)\mathrm{d}s$$

由此可见，所谓单位广义力实际上是广义力除以自身，所谓单位广义力所引起的内力 $\overline{F}_N$、$\overline{F}_Q$ 等，是内力与广义力的比值。因此，当所求位移 Δ 是线位移时，$\overline{F}_N$、$\overline{F}_Q$ 是量纲为 1 的量，$\overline{M}$ 为长度量纲。

下面设材料处于线性弹性状态，又设在荷载作用下待求位移结构的内力分量分别记作 F_{NP}、F_{QP}、M_P，则由 3.1.1 节回顾的材料力学公式(a)，即可得到变形状态所对应的"虚变形"表达式，将它们代入位移计算一般性公式(3-4)中，即可得如下荷载下的位移计算公式

$$\Delta=\sum_e\int_0^l\left(\frac{\overline{F}_N F_{NP}}{EA}+\frac{\kappa\overline{F}_Q F_{QP}}{GA}+\frac{\overline{M}M_P}{EI}\right)\mathrm{d}s \tag{3-5}$$

因为变形计算公式是在线弹性假设下导得，因此上式仅适用于线性弹性杆系结构。

2. 各类结构的位移计算公式

不同的结构受力特点不同(桁架只有轴力,拱主要考虑轴力和弯矩,梁和刚架主要受弯),因此,不同结构的位移计算公式形式有所区别:

桁架结构 $$\Delta=\sum_{e}\frac{\overline{F}_{N}F_{NP}l}{EA} \tag{3-6}$$

梁及刚架 $$\Delta=\sum_{e}\int_{0}^{1}\frac{\overline{M}M_{P}}{EI}ds \tag{3-7}$$

小曲率拱结构 $$\Delta=\int_{s}\left(\frac{\overline{M}M_{P}}{EI}+\frac{\overline{N}N_{P}}{EA}\right)ds \tag{3-8}$$

组合结构 $$\Delta=\sum_{e1}\frac{\overline{F}_{N}F_{NP}l}{EA}+\sum_{e2}\int_{0}^{1}\frac{\overline{M}M_{P}}{EI}ds \tag{3-9}$$

3. 几个需要注意的问题

(1) **搞清公式中各项物理量的含义**　例如带上划线“ˉ”的量由单位广义力引起等。

(2) **符号规定**　因为位移计算公式中每一项都是功,因此广义力和广义位移方向相同做正功,即此项为正。否则做负功,此项为负。这是确定某一计算项符号的根本原则。

3.2.2 积分求位移

利用上述荷载下位移计算公式,以图 3-5(a)所示结构为例,求 C 点和 B 点的水平位移。

根据所需求的位移,可建立图 3-5(c)、(d)所示的单位广义力状态,利用第 2 章的知识可作出图 3-5(b)、(c)、(d)所示的荷载及单位弯矩图。在图示各杆 x 坐标的情况下,各杆的弯矩方程分别为

M_P:AC 和 BD 杆　$M_P(x)=F_P\cdot x/2$(右侧受拉);CD 杆　$M_P(x)=F_Pl/2-F_Px$(下侧受拉)

图 3-5(c)的 $\overline{M}$: AC 杆　$\overline{M}(x)=x$(右侧受拉);CD 杆　$\overline{M}(x)=l-x$(下侧受拉)

图 3-5(d)的 $\overline{M}$: AC 杆　$\overline{M}(x)=x$(右侧受拉);CD 杆　$\overline{M}(x)=l$(下侧受拉);BD 杆　$\overline{M}(x)=-x$(侧受拉)

将弯矩方程代入式(3-7),则

$$\Delta_{CH}=\frac{1}{EI}\int_{0}^{l}(F_Px/2)\cdot x\mathrm{d}x+\frac{1}{4EI}\int_{0}^{l}(F_Pl/2-F_Px)\cdot(L-x)\mathrm{d}x$$

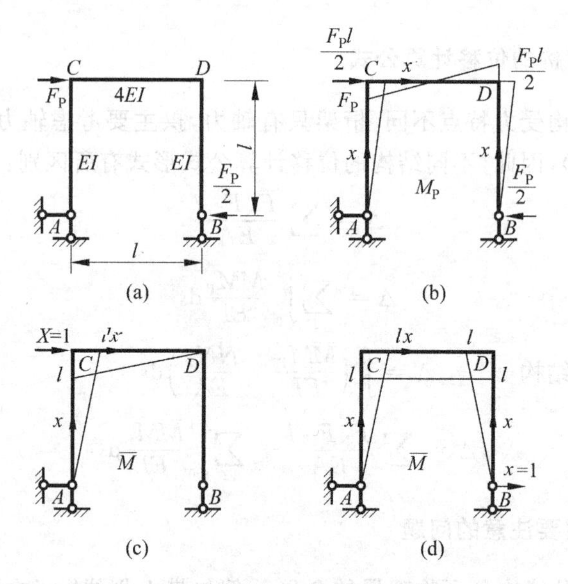

图 3-5 结构及相关弯矩图

$$+\frac{1}{EI}\int_0^l (F_P x/2)\cdot 0\cdot \mathrm{d}x=\frac{17F_P l^3}{48EI}(\rightarrow)$$

$$\Delta_{BH}=\frac{1}{EI}\int_0^l (F_P x/2)\cdot x\mathrm{d}x+\frac{1}{4EI}\int_0^l (F_P l/2-F_P x)\cdot l\mathrm{d}x$$

$$-\frac{1}{EI}\int_0^l (F_P x/2)\cdot x\mathrm{d}x=0$$

由此可见,关键是正确建立各杆的弯矩方程,将其代入相应的位移计算公式并积分,即可得到需求的位移值。注意:Δ_{BH}也可由M_P图反对称、$\overline{M}$图对称得到一定为零的结论。

3.3 荷载下位移计算举例

对式(3-7)和式(3-9)中的$\sum_e\int_0^l \frac{\overline{M}M_P}{EI}\mathrm{d}s$项,在一定条件下可用本节介绍的所谓"图乘法"代替积分计算。

3.3.1 图乘法

假设在定积分$I=\int_A^B f(x)g(x)\mathrm{d}x$的被积函数中$f(x)$为曲线,$g(x)$为直线,如图3-6所示。若以图中$O$点为原点,$g(x)$可表示为

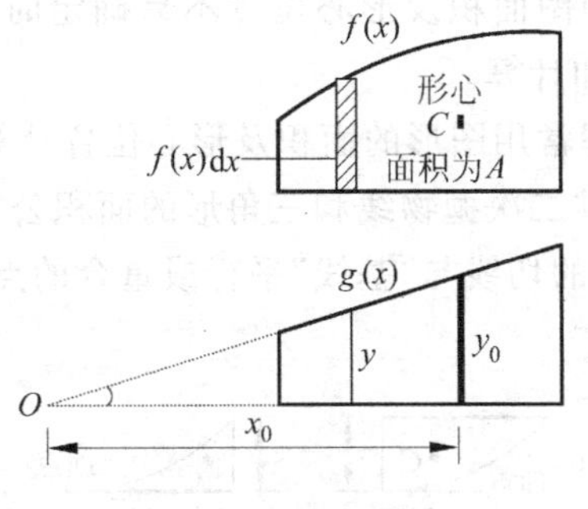

图 3-6　图乘法原理

$$g(x) = x\tan\alpha$$

式中 $\tan\alpha$ 是 $g(x)$ 的斜率。由此积分 I 成为

$$I = \tan\alpha\int_A^B xf(x)\mathrm{d}x$$

若记 $f(x)\mathrm{d}x$ 为 $\mathrm{d}A$，它是 $f(x)$ 图曲线下的微面积。则 I 中积分表示 $f(x)$ 图曲线下面积对通过 O 点竖向轴的静矩，如以 x_0 表示 $f(x)$ 图面积的形心位置坐标，A 为曲线下面积，则定积分变成

$$I = \int_A^B f(x)g(x)\mathrm{d}x = \tan\alpha \cdot A \cdot x_0 = A \cdot y_0$$

式中，A 为曲线图形的面积；$y_0 = x_0\tan\alpha$ 为曲线图面积形心对应的直线图形的竖标。上式即为图乘法的依据。

图乘法计算位移的前提条件为杆件为等截面直杆，也即 EI 是常数；被积函数中至少有一个是直线图形。

图乘法计算位移的公式

因为 $$\int_A^B \frac{\overline{M}M_{\mathrm{P}}}{EI}\mathrm{d}s = \frac{1}{EI}\int_A^B \overline{M}M_{\mathrm{P}}\mathrm{d}x = \frac{1}{EI}Ay_0$$

故弯曲变形为主的结构位移计算公式(3-7)可改为

$$\Delta = \sum \frac{Ay_0}{EI} \tag{3-10}$$

图乘法求位移时需注意的问题

(1) A 与 y_0 在杆轴线同侧时，Ay_0 为正，反之为负。

(2) 利用式(3-10)求位移时，y_0 必须取自直线图形。

(3) 如果整根杆件不符合图乘法条件，但经过分段后可以使其符合图乘条件，则仍可应用图乘法分段计算。

(4) 拱、曲杆结构和连续变截面的结构只能用公式积分(或数值积分)，不能进行图乘。

(5) 如果某段弯矩图面积及形心位置不易确定时,可将其分解为几个简单图形分别图乘再叠加计算。

(6) 应该熟练掌握常用图形的面积及形心位置计算。

图 3-7 给出了标准二次抛物线和三角形的面积公式和形心位置。图中所谓**顶点**,是指图形该点的切线与“基线”平行或重合的点。

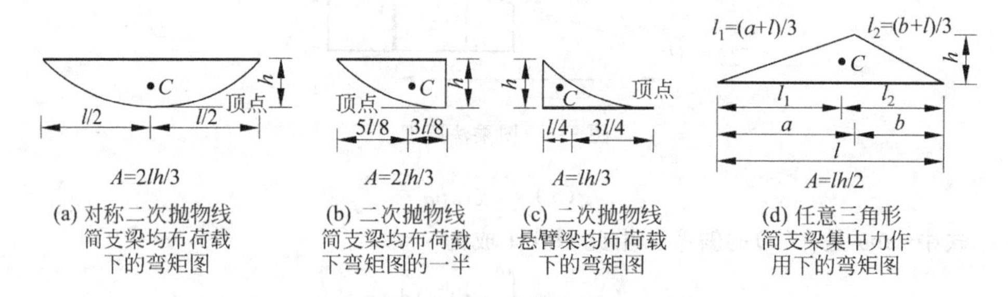

图 3-7 标准图形的面积公式和形心位置

3.3.2 位移计算举例

应用单位荷载法计算位移一般需按如下步骤进行:

1. 根据所要求的广义位移,确定对应的单位广义力,建立单位广义力状态。图 3-8(a)、(b)、(c)、(d)所示分别为求图 3-1 所示竖向线位移、截面转角、两截面相对转角和相邻两截面的相对竖向错动位移所建立的单位广义力状态。

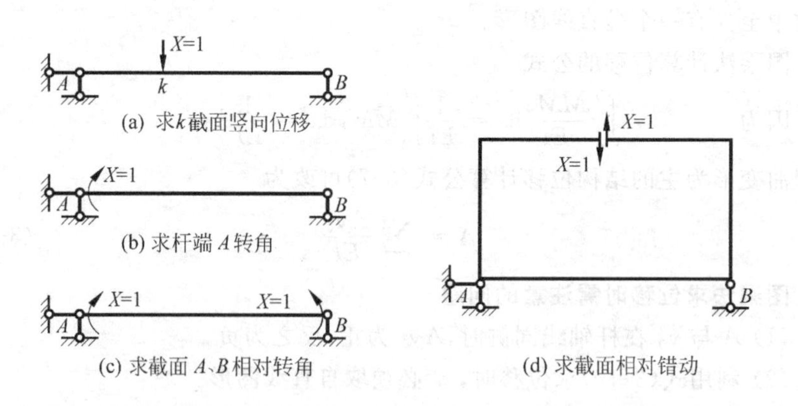

图 3-8 与图 3-1 对应的单位广义力

2. 作结构在荷载下的弯矩图(或内力图)和单位广义力下的弯矩图(或内力图)。

3. 用式(3-6)～式(3-9)计算所要求的位移(符合图乘条件时,用图乘代替积分)。

4. 认真校核每一步。需要特别强调的是:初学者往往在做公式计算题时遗忘刚度(EA、EI)等,而做数值计算题时又往往单位不统一。必须注意避免出现这些情况。

例题 3-1　图 3-9(a)和(c)为一等截面悬臂曲梁,梁轴线为$\frac{1}{4}$圆弧。若弹性常数和截面性质 E、G、A、I 已知。试求图示荷载作用下,自由端 A 的竖向位移Δ_{Ay}和均布水压作用下自由端 A 的水平位移Δ_{Ax}。

解:当曲杆的曲率不大时,可用直杆公式计算位移,其误差并不大。大量实际计算结果表明,当杆轴曲率半径大于截面高度 5 倍时,曲率对位移的影响只在 0.3%左右。因此,本例按式(3-5)计算。

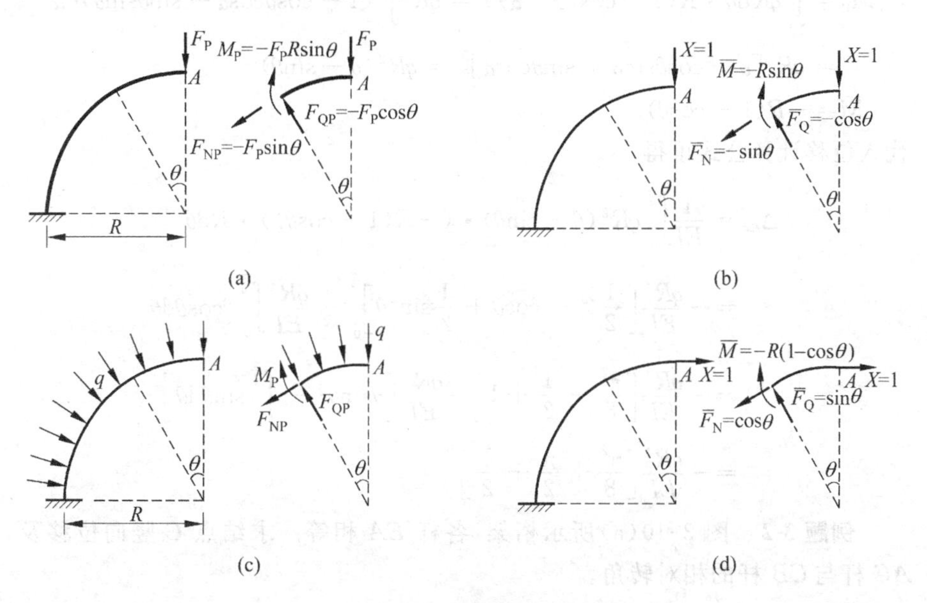

图 3-9　例题 3-1 图

为求图 3-9(a)中 A 点竖向位移,需在该点施加一个竖向单位力,如图 3-9(b)所示。利用图示隔离体平衡条件,可得内力方程如图示。利用位移计算公式(3-5),则有

$$\Delta_{Ay}=\int_0^{\frac{\pi}{2}}(-\sin\theta)\frac{-F_P\sin\theta}{EA}R\,d\theta+\int_0^{\frac{\pi}{2}}k\cos\theta\frac{F_P\cos\theta}{GA}R\,d\theta$$

$$+\int_0^{\frac{\pi}{2}}(-F_PR\sin\theta)\frac{-R\sin\theta}{EI}R\,d\theta$$

$$= \Delta_{FN} + \Delta_{FQ} + \Delta_M$$

$$= \frac{\pi}{4}\frac{F_P R}{EA} + k\frac{\pi}{4}\frac{F_P R}{GA} + \frac{\pi}{4}\frac{F_P R^3}{EI}\ (\downarrow)$$

式中,Δ_{FN}、Δ_{FQ}、Δ_M分别表示轴力、剪力和弯矩引起的位移。

若该梁是高度为 h 的矩形截面钢筋混凝土梁,则 $G\approx 0.4E$,$\frac{I}{A}=\frac{h^2}{12}$。又设 $\frac{h}{R}=\frac{1}{10}$,则$\frac{\Delta_{FQ}}{\Delta_M}<\frac{1}{400}$,$\frac{\Delta_{FN}}{\Delta_M}<\frac{1}{1200}$。由此可见,对于细长的受弯构件剪切与轴向变形对位移的影响较小,可以略去不计。这就是式(3-7)中只有弯矩项的原因。

由于可以忽略剪切与轴向变形,因此在求图 3-9(c)的水平位移时只需建立荷载与单位力的弯矩方程

$$M_P = \int_0^\theta qR\,d\alpha \cdot R(1-\cos(\theta-\alpha)) = qR^2\int_0^\theta (1-\cos\theta\cos\alpha - \sin\theta\sin\alpha)\,d\alpha$$

$$= qR^2[\alpha - \cos\theta\sin\alpha + \sin\theta\cos\alpha]_0^\theta = qR^2(\theta - \sin\theta)$$

$$\overline{M} = -R(1-\cos\theta)$$

代入位移计算公式可得

$$\Delta_{Ax} = \frac{1}{EI}\int_0^{\frac{\pi}{2}} qR^2(\theta-\sin\theta)\cdot(-R(1-\cos\theta))\cdot R\,d\theta$$

$$= -\frac{qR^4}{EI}\left[\frac{1}{2}\theta^2 + \cos\theta + \frac{1}{2}\sin^2\theta\right]_0^{\frac{\pi}{2}} - \frac{qR^4}{EI}\int_0^{\frac{\pi}{2}}\theta\cos\theta\,d\theta$$

$$= -\frac{qR^4}{EI}\left[\frac{\pi^2}{8} + \frac{1}{2} + 1\right] - \frac{qR^4}{EI}\left[\theta\sin\theta_0^{\frac{\pi}{2}} - \int_0^{\frac{\pi}{2}}\sin\theta\,d\theta\right]$$

$$= -\frac{qR^4}{EI}\left[\frac{\pi^2}{8} + \frac{\pi}{2} + \frac{5}{2}\right]$$

例题 3-2 图 3-10(a)所示桁架,各杆 EA 相等。求结点 C 竖向位移及 AC 杆与 CB 杆的相对转角。

解: (1) 结点 C 竖向位移

为用式(3-6)计算位移,用结点法或截面法解出荷载和单位荷载作用下的各杆轴力,并标注在图 3-10(a)、(b)杆边。将其代入式(3-6),可得

$$\Delta_{Cy} = \sum \frac{\overline{F}_N F_{NP} l}{EA}$$

$$= \frac{1}{EA}\left[2\cdot\left(-\frac{\sqrt{2}}{2}\right)(-\sqrt{2}F_P)\frac{\sqrt{2}}{2}a + 2\times\frac{1}{2}\cdot F_P\cdot a + (-F_P)(-1)a\right]$$

$$= (2+\sqrt{2})\frac{F_P a}{EA}\quad(\downarrow)$$

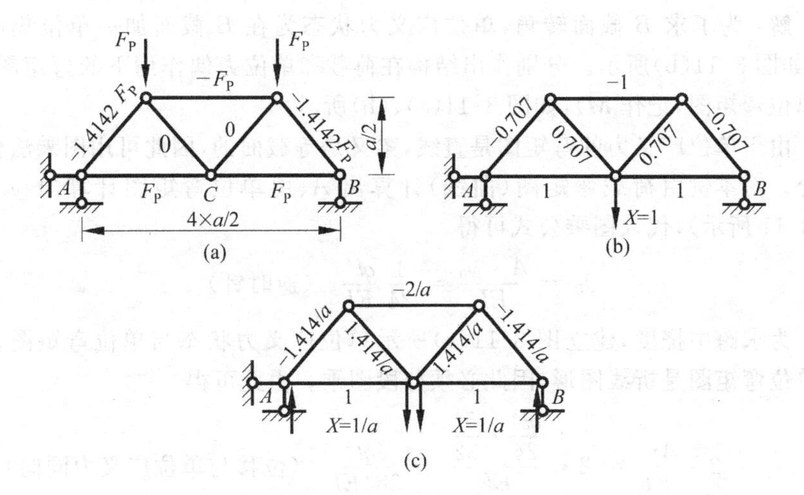

图 3-10　例题 3-2 图

(2) AC 杆与 CB 杆的相对转角

为求相对转角,单位广义力状态如图 3-10(c)所示,是一对加在 AC、CB 两杆上的单位力偶,单位荷载作用下的各杆轴力标注在图 3-10(c)杆边。将其代入式(3-10),可得

$$\varphi=\sum\frac{\overline{F}_{\mathrm{N}}F_{\mathrm{NP}}l}{EA}=\frac{1}{EA}\left[\left(-\frac{2}{a}\right)\cdot(-F_{\mathrm{P}})\cdot a+2\left(\frac{-\sqrt{2}}{a}\right)\cdot(-\sqrt{2}F_{\mathrm{P}})\cdot\frac{\sqrt{2}a}{2}\right.$$

$$\left.+2\cdot\frac{1}{a}\cdot F_{\mathrm{P}}\cdot a\right]=(4+2\sqrt{2})\frac{F_{\mathrm{P}}}{EA}$$

结果为正,说明位移方向与单位广义力方向相同。

例题 3-3　试求图 3-11(a)所示等截面简支梁 B 端截面转角和跨中挠度。

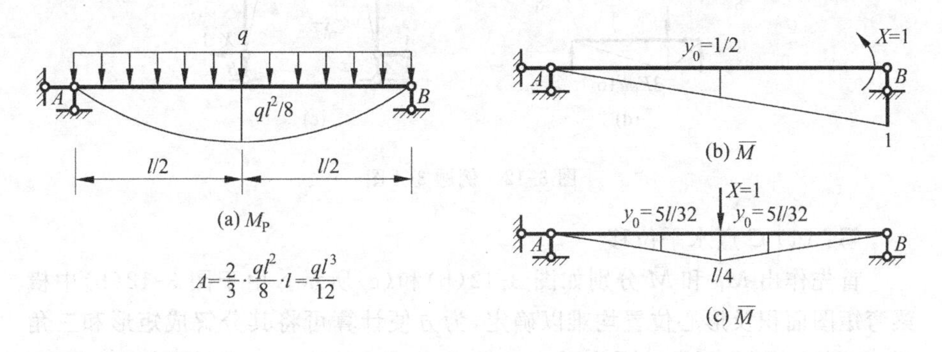

图 3-11　例题 3-3 图

解:为了求 B 截面转角,单位广义力状态为在 B 截面加一单位集中力偶,如图 3-11(b)所示。分别作出结构在荷载和单位力偶作用下的弯矩图(称为单位弯矩图,记作 $\overline{M}$),如图 3-11(a)、(b)所示。

由于单位广义力的弯矩图是直线,梁又是等截面的,因此可用图乘法代替积分。对本例由荷载弯矩图(曲线)计算出 A、由单位弯矩图计算出 y_0(如图 3-11 所示),代入图乘公式可得

$$\theta_B = \frac{A \cdot y_0}{EI} = \frac{1}{24}\frac{ql^3}{EI} \quad (逆时针)$$

为求跨中挠度,建立图 3-11(c)所示单位广义力状态与单位弯矩图。由于单位弯矩图是折线图形,因此必须分段图乘。由此可得

$$\Delta_{Cy} = 2 \cdot \frac{Ay_0}{EI} = 2 \cdot \frac{\frac{ql^3}{24} \cdot \frac{5l}{32}}{EI} = \frac{5ql^4}{384EI} \quad (位移与单位广义力同向)$$

例题 3-4 试求图 3-12(a)所示刚架 C 点及 B 点的水平位移。

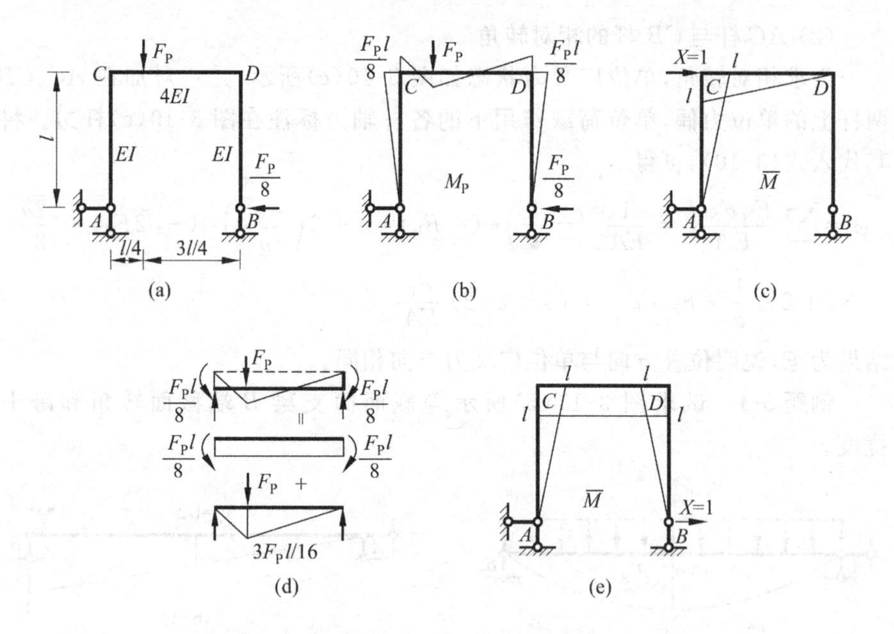

图 3-12 例题 3-4 图

解:(1) C 点水平位移

首先作出 M_P 和 $\overline{M}$ 分别如图 3-12(b)和(c)所示。由于图 3-12(b)中横梁弯矩图面积及形心位置均难以确定,为方便计算可将其分解成矩形和三角形,如图 3-12(d)所示。因此原 Ay_0 等于 A_1y_{10} 加 A_2y_{20}。于是根据 $\overline{M}$ 和 M_P 图,由图乘法可得

$$\Delta_{Cx}=-\frac{1}{EI}\times\frac{1}{2}\times\frac{F_Pl}{8}\cdot l\cdot\frac{2}{3}l-\frac{1}{4EI}\left(\frac{F_Pl}{8}\cdot l\times\frac{l}{2}-\frac{1}{2}\times\frac{3F_Pl}{16}\cdot l\times\frac{7l}{12}\right)$$

$$=-\frac{67}{1536}\frac{F_Pl^3}{EI}\quad(\leftarrow)$$

(2) B 点水平位移

为求 B 点水平位移，建立并作出单位弯矩图如图 3-12(e)所示。由此可得

$$\Delta_{Bx}=-2\times\frac{1}{EI}\times\frac{1}{2}\times\frac{F_Pl}{8}\cdot l\times\frac{2}{3}l-\frac{1}{4EI}\left(\frac{F_Pl}{8}\cdot l\cdot l-\frac{1}{2}\times\frac{3F_Pl}{16}\cdot l\cdot l\right)$$

$$=-\frac{35F_Pl^3}{384EI}\quad(\leftarrow)$$

例题 3-5　试求图 3-13(a)所示三铰刚架铰 E 两侧截面的相对转角 φ 及竖向位移 Δ。

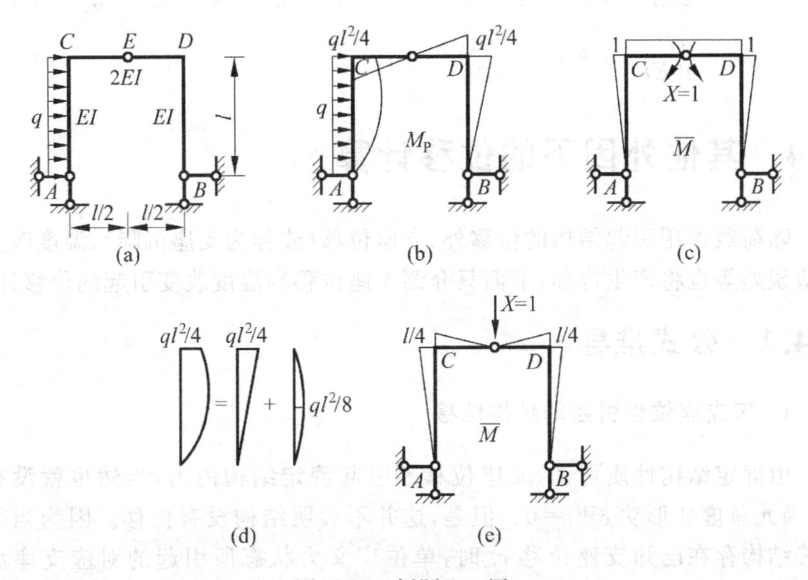

图 3-13　例题 3-5 图

解：(1) 铰 E 两侧截面的相对转角

为求铰 E 两侧截面相对转角，在铰 E 两侧施加一对方向相反的单位集中力偶，并作出 M_P 和 $\overline{M}$ 图，如图 3-13(b)和(c)所示。由于 $\overline{M}$ 图全是直线，因此可由式(3-10) 进行计算。

图乘运算时，由于 AC 杆 M_P 图不是标准图形，因此需将其分解为一个三角形和一个对称抛物线，如图 3-13(d)所示。由图乘法即可求得

$$\varphi=\frac{1}{EI}\times\frac{1}{2}\times l\cdot\frac{ql^2}{4}\times\frac{2}{3}\times1+\frac{1}{2EI}\cdot l\times1\times0$$

$$+\frac{1}{EI}\left(-\frac{1}{2}\times l\cdot\frac{ql^2}{4}\times\frac{2}{3}\times 1-\frac{2}{3}\times l\cdot\frac{ql^2}{8}\times\frac{1}{2}\times 1\right)$$

$$=-\frac{1}{24}\times\frac{ql^3}{EI}\quad(\text{位移与单位广义力反向})$$

(2) E 点竖向位移

为求 E 点竖向位移,建立并作出单位弯矩图,如图 3-13(e)所示。由此可得

$$\Delta_{Ey}=\frac{1}{EI}\times\frac{1}{2}\times\frac{ql^2}{4}\cdot l\times\frac{2}{3}\times\frac{l}{4}$$

$$+\frac{1}{EI}\cdot\left(-\frac{1}{2}\times\frac{ql^2}{4}\cdot l\times\frac{2}{3}\times\frac{l}{4}-\frac{2}{3}\times\frac{ql^2}{8}\cdot l\times\frac{1}{2}\times\frac{l}{4}\right)$$

$$+\frac{1}{2EI}\cdot\left(\frac{1}{2}\times\frac{ql^2}{4}\cdot\frac{1}{2}\times\frac{2}{3}\times\frac{l}{4}-\frac{1}{2}\times\frac{ql^2}{4}\cdot\frac{l}{2}\times\frac{2}{3}\times\frac{l}{4}\right)$$

$$=-\frac{ql^4}{96EI}\quad(\uparrow)$$

3.4 其他外因下的位移计算

除荷载作用引起结构的位移外,支座位移(或称为支座沉降)、温度改变和制造误差等也将产生位移,下面只介绍支座位移和温度改变引起的位移计算。

3.4.1 公式推导

1. 仅支座位移引起的结构位移

由静定结构性质可知,支座位移不引起静定结构内力,当然也就没有变形,因此总虚变形功 $\delta W_{\mathrm{i}}=0$。但是,这并不表明结构没有位移。因为当待求位移结构存在已知支座位移 c_i 时,单位广义力状态所引起的对应支座反力 $\overline{F}_{\mathrm{R}i}$要在 c_i 上做功,则虚功方程为

$$\delta W_{\mathrm{e}}=1\cdot\Delta+\sum_i\overline{F}_{\mathrm{R}i}c_i=\delta W_{\mathrm{i}}=0$$

由此即可得到静定结构由于支座位移引起的位移计算公式为

$$\Delta=-\sum_i\overline{F}_{\mathrm{R}i}c_i\tag{3-11}$$

对于式(3-11)及用它求位移,需要指出以下几点:

(1) 因为支座位移不引起静定结构变形,因此实质上式(3-11)也可从刚体虚位移原理导出。

(2) 式(3-11)是外力总虚功等于零移项得到的,因此求和号前有负号。

(3) 求和号下每一项都是单位广义力引起的广义支座反力的功，因此广义支座反力 $\overline{F}_{Ri}$ 和广义支座位移 c_i 方向一致时做正功，也即乘积为正，反之做负功、乘积为负。

(4) 哪个支座有广义位移 c_i，只需求与此广义位移 c_i 对应的单位广义力引起的广义反力 $\overline{F}_{Ri}$。

2. 仅温度改变引起的结构位移

和支座位移一样，根据"温度改变不引起静定结构内力"，那么是否没有变形，因此 $\delta W_{变}=0$ 呢？实际上，结构经受温度改变时，虽然不产生内力，但由于热胀冷缩，结构是要产生变形的。因此，必须考虑微段的温度变形。为此，假设材料线膨胀系数为 α，从结构中取出任意微段如图 3-14 所示。设微段轴向温度变化相同，温度沿截面高度线性变化，高度为 h，截面对中性轴对称(不对称情况请读者自行仿照下面的分析加以讨论)。

将杆段看成层状叠合物，由于温度改变，每层都要伸缩，在图 3-14(a)所示两侧温度不同(不失一般性，假设 $t_2>t_1$) 的情形下，微段发生图 3-14(b)所示变形。如果记杆轴线温度改变为 $t_0=(t_1+t_2)/2$，两侧温差绝对值为 $\Delta t=|t_2-t_1|$，则不难想象，微段相对变形可分解成轴线变形 $\delta\varepsilon\mathrm{d}s$ 和绕中性轴的截面转动变形 $\delta\kappa\mathrm{d}s$，而温度改变不能产生截面错动变形。因此由图 3-14 可得

$$\delta\varepsilon=\alpha t_0,\quad \delta\kappa=\frac{\alpha\Delta t}{h},\quad \delta\gamma=0$$

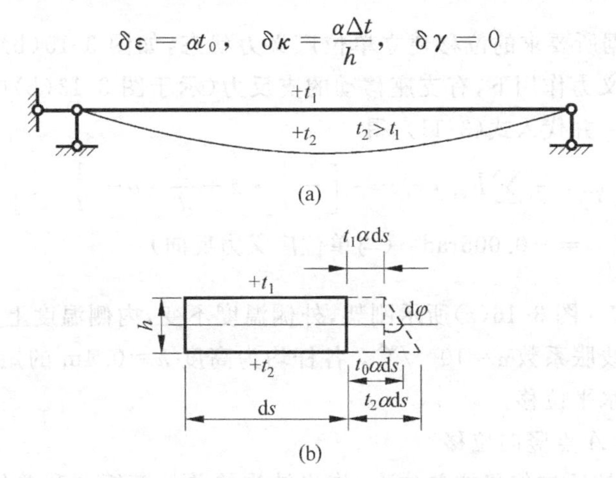

图 3-14　微段温度变形示意图

将上述实际结构由温度所引起的"虚变形"代入虚功方程式(3-4)，即可获得温度引起的位移计算公式为

$$\Delta=\sum_{e}\int_0^l\left(\pm\overline{F}_N\alpha t_0\pm\overline{M}\frac{\alpha\Delta t}{h}\right)\mathrm{d}s \tag{3-12}$$

如果材料、温度沿杆长不变,而且为等截面杆件,则式(3-7)可改写作

$$\Delta = \sum_{e} \left(\pm A_{\overline{F}_N} t_0 \pm A_{\overline{M}} \frac{\Delta t}{h} \right) \alpha \tag{3-13}$$

式中,$A_{\overline{F}_N}$和$A_{\overline{M}}$分别为单位广义力引起的杆件轴力图面积和弯矩图面积。式中符号的确定将结合例题加以解释。

3.4.2 举例

例题 3-6 图 3-15(a)所示两跨简支梁,在图示支座移动状态下,求铰 B 两侧截面的相对转角 φ。

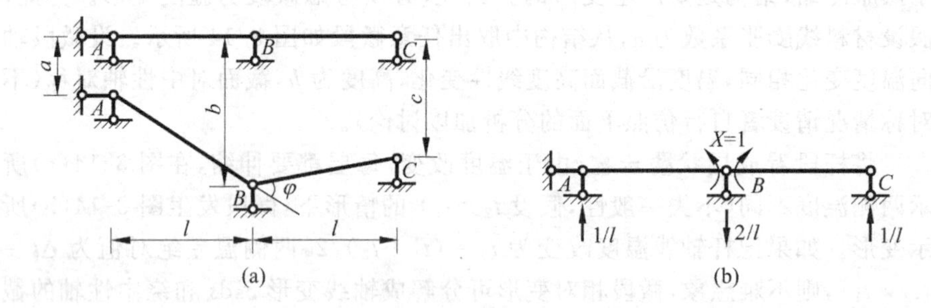

图 3-15 例题 3-6 图

解:根据所要求的位移建立单位广义力状态,如图 3-15(b)所示。进而确定单位广义力作用下,有支座移动的支反力(示于图 3-13(b)中)。将其连同支座位移一并代入式(3-11),得

$$\varphi = -\sum \overline{F}_{Ri} \cdot c_i = -\left[-\frac{1}{l} \cdot a + \frac{2}{l} \cdot b - \frac{1}{l} \cdot c \right]$$

$$= -0.005\text{rad} \quad (\text{与单位广义力反向})$$

例题 3-7 图 3-16(a)所示刚架,外侧温度不变,内侧温度上升 20℃。已知:$l=4\text{m}$,线胀系数 $\alpha=10^{-5}/℃$,各杆均为高度 $h=0.4\text{m}$ 的矩形截面。求 A 点竖向和水平位移。

解:(1) A 点竖向位移

在 A 点按所求位移加单位力,作出结构的单位弯矩图和单位轴力图,如图 3-16(b)所示。求出各杆轴线处温度改变量 t_0 和杆横截面两侧温差的绝对值 Δt 为

$$t_0 = \frac{0℃ + 20℃}{2} = 10℃, \quad \Delta t = 20℃ - 0℃ = 20℃$$

代入温度改变引起的位移计算式(3-13) 即可,式中各项的符号由对比温度改

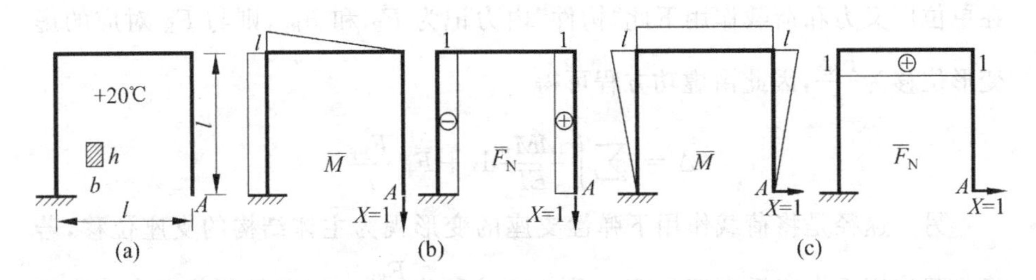

图 3-16　例题 3-7 图

变引起的变形与单位力引起的变形确定，当二者一致（弯曲变形凹向相同，拉压变形同为伸长或同为缩短）时取正号，反之取负号。由此可得

$$\Delta_{Ay}=\sum\left(\pm A_{\overline{F}_N}t_0\pm A_{\overline{M}}\frac{\Delta t}{h}\right)\alpha$$

$$=\left[1\times l\times 10℃-1\times l\times 10℃-\left(\frac{1}{2}\times l\cdot l+l\cdot l\right)\times\frac{20℃}{h}\right]\alpha$$

$$=-1.2\times 10^{-2}\,\mathrm{m}\quad(\downarrow)$$

(2) A 水平位移

在 A 点按所求位移加单位力，作出结构的单位弯矩图和单位轴力图，如图 3-16(c)所示。由此可得

$$\Delta_{Ax}=\sum\left(\pm A_{\overline{F}_N}t_0\pm A_{\overline{M}}\frac{\Delta t}{h}\right)\alpha$$

$$=\left[l\times 10℃+\left(2\times\frac{1}{2}\times l\cdot l+l\cdot l\right)\times\frac{20℃}{h}\right]\alpha$$

$$=1.64\times 10^{-2}\,\mathrm{m}\quad(\rightarrow)$$

*__例题 3-8__　求图 3-17(a)所示具有弹性支座梁 C 截面处的竖向位移。梁的 EI 为常数，弹性支座的弹簧刚度系数 $k=EI/l^3$。

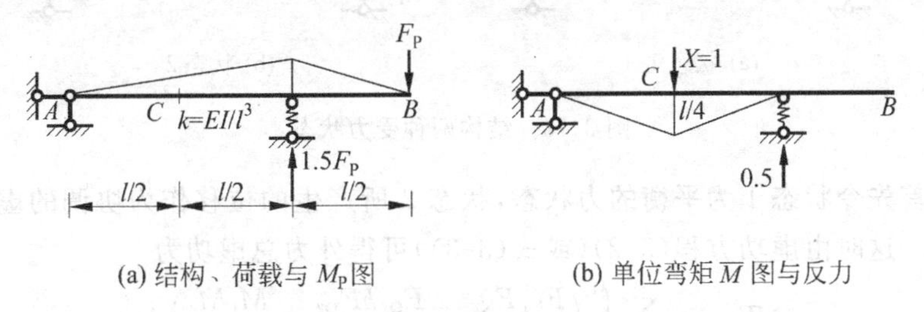

(a) 结构、荷载与 M_P 图　　(b) 单位弯矩 $\overline{M}$ 图与反力

图 3-17　例题 3-8 图

解：本例题特点是有弹性支座。这种情况下的位移计算有两条途径可供选择。其一是将弹簧看成结构中的一个可变形的构件（本例为一拉压杆），若

在单位广义力和荷载作用下此“构件”内力记为 $\overline{F}_{R}$ 和 F_{RP}，则与 $\overline{F}_{R}$ 对应的虚变形位移为$\dfrac{F_{RP}}{k}$，因此由虚功方程可得

$$\Delta=\sum\int\frac{\overline{M}M_{P}}{EI}\mathrm{d}s+\overline{F}_{R}\frac{F_{RP}}{k}$$

另一途径是将荷载作用下弹性支座的变形视为主体结构的支座位移，若将荷载作用下支座反力记为 F_{RP}，则支座位移为$\dfrac{F_{RP}}{k}$。现在是荷载和支座位移共同作用的情形，由位移计算一般公式可得

$$\Delta=\sum\int\frac{\overline{M}M_{P}}{EI}\mathrm{d}s-\sum\overline{F}_{Ri}c_{i}=\sum\int\frac{\overline{M}M_{P}}{EI}\mathrm{d}s+\frac{\overline{F}_{R}F_{RP}}{k}$$

可见两种途径所得结果相同。上述分析过程表明，$\overline{F}_{R}$ 与 F_{RP} 同向时，式中第二项结果为正。将图示所求得的 $\overline{M}$，M_{P}，$\overline{F}_{R}$，F_{RP} 代入上述公式，则有

$$\Delta_{Cy}=-\frac{1}{EI}\times\frac{1}{2}\times l\cdot\frac{l}{4}\times\frac{1}{2}\times\frac{F_{P}l}{2}+\frac{1}{2}\times\frac{\frac{3}{2}F_{P}}{k}=\frac{23}{32}\times\frac{F_{P}l^{3}}{EI}\quad(\downarrow)$$

3.5 互等定理

本节讨论中假定：**材料线性弹性；变形是微小的。**

3.5.1 功的互等定理

研究图3-18所示结构（可为任意结构）的两种状态，分别将其称为状态1、2，由于荷载作用所产生的内力分别记作 F_{N1}、F_{Q1}、M_1 和 F_{N2}、F_{Q2}、M_2。

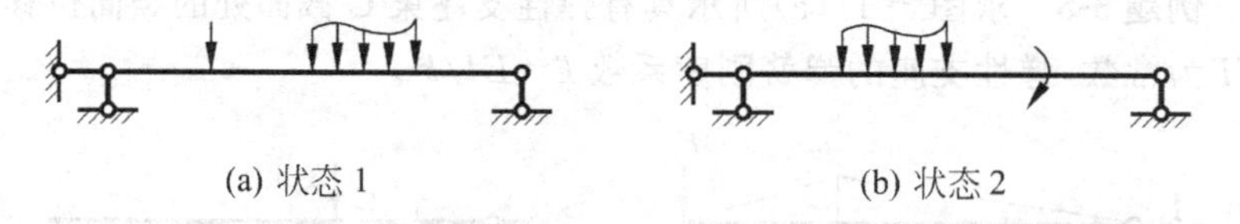

(a) 状态1　　(b) 状态2

图3-18 结构两种受力状态

首先令状态1为平衡的力状态，状态2所产生的位移作为协调的虚位移状态。这时由虚功方程(3-2)(或式(3-3))可得外力总虚功为

$$\delta W_{12}=\sum_{e}\int_{0}^{l}\left(\frac{F_{N1}F_{N2}}{EA}+\frac{F_{Q1}kF_{Q2}}{GA}+\frac{M_{1}M_{2}}{EI}\right)\mathrm{d}s \qquad (a)$$

式中，δW_{12} 的下标表示状态1外力在状态2虚位移上所作的总虚功。

然后反过来，令状态2为平衡的力状态，状态1所产生的位移作为协调的

虚位移状态。由虚功方程(3-2)(或式(3-3))可得外力总虚功为

$$\delta W_{21}=\sum_{e}\int_{0}^{l}\left(\frac{F_{N2}F_{N1}}{EA}+\frac{F_{Q2}kF_{Q1}}{GA}+\frac{M_2M_1}{EI}\right)\mathrm{d}s \tag{b}$$

式中,δW_{21}的下标表示状态 2 外力在状态 1 虚位移上所作的总虚功。

对比式(a) 和式(b)立即可得

$$\delta W_{12}\equiv\delta W_{21} \tag{3-14}$$

用文字来叙述则为,处于平衡的两状态 1、2,状态 1 外力在状态 2 外力所产生的位移上所作的总虚功,恒等于状态 2 外力在状态 1 外力所产生的位移上所作的总虚功。这就是**功的互等定理**(reciprocal theorem of work),它是线弹性体系的普遍定理,是最基本的,下面的定理可以由它导出。

3.5.2 位移互等定理

设上述两状态 1、2 都只有一个广义力,分别记作 F_{P1} 和 F_{P2}。由广义力 F_{P1}引起和广义力 F_{P2}对应的广义位移记作 Δ_{21}。同理,由广义力 F_{P2}引起和广义力 F_{P1}对应的广义位移记作 Δ_{12},如图 3-19 所示。Δ_{ij} 的两脚标的含义为:j 为产生位移的原因,i 为产生位移的地点和方向。

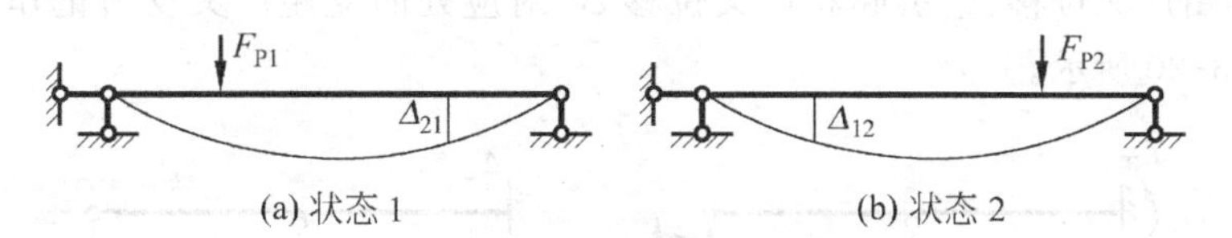

(a) 状态 1　　(b) 状态 2

图 3-19 两种受力、位移状态

利用功的互等定理可得

$$\delta W_{12}=F_{P1}\Delta_{12}\equiv F_{P2}\Delta_{21}=\delta W_{21}$$

等式两边同除广义力乘积 $F_{P1}F_{P2}$,上式改为

$$\frac{\Delta_{12}}{F_{P2}}\equiv\frac{\Delta_{21}}{F_{P1}}$$

从上式不难证明,不管广义力和对应的广义位移是什么,上式比值的量纲或单位是相同的。例如,设 F_{P1} 是集中力偶,国标规定的量纲(以下简称量纲)是 ML^2T^{-2},设单位是 kN·m。又设 F_{P2} 是集中力,量纲是 MLT^{-2},设单位是 kN。对应的广义位移 Δ_{12}是转角,量纲是 1,单位是 rad。但必须特别指出,rad 是一个特殊的单位,实际上弧度是弧长比半径,在弧长和半径单位一致时,其单位是 1。Δ_{21}是线位移,量纲是 L,设单位是 m。因此比值的量纲为

$$\frac{\Delta_{12}}{F_{P2}}=\frac{1}{MLT^{-2}}\equiv\frac{\Delta_{21}}{F_{P1}}=\frac{L}{ML^2T^{-2}}=\frac{1}{MLT^{-2}}$$

在所设单位下,比值的单位为

$$\frac{\Delta_{12}}{F_{P2}}=\frac{\text{rad}}{\text{kN}}=\frac{1}{\text{kN}}=\frac{\Delta_{21}}{F_{P1}}=\frac{\text{m}}{\text{kN}\times\text{m}}=\frac{1}{\text{kN}}$$

这说明"量纲、单位相同"结论是正确的。下述定理同样可证明具有此结论,但不再赘述。

若记比值$\frac{\Delta_{12}}{F_{P2}}=\delta_{12}$、$\frac{\Delta_{21}}{F_{P1}}=\delta_{21}$,并称为**位移系数**(displacement coefficient)或**柔度系数**(flexibility coefficient),它们表示单位广义力引起的位移。则可得如下结论:

$$\delta_{ij}\equiv\delta_{ji} \tag{3-15}$$

这就是**位移互等定理**(reciprocal theorem of displacement)。请读者自行用文字来叙述。

3.5.3 反力互等定理

设超静定结构的两状态1、2都仅是支座发生一个广义位移,分别记作Δ_1和Δ_2。由广义位移Δ_1引起和广义位移Δ_2对应处的支座广义反力记作F_{R21}。同理,由广义位移Δ_2引起和广义位移Δ_1对应处的支座广义反力记作F_{R12}。如图3-20所示。

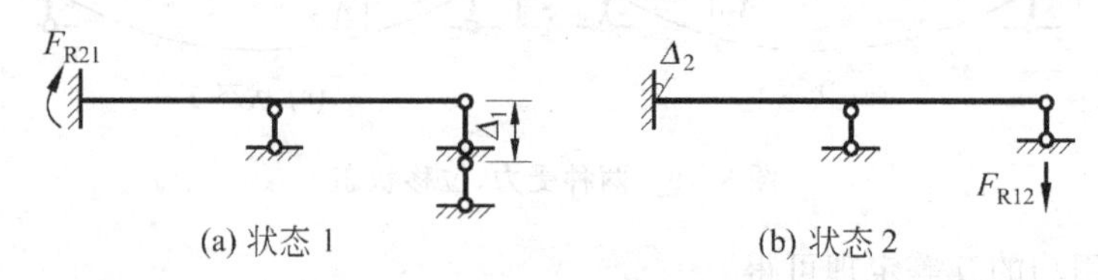

图3-20 两种位移、反力状态

利用功的互等定理可得

$$\delta W_{12}=F_{R21}\Delta_2\equiv F_{R12}\Delta_1=\delta W_{21}$$

等式两边同除广义位移的乘积$\Delta_1\Delta_2$,并称比值为**反力系数**(reaction force coefficient)或**刚度系数**(stiffness coefficient),它表示单位广义位移引起的广义力。则有

$$k_{21}=\frac{F_{R21}}{\Delta_1}\equiv\frac{F_{R12}}{\Delta_2}=k_{12} \tag{3-16a}$$

对于更一般情况,则有

$$k_{ij}\equiv k_{ji},\quad i\neq j,\quad i,j=1,2,\cdots \tag{3-16b}$$

这就是**反力互等定理**(reciprocal theorem of reaction force)。请读者自

行用文字来叙述。

思考题

1. 变形体虚功原理与刚体虚功原理有何区别和联系？

2. 单位广义力状态中的“单位广义力”的量纲是什么？

3. 试说明如下位移计算公式的适用条件、各项的物理意义。

$$\Delta = \sum\int(\overline{M}\kappa + \overline{F}_{N}\varepsilon + \overline{F}_{Q}\gamma)\mathrm{d}s - \sum\overline{F}_{Rk}c_{k}$$

4. 试说明荷载下位移计算公式(3-5) 的适用条件、各项的物理意义。

5. 图乘法的适用条件是什么？对连续变截面梁或拱能否用图乘法？

6. 图乘法公式中正负号如何确定？

*7. 对矩形截面细长杆($h/l=1/18\sim1/8$,h 为矩形截面高度,l 为杆长) 位移计算忽略轴向变形和剪切变形会有多大的误差？

8. 下列图乘结果是否正确？为什么？

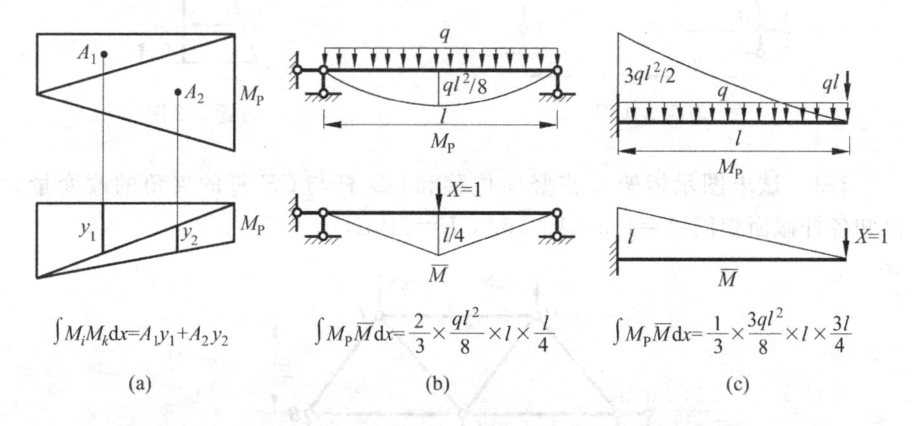

9. 荷载和单位弯矩图如下图所示,如何用图乘法计算位移？

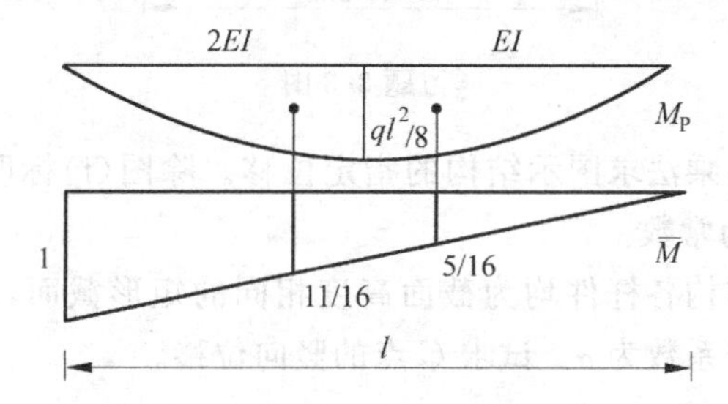

10. 图乘法求位移时应注意避免哪些易犯的错误？

11. 如果杆件截面对中性轴不对称,则对温度改变引起的位移有何影响?

12. 增加各杆刚度是否一定能减小荷载作用引起的结构位移?

13. 试说明 δ_{12} 和 δ_{21} 的量纲并用文字阐述位移互等定理。

14. 反力互等定理是否适用于静定结构?这时会得到什么结果?反力互等定理如何阐述?

习题

3-1 试用直杆公式求图示圆弧形曲梁 B 点水平位移。EI 为常数。

*3-2 图示柱的 A 端抗弯刚度为 EI,B 端为 $EI/2$,刚度沿柱长线性变化。试求 B 端水平位移。

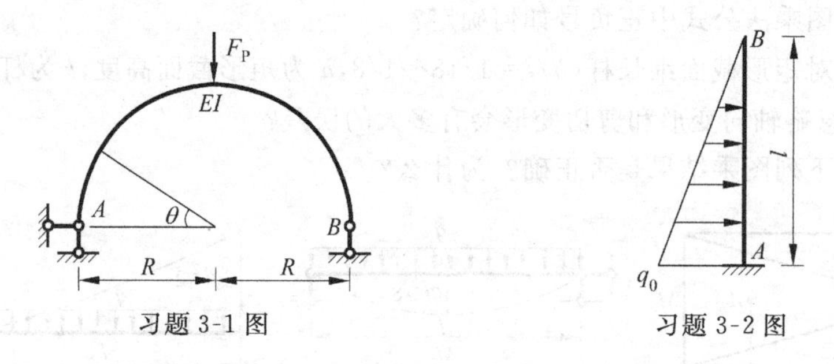

习题 3-1 图　　习题 3-2 图

3-3 试求图示桁架 C 点竖向位移和 CD 杆与 CE 杆的夹角的改变量。已知各杆截面相同 $A=1.5\times10^{-2}\text{m}^2$,$E=210\text{GPa}$。

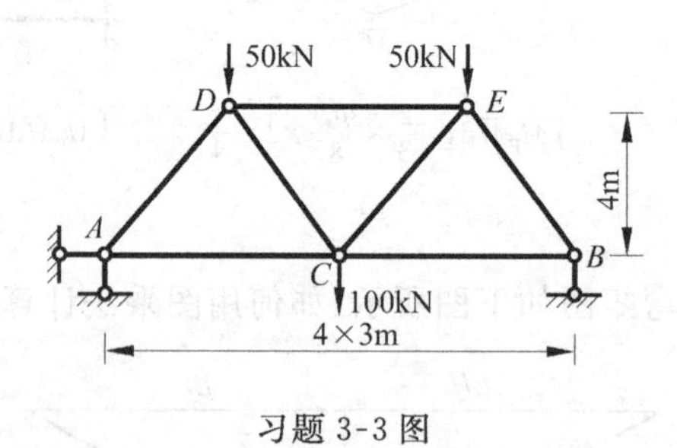

习题 3-3 图

3-4 试用图乘法求图示结构的指定位移。除图(f)标明杆件刚度外,其他各杆件 EI 均为常数。

3-5 图示结构各杆件均为截面高度相同的矩形截面,内侧温度上升 t,外侧不变,线膨胀系数为 α。试求 C 点的竖向位移。

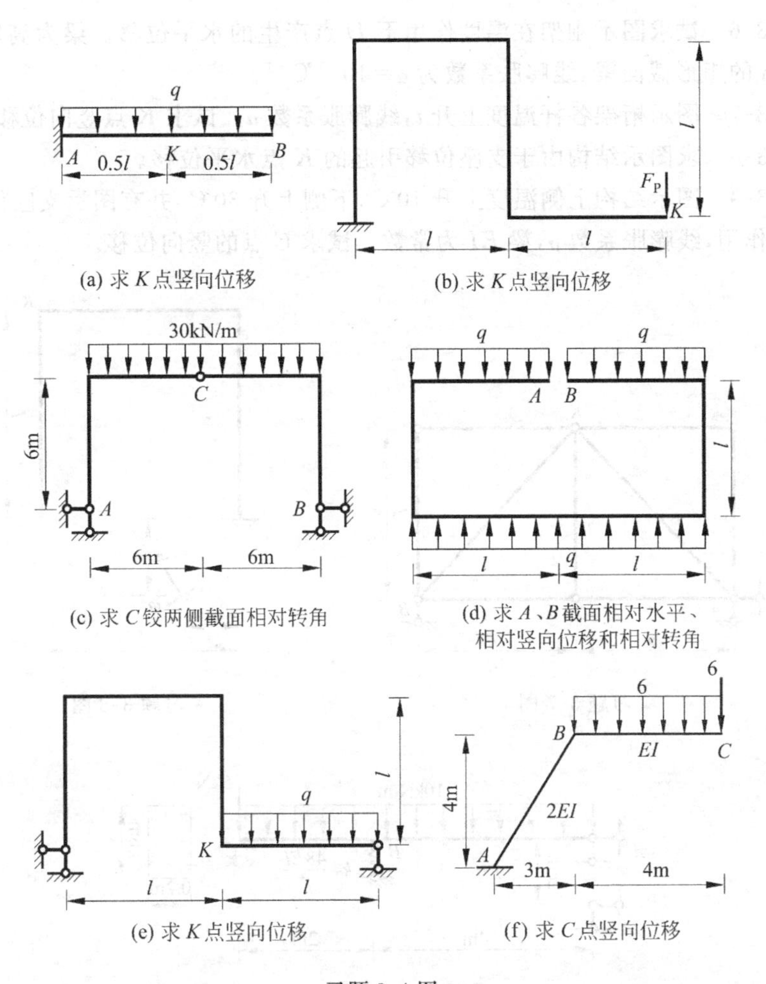

(a) 求 K 点竖向位移　(b) 求 K 点竖向位移

(c) 求 C 铰两侧截面相对转角　(d) 求 A、B 截面相对水平、相对竖向位移和相对转角

(e) 求 K 点竖向位移　(f) 求 C 点竖向位移

习题 3-4 图

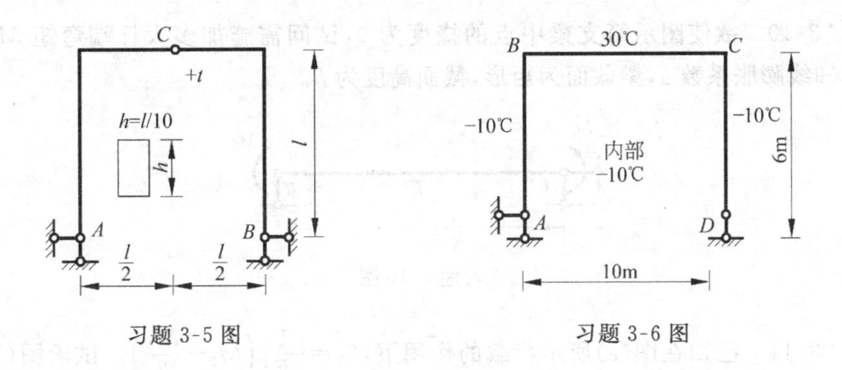

习题 3-5 图　习题 3-6 图

3-6　试求图示刚架在温度作用下 D 点产生的水平位移。梁为高度 $h=0.8\text{m}$ 的矩形截面梁，线膨胀系数为 $\alpha=10^{-5}℃^{-1}$。

3-7　图示桁架各杆温度上升 t，线膨胀系数 α。试求 K 点竖向位移。

3-8　求图示结构由于支座位移引起的 K 点水平位移。

*3-9　图示结构上侧温度上升10℃，下侧上升30℃，并有图示支座位移和荷载作用，线膨胀系数 α，梁 EI 为常数。试求 C 点的竖向位移。

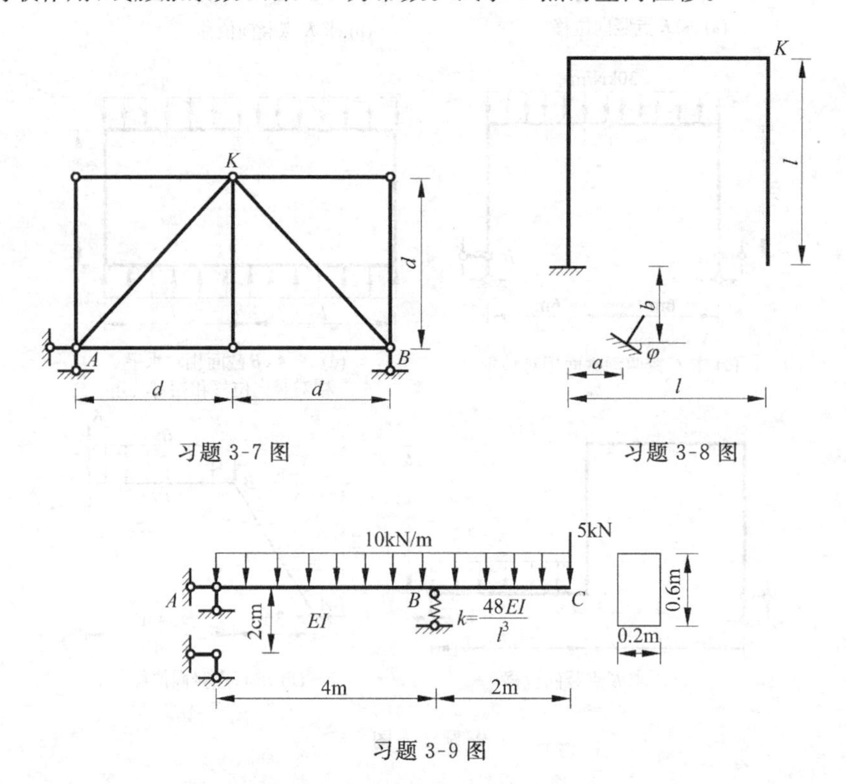

习题 3-7 图

习题 3-8 图

习题 3-9 图

*3-10　欲使图示简支梁中点的挠度为0，试问需施加多大杆端弯矩 M_0？已知线膨胀系数 α，梁截面为矩形，截面高度为 h。

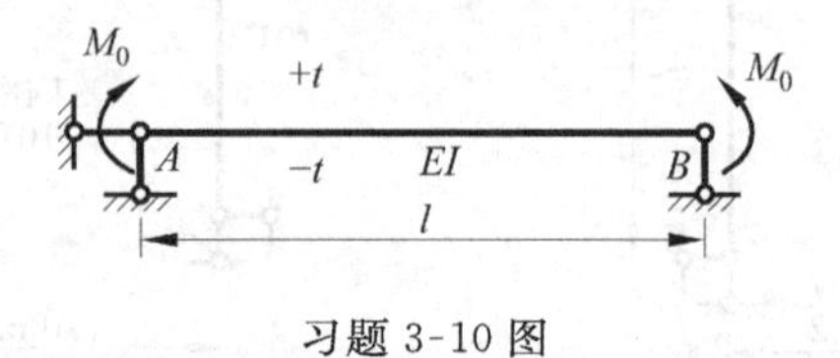

习题 3-10 图

*3-11　已知在图(a)所示荷载的作用下，$\theta_A=\dfrac{1}{3EI}\left(M_1-\dfrac{M_2}{2}\right)$。试求图(b)

所示梁 A 端转角。

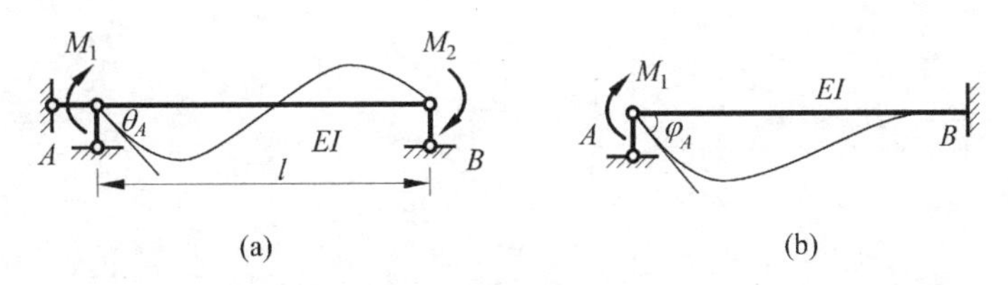

习题 3-11 图

*3-12　已测得 A 截面逆时针转了 0.001rad。试求 C 铰两侧截面的相对转角。EI=常数。

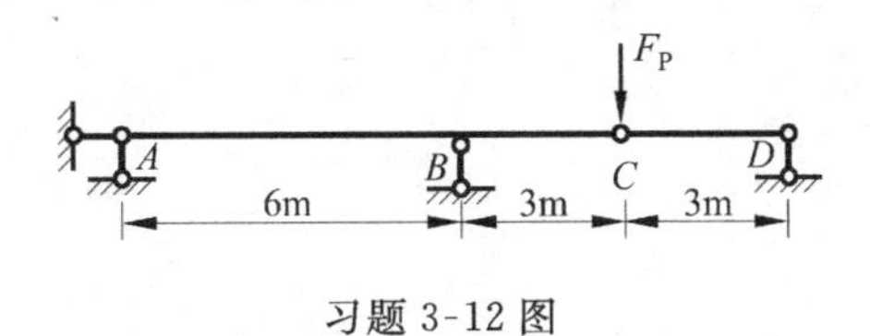

习题 3-12 图

3-13　已测得在图示荷载作用下各点竖向位移为 H 点 1.2cm，G、I 点 0.1cm，F、C、J 点 0.06cm，D、B 点 0.05cm。试求当 10kN 竖向力平均分布作用于 15 个结点上时，H 点的竖向位移。

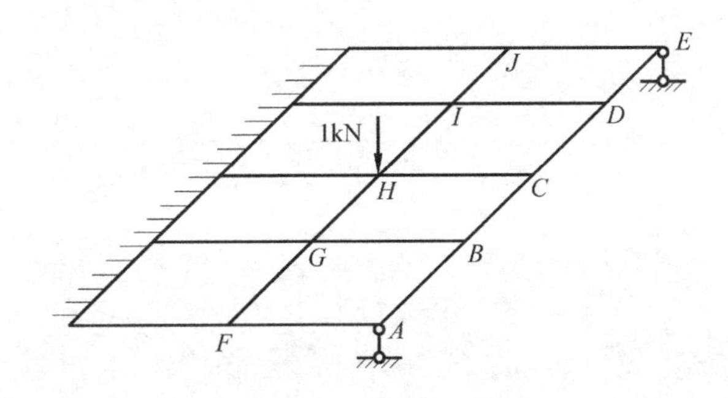

习题 3-13 图

第4章

力　法

从本章开始将讨论超静定结构内力、位移等的求解方法。

前三章的学习已经掌握了结构的几何组成方法、利用平衡条件分析静定结构受力，以及静定结构位移计算的原理和方法。这些内容有其本身的工程意义，也是解决工程中大量超静定结构计算的基础。

超静定结构从受力上看，需求反力或反力和内力的总数多于能建立的独立平衡方程数，因此仅仅利用平衡方程不能求出全部反力或内力。若要求出它们必须建立补充方程。

在材料力学推导应力公式时，已经介绍了综合“平衡、变形和材料力学行为分析”解决超静定问题的一般方法。本章将在此基础上，介绍以力为基本未知量解超静定结构的基本方法及与解题相关的方法、技巧。

4.1 基本概念

4.1.1 基本思想

下面首先以一个简单超静定结构为例，说明如何求解超静定结构的内力。

图 4-1(a)结构由几何组成分析可知是具有一个多余约束的超静定结构，以后称为一次超静定结构。

超静定结构的求解现在是未知(不会求解）的，而静定结构的受力和变形计算是已经掌握了的。为此，拆除链杆支座并代以未知的支座反力 $F_{By}=X_1$，将超静定结构变成静定结构，如图 4-1(b)。该静定结构称为**基本体系**(fundamental system)。没有荷载与未知反力的基本体系称为**基本结构**(fundamental structure)。如果能设法确定出 X_1 的实际值，则这个静定结构与原结构的内力、位移是相同的。可见，X_1 的计算现在是关键所在，因此这待定的多余约束力被称为**基本未知量**(fundamental unknown)或基本未知力。

基本结构在基本未知力 X_1 作用下的内力和变形可用前两章知识解决，

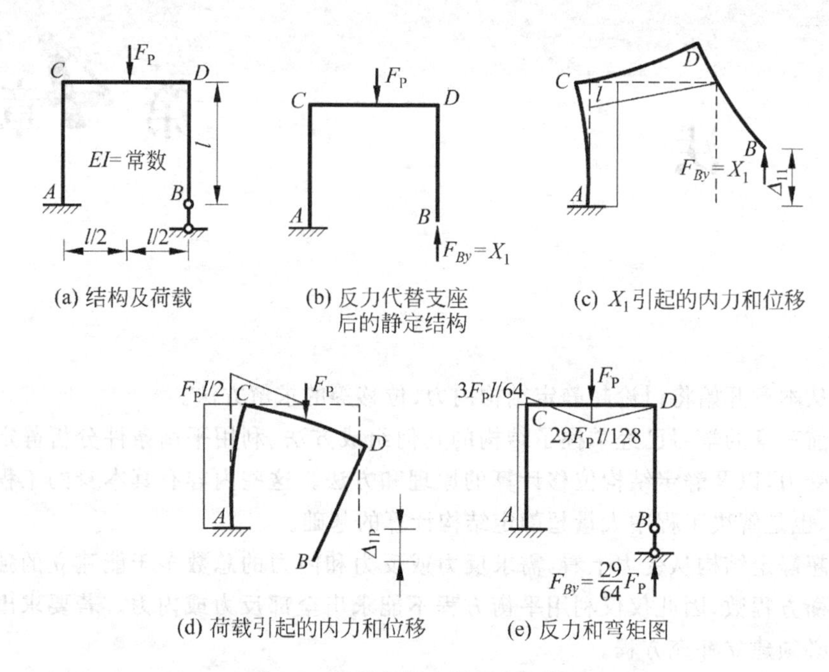

图 4-1 简单超静定问题求解说明

弯矩图及变形示意如图 4-1(c)所示。X_1 作用所引起的沿 X_1 方向的位移为

$$\Delta_{11}=\frac{1}{EI}\left(\frac{1}{2}\times l\cdot l\times\frac{2l}{3}+l\cdot l\cdot l\right)X_1=\frac{4l^3}{3EI}X_1$$

同样,基本结构在荷载作用下的弯矩图如图 4-1(d)所示,荷载作用下在 B 点所产生的 X_1 方向的位移为

$$\Delta_{1P}=-\frac{1}{EI}\left(\frac{1}{2}\times\frac{F_Pl}{2}\times\frac{l}{2}\times\frac{5l}{6}+\frac{F_Pl}{2}\times l\cdot l\right)=-\frac{29F_Pl^3}{48EI}$$

对于线弹性结构,荷载与基本未知力(支座反力)共同作用下的在 B 点竖向位移可叠加得到,也即

$$\Delta_1=\frac{4l^3}{EI}X_1-\frac{29F_Pl^3}{48EI}$$

可见,X_1 取任意值时,一般情况 $\Delta_1\neq0$。这将与原超静定结构链杆支座无竖向位移不一致,或称为变形不协调。因为 X_1 是待定的,为使变形协调,可令 $\Delta_1=0$。这就获得了一个包含 X_1 的补充方程,从它可以解出

$$X_1=\frac{29F_P}{64}$$

这里需要强调指出的是,在这个 X_1 和荷载共同作用下,基本结构既平衡又变形协调了,而超静定结构同时满足平衡和协调条件的解答是唯一的,因此 X_1

就是原结构的实际支座反力。到此，再利用第2章的知识，即可作出基本结构在荷载与基本未知量共同作用下的弯矩图，如图4-1(e)所示，超静定问题得到了解决。

总结这一简单例子可看出，这里的基本思想是：设法将未知的超静定问题，转换成已知的静定问题来解决，核心是**转换**。这不仅是力法求解的基本思想，也是科学研究常用的方法。

为更好地理解以力作基本未知量的"转换"思想。再以图4-2(a)所示超静定刚架，承受如图所示荷载和支座位移作用加以说明。从组成分析可知，它有两个多余约束，为2次超静定结构。适当解除多余约束（例如解除B点的支座）可建立静定的基本结构如图4-2(a)。由于拆除约束的任意性，例如还可在AC和CD杆的任何位置加两个简单铰，解除限制截面相对转动的约束来得到，显然一个超静定结构的基本结构可有无限多种可能。但是，不同的基本结构的求解工作量会有所不同。

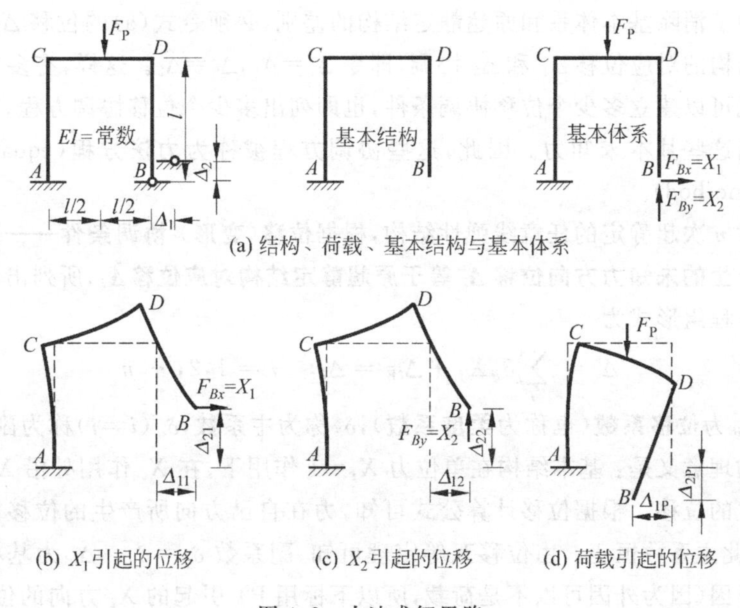

图4-2　力法求解思路

基本结构只做了几何上的转换，它当然和原结构是不同的。为了使转换后基本结构在受力上也和原结构一样，除在基本结构上应该作用原有荷载外，还必须将原有约束力的作用也考虑上。这些约束力即为基本未知力。受有外荷载和基本未知力的基本结构称为基本体系，如图4-2(a)所示。

基本体系在荷载和基本未知力共同作用下的位移，可以由叠加原理用静定结构的位移计算方法得到，当然这里基本未知力(因为是广义未知力，因此F_{Bx}记作X_1，F_{By}记作X_2) X_1、X_2的大小是待定的。图4-2(b)、(c)、(d)绘出了单一因素作用下的变形情况和沿未知力X_1、X_2方向的位移，因此由图示位移叠加可得

$$\Delta_1 = \Delta_{11} + \Delta_{12} + \Delta_{1P}, \quad \Delta_2 = \Delta_{21} + \Delta_{22} + \Delta_{2P} \tag{a}$$

式中右边Δ的第一个脚标1、2表示该位移是沿X_1、X_2方向，第二个脚标表示产生位移的原因是X_1、X_2或荷载。即Δ_{11}、Δ_{21}和X_1有关，是X_1引起的，Δ_{12}、Δ_{22}和X_2有关，是X_2引起的。对线弹性结构，其间关系是线性的，因此$\Delta_{ij}=\delta_{ij}X_j$，也即可由单位未知力$X_j=1$引起的位移系数$\delta_{ij}$放大$X_j$倍来计算。$\Delta_{1P}$、$\Delta_{2P}$是沿未知力$X_1$、$X_2$方向由荷载作用引起的位移(本例它们为负值)。显然，在不同未知力X_1、X_2下，位移Δ_1和Δ_2是不同的。此时和原超静定结构相比，虽然基本体系也是平衡的，但支座B处的位移Δ_1和Δ_2在不同未知力X_1、X_2下可能和原超静定结构的位移$\bar{\Delta}_1$和$\bar{\Delta}_2$不相等，也可称为不协调。

为了消除基本体系和原超静定结构的差别，必须令式(a)的位移Δ_1和Δ_2和原结构的对应位移$\bar{\Delta}_1$和$\bar{\Delta}_2$协调，即令$\Delta_1=\bar{\Delta}_1$，$\Delta_2=\bar{\Delta}_2$。这样，有多少个未知力就可以建立多少个位移协调条件，也即列出多少个位移协调方程，从而能够求出这些基本未知力。因此，这些协调方程被称为**力法方程**(equation of force method)。

对n次超静定的任意线弹性结构，根据**位移(变形)协调条件——基本体系所产生的未知力方向位移$\boldsymbol{\Delta}_i$等于原超静定结构对应位移$\bar{\boldsymbol{\Delta}}_i$**，所列出的线性代数方程组形式为

$$\Delta_i = \sum_j \delta_{ij} X_j + \Delta_{i\bar{P}} = \bar{\Delta}_i, \quad i = 1,2,\cdots,n \tag{4-1}$$

式中δ_{ij}为**位移系数**(也称为**柔度系数**)，δ_{ii}称为主系数，δ_{ij} $(i\neq j)$称为副系数，它的物理意义是：基本结构在单位力$X_j=1$作用下，在X_i作用处沿X_i方向所产生的位移。根据位移计算公式可知，力在自己方向所产生的位移恒大于零，因此主系数恒正。由位移互等定理可知，副系数$\delta_{ij}=\delta_{ji}$。$\Delta_{i\bar{P}}$为基本结构所受外因(因为外因可以不是荷载，所以下标用$\bar{P}$)引起的X_i方向的位移，称为**广义荷载位移**；$\bar{\Delta}_i$为原超静定结构X_i方向的**已知(广义)位移**。式(4-1)称为**力法典型方程**。

求解线性代数方程组(4-1)，即可得到基本未知量——多余约束力，在它和荷载共同作用下，基本体系就既平衡又协调了。根据解答唯一性，它们就是超静定结构真实解答。

由于已经消除基本体系和原超静定结构的差别，而基本体系是已掌握的

静定结构，所以原超静定结构的其他计算内容（如内力和位移计算等），就可以通过基本体系用计算静定结构的方法来解决。这就是力法将超静定结构转换成静定结构进行分析的思路。

4.1.2 超静定次数的确定

基本未知力的个数又称为**超静定次数**，记为n。显然确定超静定次数是力法计算的第一项工作。从力法思路说明可见，超静定次数一般可由下述方法确定：

1. 利用几何组成分析的方法

当把一个超静定结构通过解除约束变成静定结构后，所解除的约束个数，或解除多余约束以约束力代替，所暴露的约束力数即为原结构的超静定次数。图4-3(a)为一超静定刚架，由图可见拆除右边固定端支座可变成静定结构，拆除固定端支座相当于解除三个约束；因此，超静定次数为3。因为此刚架与地面一起构成一个无铰的闭合框，由此分析可得到“一个无铰闭合框为3次超静定”的结论。

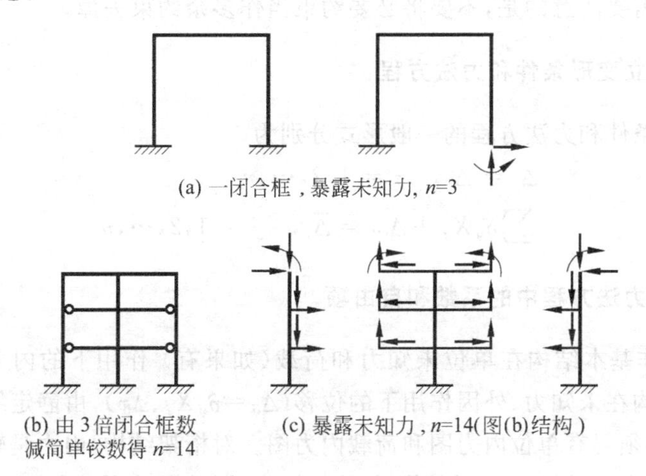

(a) 一闭合框，暴露未知力，$n=3$

(b) 由3倍闭合框数减简单铰数得 $n=14$

(c) 暴露未知力，$n=14$(图(b)结构)

图4-3 超静定次数确定示例

2. 利用无铰封闭框

图4-3(b)也是一个超静定刚架，若将结构中的铰结点均视为刚结点，则结构由6个无铰封闭框组成，根据1中的结论，此时超静定次数为$3\times6=18$。因为图中的铰均为单铰，将单刚结点变成单铰结点需减少一个约束，从无铰闭

合框化成图4-3(b)结构总共需要减少4个约束。因此图4-3(b)结构超静定次数为18－4＝14。

当结构的超静定次数n确定后，适当地拆去n个多余约束后即可得力法基本结构(注意：现在必须是静定结构)，被拆去的多余约束中的约束力即为力法基本未知量，如图4-3(a)、(c)所示。

4.2 荷载下超静定结构计算

4.2.1 力法的解题步骤

基于上节思路，力法求解超静定结构的具体步骤为：

1. 确定超静定次数n

用哪种方法都行，取决于各人的理解，正确的结果只一个。

2. 确定基本结构、基本未知量、基本体系

这里需要注意的是，不要将必要约束当作多余约束去掉。

3. 建立变形条件和力法方程

变形条件和力法方程的一般形式分别为

$$\Delta_j = \overline{\Delta}_j, \quad j = 1,2,\cdots,n$$

$$\sum \delta_{ij} X_j + \Delta_{i\overline{P}} = \overline{\Delta}_j, \quad j = 1,2,\cdots,n$$

4. 求力法方程中的系数和自由项

(1) 作基本结构在单位未知力和荷载(如果有)作用下的内力图。为了求基本结构在未知力、外因作用下的位移($\Delta_{ij} = \delta_{ij} X_j$、$\Delta_{i\overline{P}}$)，由静定结构位移计算可知，必须要有单位内力图和荷载内力图。对桁架结构，内力是轴力。对受弯结构，剪力和轴力对变形的影响可以忽略，因此内力是弯矩。对于组合结构，桁架杆是轴力、弯曲杆是弯矩。对于拱，一般是弯矩和轴力。

(2) 求基本结构由各单位未知力引起的沿某单位未知力方向的位移δ_{ij}。对线性结构，δ_{ij}由单位内力图计算。当可用图乘法时，δ_{ii}由$\overline{M}_i$图自乘、δ_{ij}由$\overline{M}_i$图和$\overline{M}_j$图互乘计算。

(3) 求外因作用引起基本结构沿单位力方向的位移$\Delta_{i\overline{P}}$。这可由第i单位内力(反力)根据各种外因引起的位移计算公式来求。

5. 解力法方程，求多余未知力

解力法方程即可获得基本未知力。未知力个数较多(>3)时，手算是很繁琐的，一般需要用计算机来求解。

6. 作超静定结构内力图

根据叠加原理，在求得未知力后，由单位内力乘以对应未知力后和荷载(如果有) 内力叠加，即可得到超静定结构内力，依此可作内力图。受弯结构和静定结构一样按弯矩、剪力、轴力的顺序来计算。也可将已求得的 X_i 与荷载(如果有) 加到基本结构上，然后按静定结构的方法计算结构内力。

7. 求超静定结构位移

在满足位移协调条件下，基本体系的位移与原结构的位移相同，基本体系的位移即是原超静定结构的位移。基本体系的位移计算与第 3 章相同。

因为基本结构可有无限种取法，而超静定结构解答是唯一的。因此，最终解答可看成是从任一种基本结构求解所得。按此理解，求超静定结构位移的静定结构单位力状态，可根据与最终内力结果求位移的计算最简单来建立，求位移的静定结构可以不是原基本结构。

8. 校核分析结果

由于单位内力、荷载内力都是平衡的，因此即使未知力计算有错，叠加结果必然仍旧自动满足平衡条件。所以，力法的校核主要是检查变形条件，也即计算某已知位移，看是否满足协调条件。好的结构工程师，不仅应能分析，还必须熟练掌握结果的校核方法。具体的校核方法，通过下面的例题来说明。

力法是计算超静定结构最基本的方法之一。上述力法求解步骤适用于一切超静定结构、一切外因作用。

需要指出的是，上述个别步骤的顺序是可以调换的。例如可先做单位与荷载内力图并求柔度系数和荷载位移系数，后列力法方程并求解等。

下面就不同类型结构、不同外因作用举一些典型例子，以便帮助读者掌握好力法这种超静定结构基本解法。

4.2.2　超静定梁

例题 4-1　试作图 4-4(a)所示单跨梁的弯矩图。

解：(1) 此梁有一个多余约束，超静定次数为 1，取图 4-4(b)和(c)为基本结构和基本体系。

(2) 单位弯矩图,如图 4-4(d)所示,荷载弯矩图,如图 4-4(e)所示。

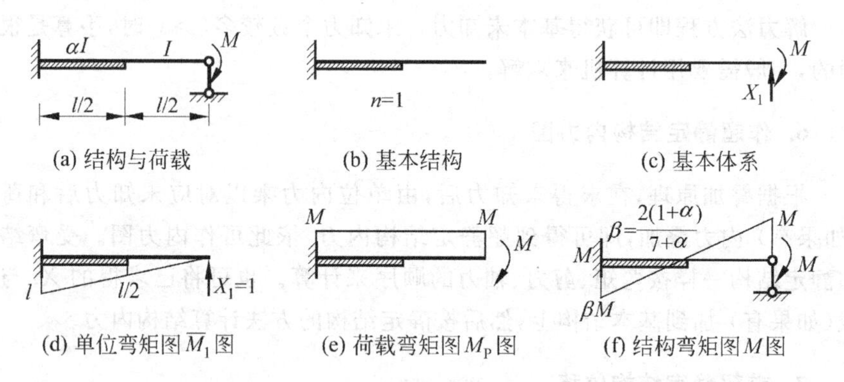

(a) 结构与荷载　(b) 基本结构　(c) 基本体系

(d) 单位弯矩图 $\overline{M}_1$ 图　(e) 荷载弯矩图 M_P 图　(f) 结构弯矩图 M 图

图 4-4　例题 4-1 结构及求解过程

(3) 由 $\overline{M}_1$ 图自乘可得

$$\delta_{11}=\frac{(0.5l)^3}{3EI}+\frac{1}{\alpha EI}\left(\frac{1}{2}\times l\times\frac{l}{2}\times\frac{5l}{6}+\frac{1}{2}\times\frac{l}{2}\times\frac{l}{2}\times\frac{2l}{3}\right)$$

$$=\frac{l^3}{24EI}\left(1+\frac{7}{\alpha}\right)$$

由 $\overline{M}_1$ 图和 M_P 图互乘可得

$$\Delta_{1P}=-\frac{\frac{1}{2}\times\frac{l}{2}\times\frac{l}{2}\cdot M}{EI}+\frac{\frac{3l}{4}\times\frac{l}{2}\cdot M}{\alpha EI}=-\frac{Ml^2}{8EI}\left(1+\frac{3}{\alpha}\right)$$

(4) 由力法典型方程

$$\delta_{11}X_1+\Delta_{1P}=0$$

可得

$$X_1=\frac{3M}{l}\frac{\alpha+3}{\alpha+7}$$

当 $\alpha=1$ 时

$$X_1=\frac{3M}{2l},\quad \beta=\frac{1}{2}$$

该结果为表 5-1 中序号 11 的载常数。

(5) 由 $\overline{M}_1X_1+M_P=M$ 叠加(杆端弯矩叠加)可得图 4-4(f)所示单跨梁的弯矩图。

说明:荷载作用情况下,由于 δ_{ij} 和 Δ_{iP} 都包含有杆件抗弯刚度,但在力法方程中提取公因子后,超静定梁内力将只与杆件相对刚度 α 有关,与绝对刚度无关。

例题 4-2 试作图 4-5(a)所示单跨梁的弯矩图。

解：(1) 此梁超静定次数为 3，取图 4-5(b)为基本结构(在梁的中点处切断)，基本体系如图 4-5(c)。

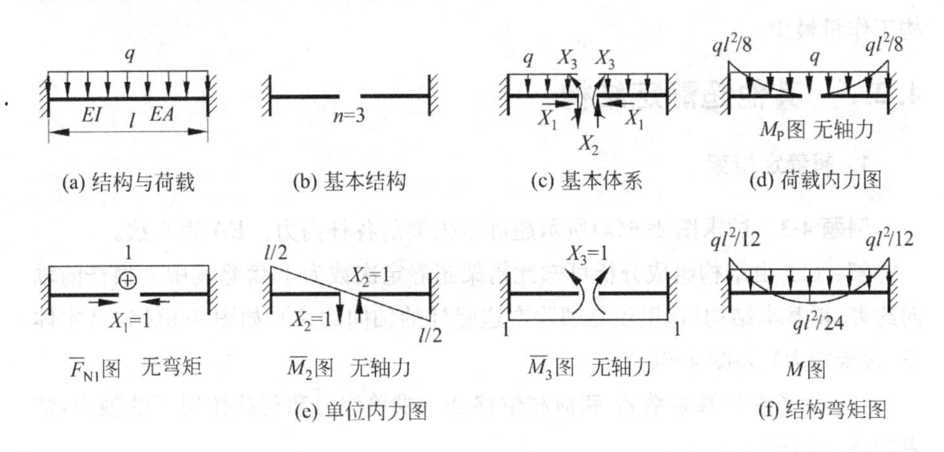

图 4-5 例题 4-2 结构及求解过程

(2) 荷载内力图如图 4-5(d)，单位内力图如图 4-5(e)。

(3) 由单位内力图(图 4-5(e))的自乘和互乘可得如下位移系数：

自乘求主系数： $\delta_{11}=l/EA$， $\delta_{22}=l^3/12EI$， $\delta_{33}=l/EI$

因为 $\overline{M}_1=0, \overline{F}_{N1}=\overline{F}_{N2}=0$，所以 $\delta_{12}=\delta_{13}=0$；又因 $\overline{M}_3$ 对称，$\overline{M}_2$ 反对称，所以 $\delta_{23}=0$；由位移互等定理可知 $\delta_{ij}=\delta_{ji}$，因此 $\delta_{21}=\delta_{31}=\delta_{32}=0$。

(4) 同理，由 M_P 图和 $\overline{M}_i(i=1,2,3)$ 图互乘可得

$$\Delta_{1P}=\Delta_{2P}=0, \quad \Delta_{3P}=-\frac{ql^3}{24EI}$$

(5) 因原结构切口处无相对位移，故力法典型方程为 $\Delta_i=\sum_j \delta_{ij}X_j+\Delta_{iP}=0, (i=1,2,3)$。又因全部副系数为零，因此方程独立 $\Delta_i=\delta_{ii}X_i+\Delta_{iP}=0, (i=1,2,3)$。代入系数并求解，可得

$$X_1=X_2=0, \quad X_3=\frac{ql^2}{24EI}$$

(6) 由 $M=\overline{M}_3X_3+M_P$，可得图 4-5(f)所示的弯矩图。

几点说明：

(1) 对称结构受对称荷载作用将只产生对称的内力(变形)，反对称内力(变形) 等于零。不难推测，对称结构受反对称荷载作用将只产生反对称的内力(变形)，对称内力(变形) 等于零，也即具有对称性。

(2) 在垂直杆轴的竖向荷载作用下，超静定单跨梁的轴力恒为零，因此在此

条件下轴向未知力可不作为独立的基本未知量。

(3) 如果取去除一端支座的悬臂梁作基本结构，设 X_1 为未知轴力，则此时 $\delta_{23}=\delta_{32}\neq0$，求未知力要解联立方程。可见对称结构对称荷载时，取对称基本结构工作量最少。

4.2.3 其他超静定结构

1. 超静定桁架

例题 4-3 试求图 4-6(a)所示超静定桁架的各杆内力。EA 为常数。

解：(1) 由结构组成分析可知此桁架超静定次数为1，解除其中一根杆的轴向约束，得基本结构(这里仅是解除右边竖杆的轴向约束)，如图 4-6(b)，基本体系(含未知力) 如图 4-6(c)。

(2) 为了求位移系数 δ_{11} 和荷载位移 Δ_{1P}，求单位力和荷载作用下的轴力，结果如图 4-6(d)、(e)。

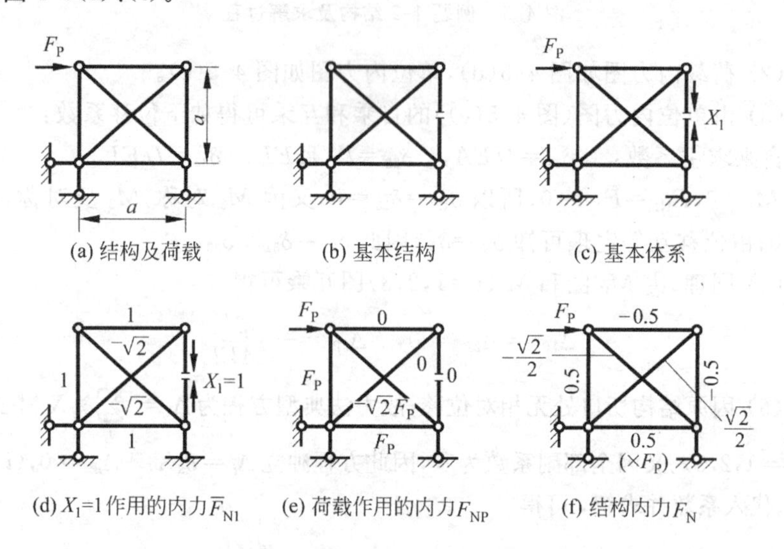

图 4-6 例题 4-3 结构及求解过程

(3) 根据图 4-6(d)、(e)可求得

$$\delta_{11}=\sum\frac{\overline{F}_{N1}^2 l}{EA}=\frac{1}{EA}\times\left[4\times1^2\times a+2\times(-\sqrt{2})^2\times\sqrt{2}a\right]$$

$$=\frac{4(1+\sqrt{2})a}{EA}\ (\text{自乘})$$

$$\Delta_{1P}=\sum\frac{\overline{F}_{N1}F_{NP}}{EA}=\frac{1}{EA}\times[2\times1\times F_P\cdot a+(-\sqrt{2})\times(-\sqrt{2}F_P)\cdot\sqrt{2}a]$$

$$=\frac{2(1+\sqrt{2})}{EA}F_Pa\ (\text{互乘})$$

(4) 由力法方程(因为原结构任一截面两侧没有相对位移,因此$\overline{\Delta_1}=0$)

$$\delta_{11}X_1+\Delta_{1P}=\frac{4(1+\sqrt{2})a}{EA}X_1+\frac{2(1+\sqrt{2})}{EA}F_Pa=0$$

可得

$$X_1=-0.5F_P$$

(5) 再由$\overline{F}_{N1}X_1+F_{NP}=F_N$对每一对应杆进行叠加,即可获得图 4-6(f)所示的桁架各杆内力。

几点说明:

(1) 所谓解除轴向约束是指图 4-7 所示拆除轴向链杆。因此基本体系是静定的。为作图方便,习惯上以切断杆件来表示。

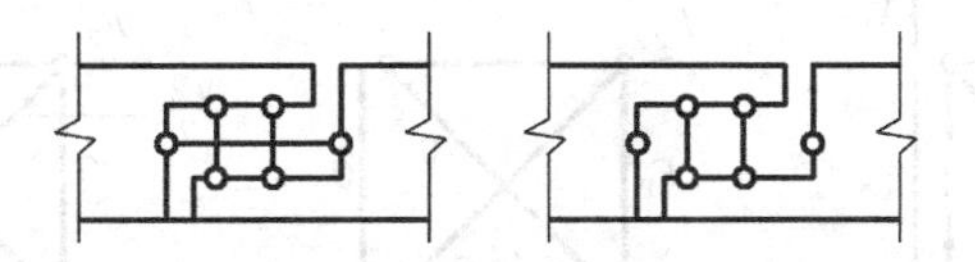

图 4-7　解除轴向约束

(2) 由计算可知,荷载作用情形下,超静定桁架的内力与杆件的绝对刚度 EA 无关,只与各杆刚度比值有关。

(3) 本例也可按如下方法求解。取拆除一根桁架杆的静定结构作为基本结构如图 4-8(b),基本体系如图 4-8(c),单位力状态与荷载作用的各杆内力如图 4-8(c)、(d)。由图 4-8(c)、(d)互乘可见,Δ_{1P}与本例计算结果相同,仍为$\frac{2(1+\sqrt{2})}{EA}F_Pa$。这时$\delta_{11}$计算可有两种理解:求$\delta_{11}$不考虑已拆下的杆;求$\delta_{11}$考虑拆下的杆。前者$\delta_{11}=\frac{(3+4\sqrt{2})a}{EA}$,它是作用单位力两结点间的相对位移。而后者由图 4-8(d)可见$\delta_{11}=\frac{4(1+\sqrt{2})a}{EA}$,与本例结果相同。两种理解的系数不相同,因而力法方程含义也应该不相同。由于前者没有考虑拆下的杆,$\delta_{11}X_1+\Delta_{1P}$是两结点间的相对位移,要使变形协调,此相对位移应该等于拆下杆的轴向变形$-\frac{a}{EA}X_1$,这里所以取负值,是因为结点间相对位移是靠拢,而拆下杆变形是伸长。由此理解，力法方程为 $\delta_{11}X_1+\Delta_{1P}=-\frac{a}{EA}X_1$。后者已经考虑了拆下的杆，$\delta_{11}X_1+\Delta_{1P}$ 表示的是结点和杆件之间的相对位移，原结构结点与杆件是不可能分离的，因此力法方程为 $\delta_{11}X_1+\Delta_{1P}=0$。显然，前者的力法方程右边项移到左边并合并，则两种理解的力法方程完全一样，而且也与本例结果一样。因此，最终结果和图 4-8(f)所示各杆内力完全相同。

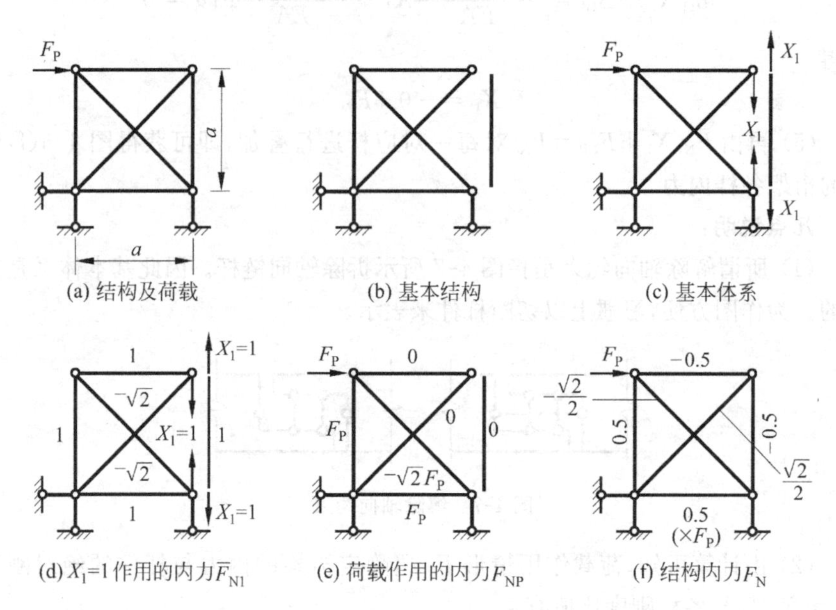

图 4-8 例题 4-3 的另一种解法

2. 超静定刚架

例题 4-4 试作图 4-9(a)所示刚架的弯矩图。

解：(1) 此刚架超静定次数为 2，取图 4-9(b)为基本结构，基本体系如图 4-9(c)。

(2) 荷载弯矩图如图 4-9(d)，单位弯矩图如图 4-9(e)。

(3) 由单位弯矩图(图 4-9(e))的自乘和互乘可得如下位移系数：

$$\delta_{11}=\frac{1}{EI}\left[2\times\frac{1}{2}\times l\cdot l\times\frac{2}{3}l+l\cdot l\cdot l\right]=\frac{5l^3}{3EI},$$

$$\delta_{22}=\frac{1}{EI}\left[\frac{1}{2}\times l\cdot l\times\frac{2}{3}l+l\cdot l\cdot l\right]=\frac{4l^3}{3EI},$$

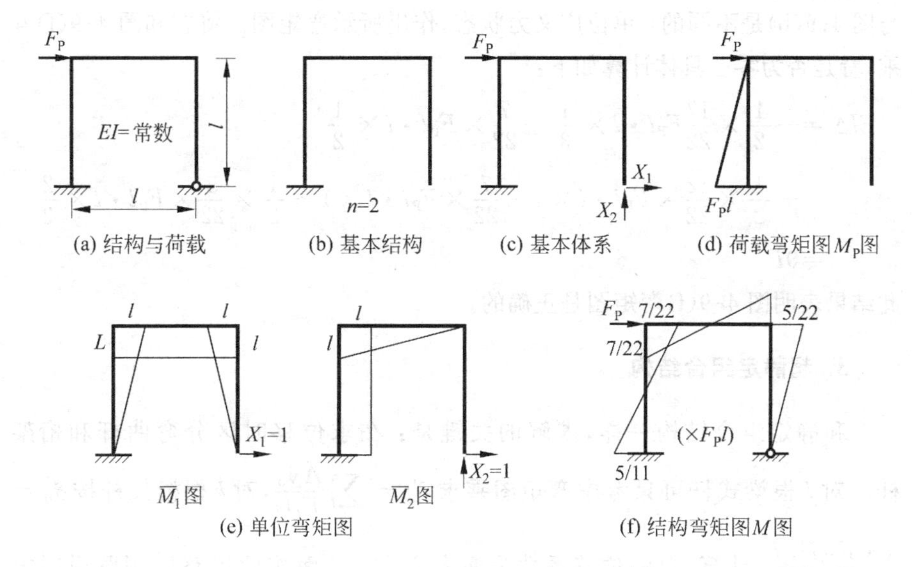

(a) 结构与荷载　(b) 基本结构　(c) 基本体系　(d) 荷载弯矩图M_P图

$\overline{M}_1$图　$\overline{M}_2$图

(e) 单位弯矩图　(f) 结构弯矩图M图

图 4-9　例题 4-4 图

$$\delta_{12}=\frac{1}{EI}\left[2\times\frac{1}{2}\times l\cdot l\cdot l\right]=\frac{l^3}{EI}=\delta_{21}$$

(4) 由 $\overline{M}_i(i=1,2)$图和 M_P 图互乘可得

$$\Delta_{1P}=-\frac{1}{EI}\times\frac{1}{2}\times F_Pl\cdot l\times\frac{1}{3}l=-\frac{F_Pl^3}{6EI},$$

$$\Delta_{2P}=-\frac{1}{EI}\times\frac{1}{2}\times F_Pl\cdot l\cdot l=-\frac{F_Pl^3}{2EI}$$

(5) 列力法典型方程、代入系数并求解，可得

$$\delta_{11}X_1+\delta_{12}X_2+\Delta_{1P}=0$$
$$\delta_{21}X_1+\delta_{22}X_2+\Delta_{2P}=0$$

$$X_1=-\frac{5}{22}F_P$$

$$X_2=\frac{12}{22}F_P$$

(6) 由 $\overline{M}_1X_1+\overline{M}_2X_2=M$ 可得图 4-9(f)所示的弯矩图。

*(7) 为校核结果的正确性，可将单位弯矩图和最终弯矩图互乘，看是否满足位移协调条件。也可求解结构某一已知位移，看是否满足位移协调条件。为此建立图 4-10 所示静定结构(视三铰刚架为基本结构，

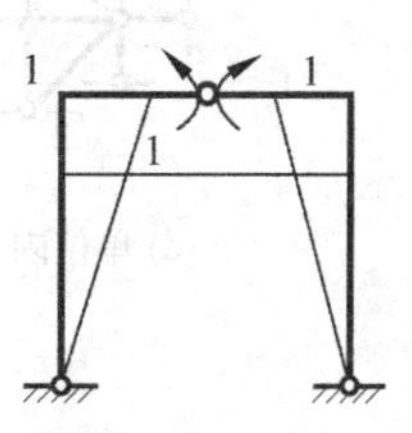

图 4-10　单位弯矩图

与图 4-9(b)是不同的)单位广义力状态,作出所示弯矩图。将它和图 4-9(f)互乘,看是否为零。具体计算如下:

$$EI\Delta = -\frac{1}{2}\times\frac{17}{22}F_{P}l\cdot l\times\frac{1}{3}+\frac{7}{22}\times F_{P}l\cdot l\times\frac{1}{2}$$
$$-\frac{1}{2}\times\frac{12}{22}\times F_{P}l\cdot l\times 1+\frac{7}{22}\times F_{P}l\cdot l\times 1-\frac{1}{2}\times\frac{5}{22}\times F_{P}l\cdot l\times\frac{2}{3}$$
$$=0P$$

此结果表明图 4-9(f)弯矩图是正确的。

3. 超静定组合结构

和静定组合结构一样,求解的关键是:在求位移时区分弯曲杆和桁架杆。对 l 根梁式杆可只考虑弯矩图乘求 $\delta'_{ij}=\sum_{l}\frac{Ay_0}{E_lI_l}$,对 k 根桁架杆按 $\delta''_{ij}=\sum_{k}\frac{F_{Ni}F_{Nj}l_k}{E_kA_k}$ 计算,总的位移系数为两者之和。下面按此思路以例题说明求解过程。

例题 4-5 试求图 4-11(a)所示超静定组合结构各桁架杆的内力。

解:(1) 此组合结构超静定次数为 1,取图 4-11(b)为基本结构,基本体系如图 4-11(c)。

(2) 基本结构在单位力作用下的内力如图 4-11(d)、在荷载作用下的弯矩图如图 4-11(e)。

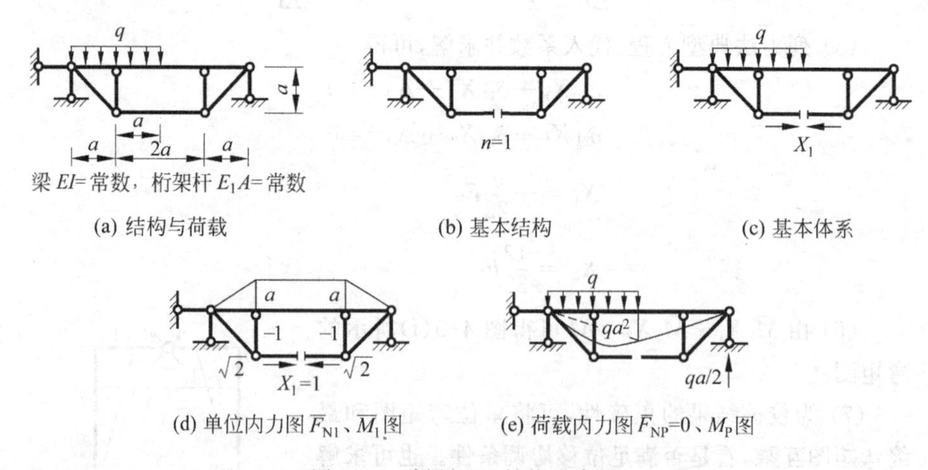

图 4-11 例题 4-5 结构及求解

(3) 由单位内力图可求得

$$\delta_{11}=\frac{2\times(-1)^2\times a+1^2\times 2a+2\times(\sqrt{2})^2\times\sqrt{2}a}{E_1A}+\frac{\left(2\times\frac{1}{2}\times a\cdot a\times\frac{2}{3}a+a\cdot 2a\cdot a\right)}{EI}$$

$$=\frac{4(1+\sqrt{2})a}{E_1A}+\frac{8a^3}{3EI}$$

由单位弯矩图和荷载弯矩图图乘可得

$$\Delta_{1P}=-\frac{1}{EI}\left\{\frac{qa^2}{2}\cdot a\times\frac{2a}{3}+\frac{2}{3}\times\frac{qa^2}{8}\cdot a\times\frac{a}{2}+\left[\frac{2}{3}\times\frac{qa^2}{8}\cdot a+qa^2\cdot a+\frac{1}{2}\left(qa^2+\frac{qa^2}{2}\right)\cdot a\right]\cdot a+\frac{1}{2}\times\frac{qa^2}{2}\cdot a\times\frac{2a}{3}\right\}=-\frac{57qa^4}{24EI}$$

(4) 由力法典型方程可求得

$$X_1=-\frac{\Delta_{1P}}{\delta_{11}}=\frac{57qa}{64}\times\frac{1}{1+\frac{3(1+\sqrt{2})EI}{2E_1Aa^2}}=\frac{57qa}{64}\times\frac{1}{1+K},$$

$$K=\frac{3(1+\sqrt{2})EI}{2E_1Aa^2} \tag{a}$$

(5) 有了基本未知力,由单位内力图中各杆轴力放大 X_1 倍,即可得组合结构桁架杆内力。如果要作梁式杆的弯矩图,由 $\overline{M}_1X_1+M_P=M$ 即可获得。

说明:由式(a)中 K 的分析可知,当桁架杆非常刚硬、梁式杆比较柔软时,$K\to 0$,梁的弯矩接近于三跨连续梁情况。反之,当桁架杆拉压刚度较小、梁式杆非常刚硬时,K 很大,$X_1\to 0$,梁的弯矩接近于简支梁情况。

4.2.4 对称性利用

1. 无弯矩状态的判别

对一些只受结点荷载的刚架结构,在不计轴向变形的情况下,有可能是无弯矩的。如果能够方便地判断出来,显然将可减少许多求解的计算工作量。

这里不作详细证明,仅通过图 4-12 所示两具体例子加以说明。在这些情况下结构处于无弯矩状态。需要再次强调指出的是,**无弯矩状态判别的前提条件是:不计轴向变形,只受结点荷载作用。**

在图 4-12 示例的基础上,下面给出无弯矩状态的判别方法:

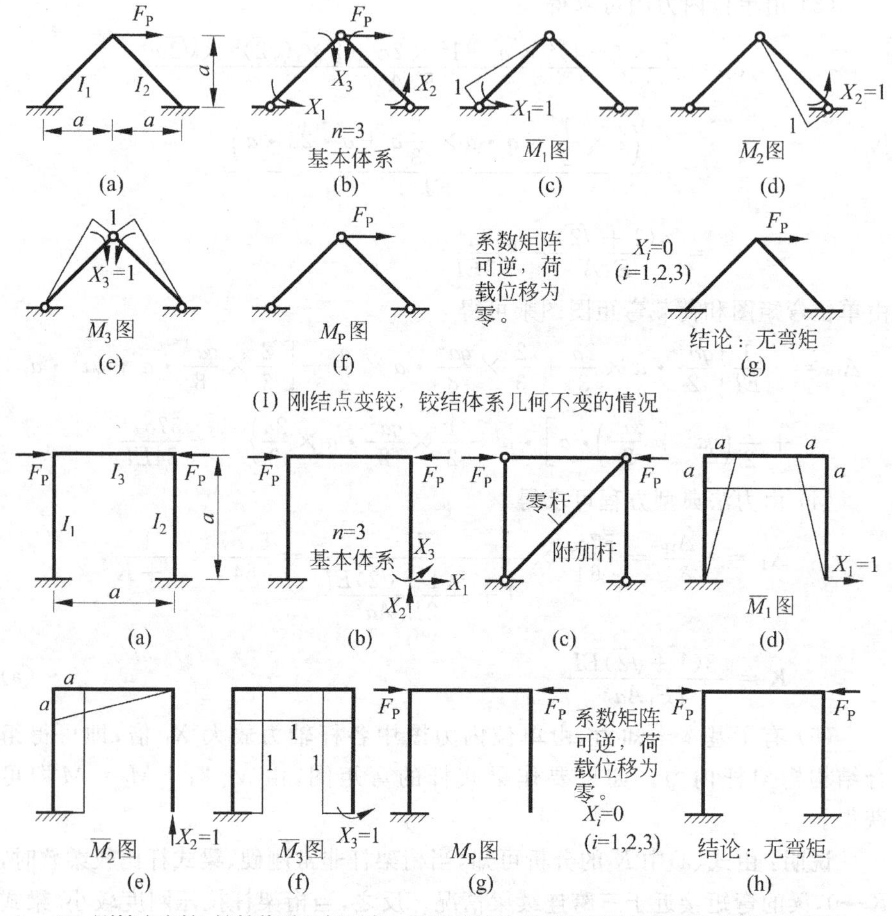

图 4-12　受结点荷载刚架无弯矩状态示例

(1) 将刚架的刚结点都变成铰，所得铰结体系如果几何不变，此刚架在结点荷载下一定是无弯矩的，如图 4-12(Ⅰ)。

(2) 将刚架的刚结点都变成铰，所得铰结体系如果几何可变，则附加必要链杆使体系达到几何不变。在结构所受荷载下，求解附加链杆所受的轴力。如果全部附加链杆均不受力，原结构在所给结点荷载下一定是无弯矩的，如图 4-12(Ⅱ)。否则，当有任一附加链杆轴力不为零时，结构将是有弯矩的。

2. 对称性利用

在静定结构受力分析中已经指出，对称结构利用对称性可以减少分析工作量。但是，静定结构仅仅用静力平衡条件即可求得全部反力和内力，而超静定结构，由力法求解思路可知，除平衡条件外，还必须计算位移，考虑变形协调条件。因此，对结构的对称条件必须加以补充。

对超静定结构来说，如果杆件、支座和刚度分布均对称于某一直线，则称此直线为对称轴，此结构为**对称结构**。如图 4-13 所示，杆件、支座和刚度三者之一有任一个不满足对称条件时，就不能称为对称结构。

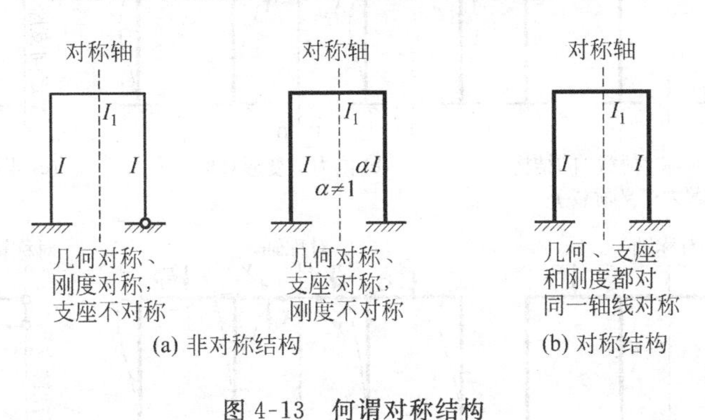

图 4-13　何谓对称结构

根据对称结构定义，与静定结构一样，如果荷载对称或反对称于对称轴，则可利用对称性使计算得到简化。即使受任意荷载作用，也可将荷载分解成对称和反对称两组，分别利用对称性计算后，叠加所得结果即可得到问题解答，这样做往往仍比直接求解简单(注意：此结论不一定适用任意情况，一些问题可能直接求解工作量更少)。

对称结构受对称或反对称荷载作用时，可取半个结构(下面简称为半结构)进行计算。为说明如何利用对称性取半结构进行分析，如图 4-14 所示可将超静定结构分为奇数跨和偶数跨两类。在此基础上，用图 4-15 和图 4-16 给出的对称结构取半结构分析时的计算简图。需要强调的是，图中“荷载”应该理解为“广义荷载”，它可以是荷载、支座移动、温度改变等。

以图 4-15 为例说明如下：奇数跨对称结构在对称荷载下由于反对称内力为零，对称轴处去除部分对半结构只提供轴力和弯矩。从变形角度，对称轴处垂直对称轴方向的位移，转角位移属反对称变形，它们应该等于零。基于上

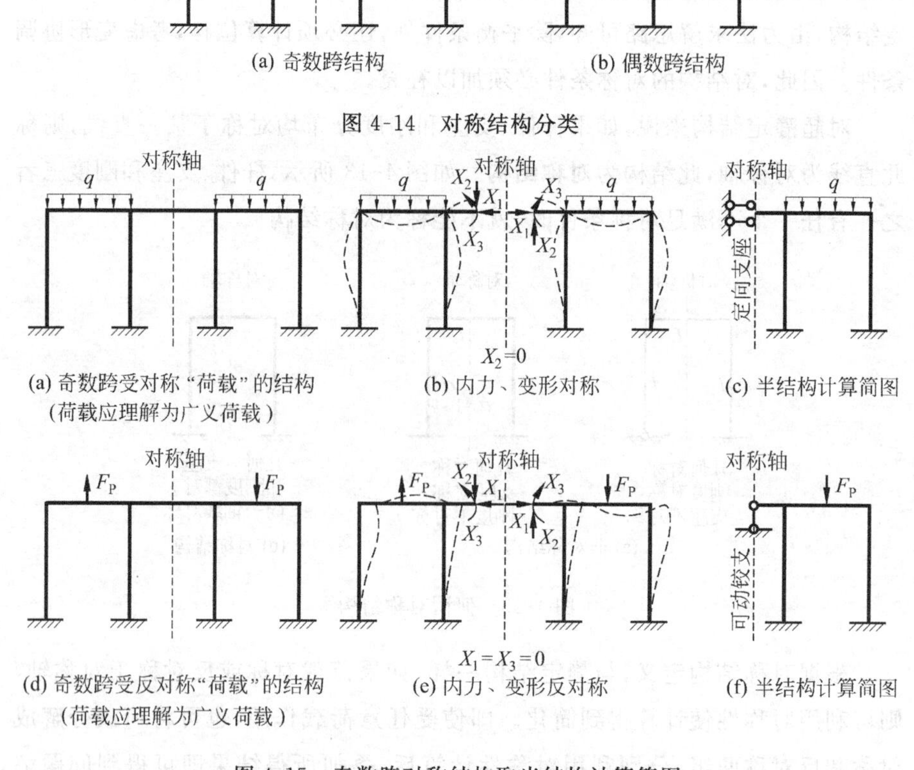

图 4-14 对称结构分类

图 4-15 奇数跨对称结构取半结构计算简图

述说明,因此半结构在对称轴处为定向支座。奇数跨对称结构在反对称荷载下由于对称内力为零,对称轴处去除部分对半结构隔离体只提供剪力。从变形角度,对称轴处沿对称轴方向的位移属对称变形,它应该等于零。因此半结构在对称轴处为沿对称轴方向的链杆支座。显然,图 4-14(b)偶数跨情况可仿此分析,半结构在对称轴处支座形式如图 4-16 所示。

下面用一个典型例子说明对称性带来的简化。

例题 4-6 试作图 4-17(a)所示对称、三次超静定结构的弯矩图。

解:图 4-17(a)所示结构对称,但荷载不对称。为此,如图 4-17(b)将荷载分解成两组,对称组经判断为无弯矩状态,反对称组可取图 4-17(c)简图进

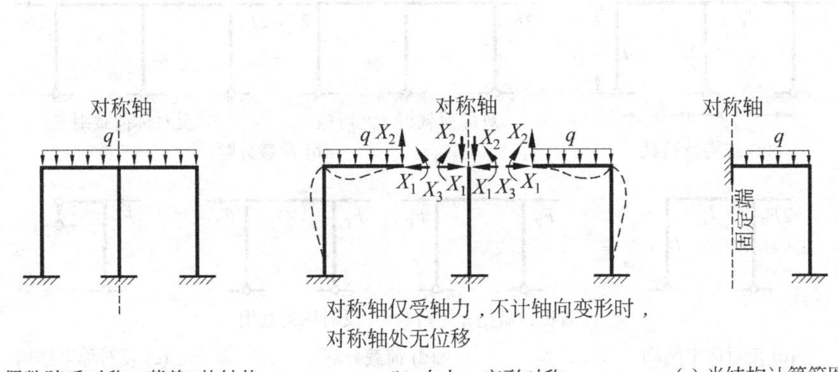

(a) 偶数跨受对称“荷载”的结构
（荷载应理解为广义荷载）

(b) 内力、变形对称

(c) 半结构计算简图

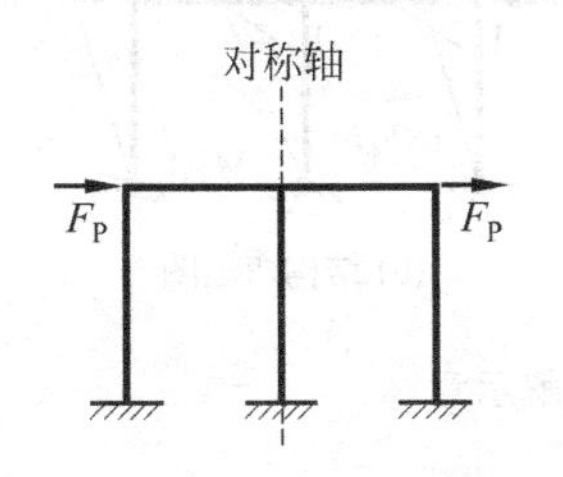

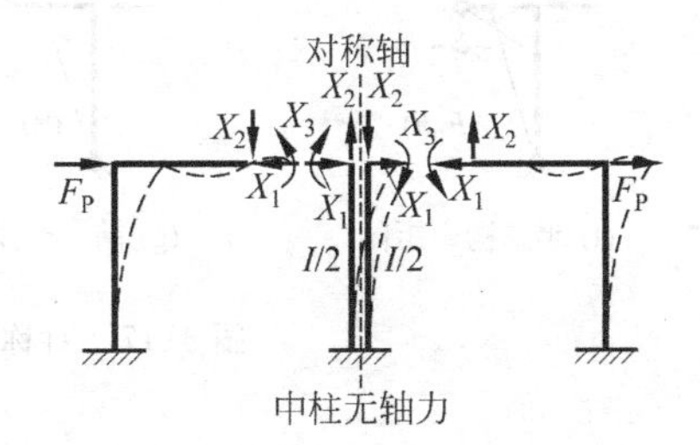

(d) 偶数跨受反对称“荷载”的结构
（荷载应理解为广义荷载）

(e) 内力、变形反对称，中柱的等价变形

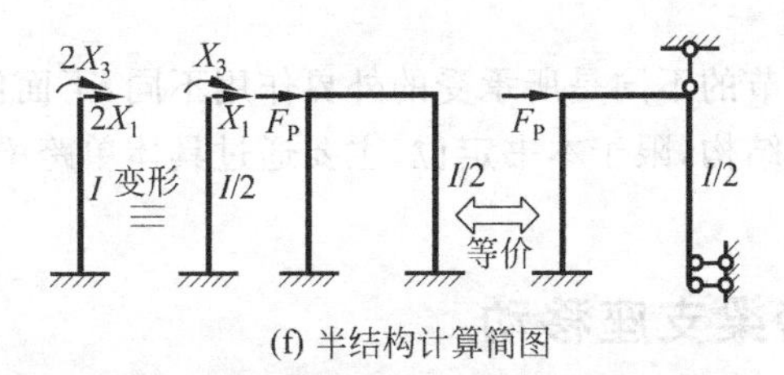

(f) 半结构计算简图

图 4-16　偶数跨对称结构取半结构计算简图

行分析。

图 4-17(c)简图仍是对称结构任意荷载情况，可再次如图 4-17(d)将荷载分解，从而得图 4-17(e)半结构计算简图。这是一个静定刚架，可得图 4-17(f)所示弯矩图。有了它，如图 4-17(g)和(h)即可作出原结构的最终弯矩图。需要指出的是，中柱的内力是边柱的两倍。

由此例可见，熟练掌握对称性利用，对求解对称结构是非常有用的。

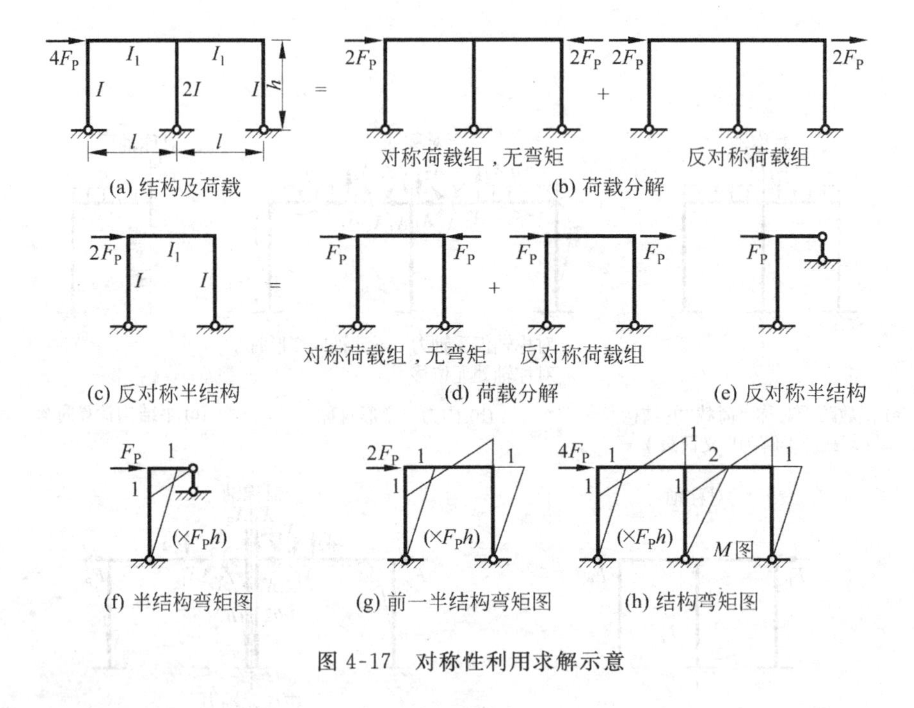

图 4-17 对称性利用求解示意

4.3 其他外因下超静定梁计算

本节与上一节的不同是所承受的外界作用不同,下面例题所述方法、思想同样适用于各种结构,限于本书定位,主要通过具体单跨梁的例子说明其他外因下的计算。

4.3.1 单跨梁支座移动

例题 4-7 试作图 4-18(a)所示两端固定单跨梁由右支座转角 θ 引起的弯矩图。

解:(1) 此梁超静定次数为 3,取图 4-18(b)为基本结构,基本体系如图 4-18(c)。

(2) 单位内力图如图 4-18(d)。

(3) 与例题 4-2 一样由单位内力图(图 4-18(d))的自乘和互乘可得如下位移系数:

$$\delta_{11}=l/EA,\quad \delta_{12}=\delta_{13}=0,\quad \delta_{22}=l/3EI=\delta_{33}$$

$$\delta_{23}=\frac{1}{EI}\times\frac{1}{2}\times1\times l\times\left(-\frac{1}{3}\right)=-l/6EI$$

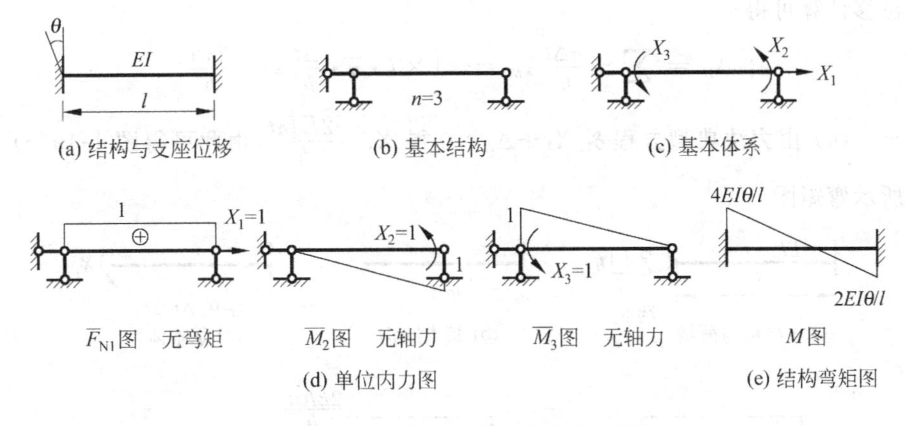

图 4-18 例题 4-7 结构及求解过程

由位移互等定理可知 $\delta_{ij}=\delta_{ji}$，因此 $\delta_{21}=\delta_{31}=0$。

(4) 由位移协调，可建立如下力法典型方程：

$$\delta_{11}X_1=0,\quad \delta_{22}X_2+\delta_{23}X_3=0,\quad \delta_{32}X_2+\delta_{33}X_3=\theta$$

代入位移系数并求解，可得

$$X_1=0,\quad X_2=\frac{2EI}{l}\theta,\quad X_3=\frac{4EI}{l}\theta$$

(5) 由 $\overline{M}_2X_2+\overline{M}_3X_3=M$ 可得图 4-18(e)所示的弯矩图。

两点说明：

(1) 单跨超静定梁支座发生竖向和转动位移时，轴力为零，超静定次数可减少一次。

(2) 由于 δ_{ij} 计算是含有杆件的刚度，而 Δ_{ic} 或 $\overline{\Delta}_i$ 计算与杆件刚度无关，所以最终求解结果将与杆件的绝对刚度有关。

4.3.2 单跨梁等温度改变

例题 4-8 试作图 4-19(a)所示定向支座单跨梁由图示温度改变引起的弯矩图。材料线胀系数为 α。

解：(1) 由于已知的轴线温度 $t_0=\dfrac{t+(-t)}{2}=0$，不产生轴向伸长，可证明轴向力为零。在不计轴向未知力时，此梁超静定次数为 1，取图 4-19(b)为基本结构，基本体系如图 4-19(c)。

(2) 单位弯矩图如图 4-19(d)。

(3) 由 $\overline{M}_1$ 图自乘可得 $\delta_{11}=\dfrac{l}{EI}$。从图可见 $t_0=0$，$\Delta t=2t$，由温度引起的

位移计算可得

$$\Delta_{1t}=\sum\pm\frac{\alpha\Delta t}{h}A_{\overline{M}}=-1\times l\cdot\alpha\cdot\frac{\Delta t}{h}=-\frac{2\alpha tl}{h}$$

(4) 由力法典型方程 $\delta_{11}X_1+\Delta_{1t}=0$ 得 $X_1=\dfrac{2EI\alpha t}{h}$,由此可得图 4-19(e)所示弯矩图。

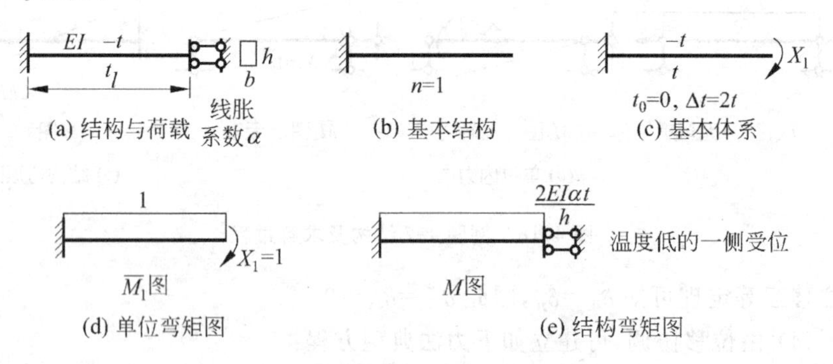

图 4-19 例题 4-8 结构及求解过程

几点说明:

(1) 温度改变将引起超静定结构内力,由于 δ_{ij} 与各杆绝对刚度有关,而 Δ_{it} 与杆件刚度无关,因此其内力将和杆件的绝对刚度有关。

(2) 温度低的一侧受拉,此结论适用于温度改变引起的其他支承情况的单跨超静定梁。

*(3) 若要求本例梁中点的挠度,可取图 4-20 所示的单位力状态(见 4.2.1 节力法的解题步骤 7 的说明)。必须注意,计算时除了要考虑弯矩引起的位移外,还必须考虑基本结构的温度改变引起的位移,因此要用**多因素的位移公式**。具体计算如下:

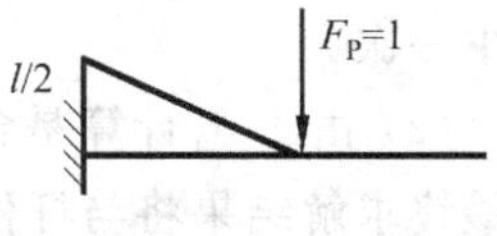

$l/2$　　$F_P=1$

图 4-20 单位力状态

$$\Delta_{\text{中点}}=\Delta_M+\Delta_t=\frac{1}{EI}\times\frac{1}{2}\times\frac{l}{2}\times\frac{l}{2}\times\frac{2EI\alpha t}{h}-\frac{\alpha\cdot 2t}{h}\times\frac{1}{2}\times\frac{l}{2}\times\frac{l}{2}=0$$

(4) 对于超静定结构支座位移引起的位移计算,当所取求位移单位力状态包含有位移的支座时,也一样要用多因素的位移公式。

***例题 4-9** 试作图 4-21(a)所示刚架因温度改变引起的弯矩图。

解: (1) 本题与例题 4-4 只是荷载不同。超静定次数为 2,取图 4-21(b)为基本结构,基本体系如图 4-21(c)。

(2) 单位弯矩图仍为图 4-9(e),单位轴力图如图 4-21(d)。

(3) 由单位弯矩图(图 4-9(e))的自乘和互乘可得如下位移系数:

$$\delta_{11}=5l^3/3EA,\quad \delta_{22}=4l^3/3EI,\quad \delta_{12}=l^3/EI=\delta_{21}$$

(4) 因为各杆 $\Delta t=0, t_0=t$，所以由 $\overline{F}_{Ni}(i=1,2)$ 图用温度位移计算公式可得 $\Delta_{2t}=0, \Delta_{1t}=\sum \pm \alpha t_0 A_{\overline{F}_N}=\alpha l t/2$。

(5) 列力法方程、代入系数并求解，可得

$$\delta_{11}X_1+\delta_{12}X_2+\Delta_{1t}=0,\quad \delta_{21}X_1+\delta_{22}X_2+\Delta_{2t}=0$$

$$X_1=-6\alpha EIt/11l^2,\quad X_2=9\alpha EIt/11l^2$$

(6) 由 $\overline{M}_1X_1+\overline{M}_2X_2=M$ 可得图 4-21(e)所示的弯矩图。

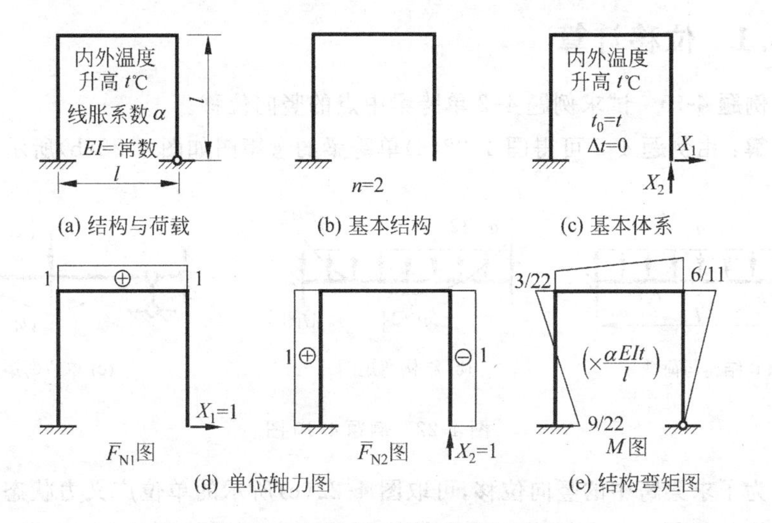

图 4-21 例题 4-9 结构及求解过程

几点说明：

(1) 求超静定结构位移时，可取任意一个静定基本结构建立单位广义力状态。

(2) 求超静定结构位移时，既要考虑内力(弯矩)产生的位移，也要考虑静定基本结构由温度改变等产生的位移，因此必须用多因素位移计算公式。

(3) 如果要校核 X_2 方向的位移，由单位内力图，用多因素位移计算公式具体计算如下：

$$\Delta_2=\frac{1}{2}\times\frac{12}{22}\alpha t\cdot l-\frac{3}{22}\alpha t\cdot l-\frac{1}{2}\times l\cdot l\cdot\left(\frac{3}{22}+\frac{1}{3}\times\frac{9}{22}\right)\times\frac{\alpha t}{l}$$
$$+\alpha t\cdot\left(\frac{1}{l}\cdot l-\frac{1}{l}\cdot l\right)=0$$

当既有轴线温变 t_0，又有温差 Δt 时，Δ_{it} 应包含两部分引起的位移。

4.4 超静定结构位移计算

在4.2节力法求解步骤中已经说明了超静定结构位移计算的方法，指出可以根据超静定弯矩(内力)图和需求的位移，确定计算最简单的相应静定结构单位广义力状态。在上面两节的例子(例题4-4、例题4-8、例题4-9)中也已涉及位移计算和结果的校核，本节再通过几个具体例子加以进一步说明。

4.4.1 位移计算

例题4-10 试求例题4-2单跨梁中点的竖向位移。

解：由例题4-2可得图4-22(a)单跨梁的弯矩图如图4-22(b)所示。

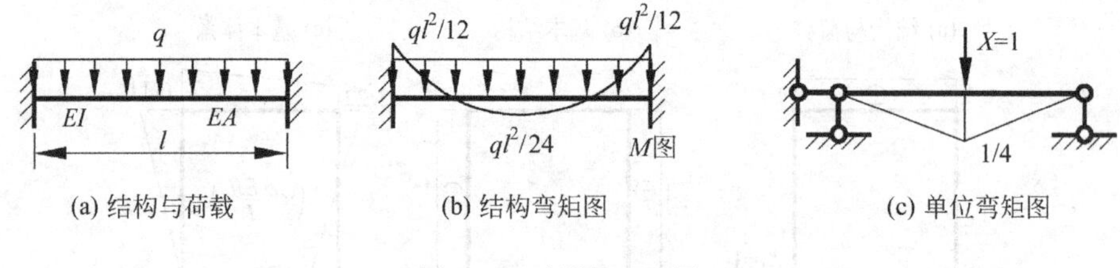

(a) 结构与荷载　(b) 结构弯矩图　(c) 单位弯矩图

图4-22 例题4-10图

为了求梁跨中的竖向位移，可取图4-22(c)所示的单位广义力状态(此基本结构与例题4-2求解时的基本结构不同)，弯矩图如图4-22(c)所示。由图4-22(b)、(c)互乘即可求得

$$\Delta=\frac{2}{EI}\left(\frac{2}{3}\cdot\frac{ql^2}{8}\cdot\frac{l}{2}\times\frac{5}{8}\times\frac{l}{4}-\frac{ql^2}{12}\cdot\frac{l}{2}\times\frac{1}{2}\times\frac{l}{4}\right)$$

$$=\frac{ql^4}{384EI}\quad(\downarrow)$$

例题4-11 已知刚架在荷载下的弯矩图如图4-23(a)所示，试求B截面的转角。

解：为了求B截面的转角，建立图4-23(b)所示的单位广义力状态及单位弯矩图。由图4-23(a)、(b)弯矩图互乘即可求得

$$\varphi_B=\frac{1}{EI}\left(-\frac{1}{2}\times0.15179ql^2\cdot l\times\frac{1}{3}+\frac{2}{3}\cdot\frac{ql^2}{8}\cdot l\times\frac{1}{2}\right)$$

$$\approx0.01637\frac{ql^3}{EI}\quad(\curvearrowright)$$

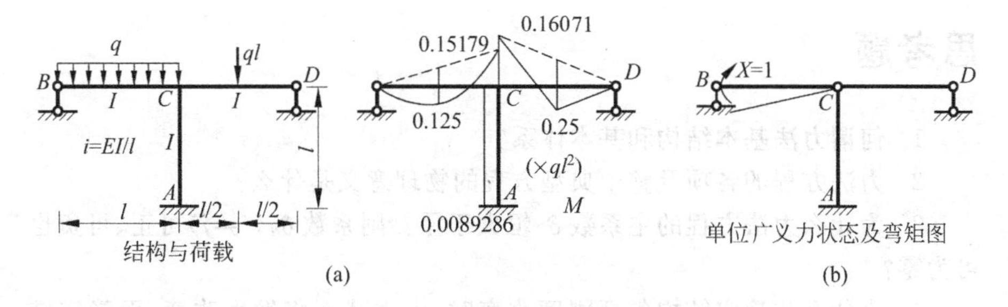

(a)　　　(b)

图 4-23　例题 4-11 图

4.4.2　计算结果的校核

例题 4-12　试校核图 4-24(a)弯矩图的正确性。

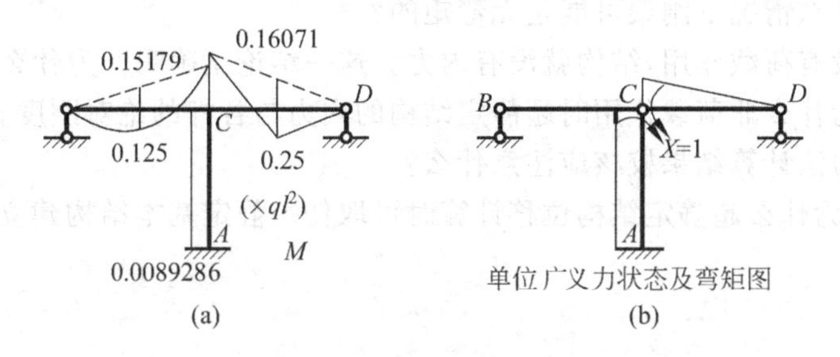

(a)　　　(b)

图 4-24　例题 4-12 图

解：为了校核弯矩图的正确性，必需计算由所给弯矩图求得的原结构已知位移是否等于已知值。如果等于则一般来说结果是正确的，否则肯定计算有误。本例计算复刚结点 C 处 CD 和 CA 间的相对转角，如果等于零则结果正确（当然也可计算其他已知位移）。为此建立单位广义力状态及单位弯矩图，如图 4-24(b)所示，由图 4-24(a)、(b)弯矩图互乘即可求得

$$\varphi_C = \frac{1}{EI}\Big(\frac{1}{2}\times 0.16071ql^2 \cdot l \times \frac{2}{3} - \frac{1}{2}$$

$$\times 0.25ql^2 \cdot l \times \frac{1}{2} + 1 \cdot l \times 0.008928ql^2\Big) \approx 0$$

表明所给弯矩图是正确的。

对于有已知支座位移或温度改变的问题，如例题 4-8、例题 4-9，要按多种外因共同作用来计算。

思考题

1. 何谓力法基本结构和基本体系?

2. 力法方程的各项及整个典型方程的物理意义是什么?

3. 为什么力法方程的主系数 δ_{ii} 恒大于零?副系数 $\delta_{ij}(i \neq j)$ 可正、可负也可为零?

4. 为什么超静定结构各杆刚度改变时,内力状态将发生改变,而静定结构却不因此而改变?为什么荷载作用下的超静定结构内力只与各杆的相对刚度(刚度比值)有关,而与绝对刚度无关?

5. 在超静定桁架计算中,以切断多余轴向联系或拆除对应杆件构成基本结构,力法方程是否相同?为什么?

6. 什么情况下刚架可能是无弯矩的?

7. 没有荷载作用,结构就没有内力。这一结论正确吗?为什么?

8. 为什么非荷载作用时超静定结构的内力与各杆的绝对刚度有关?

9. 力法计算结果校核应注意什么?

10. 为什么超静定结构位移计算时可取任一静定基本结构建立单位广义力状态?

习题

4-1 试确定图示结构的超静定次数。

4-2 试用力法计算图示超静定梁,并作 M 和 F_Q 图。EI 为常数。

4-3 试用力法计算图示超静定刚架,并作内力图。EI 为常数。

4-4 试用力法计算图示超静定刚架,并作 M 图。EI 为常数。

4-5 试用力法计算图示超静定桁架各杆内力。各杆 EA 相同。

4-6 试用力法计算图示结构,作 M 图。AB 杆的拉压刚度无限大。

4-7 试用力法计算图示组合结构,并作 M 图。已知:梁式杆 $EI=2\times10^4\text{kN}\cdot\text{m}^2$,桁架杆 $EA=2\times10^5\text{kN}$。

4-8 试用力法计算图示结构在温度改变作用下的内力,并作 M 图。已知 $h=l/10$,EI 为常数。

4-9 设图示梁 A 端转角 α,试作梁的 M 图和 F_Q 图。

4-10 设图示梁 B 端下沉 c,试作梁的 M 图和 F_Q 图。

4-11 试利用对称性计算图示结构,并绘 M 图。

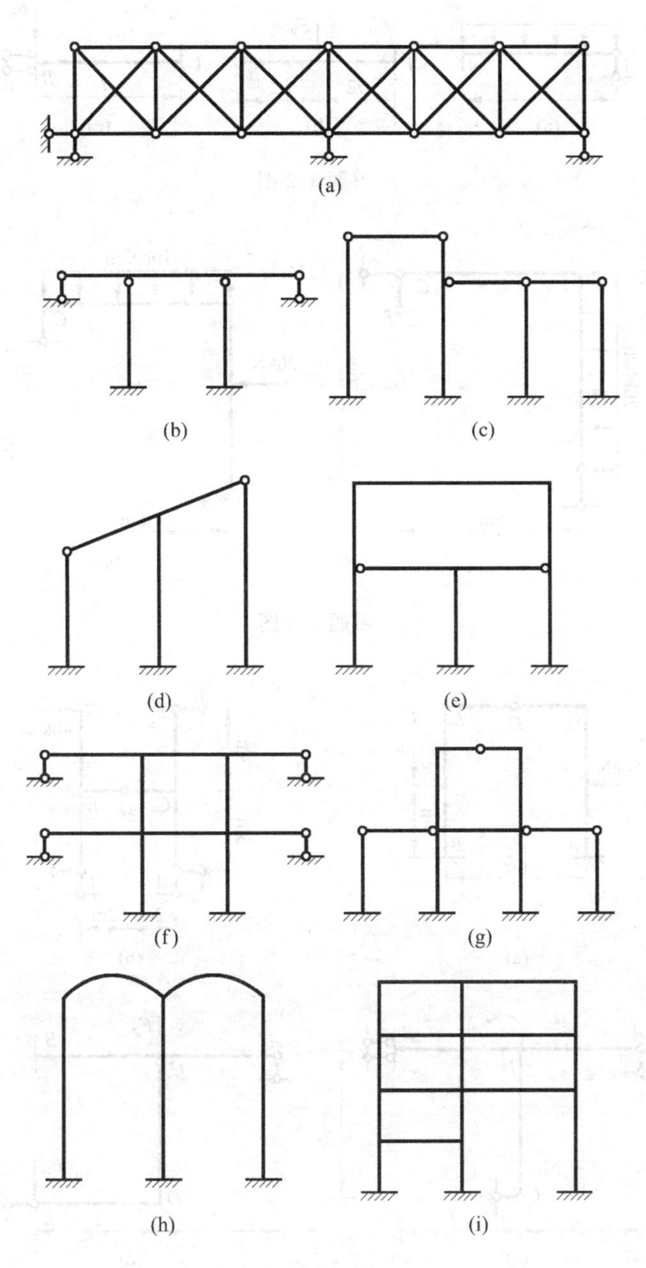

习题 4-1 图

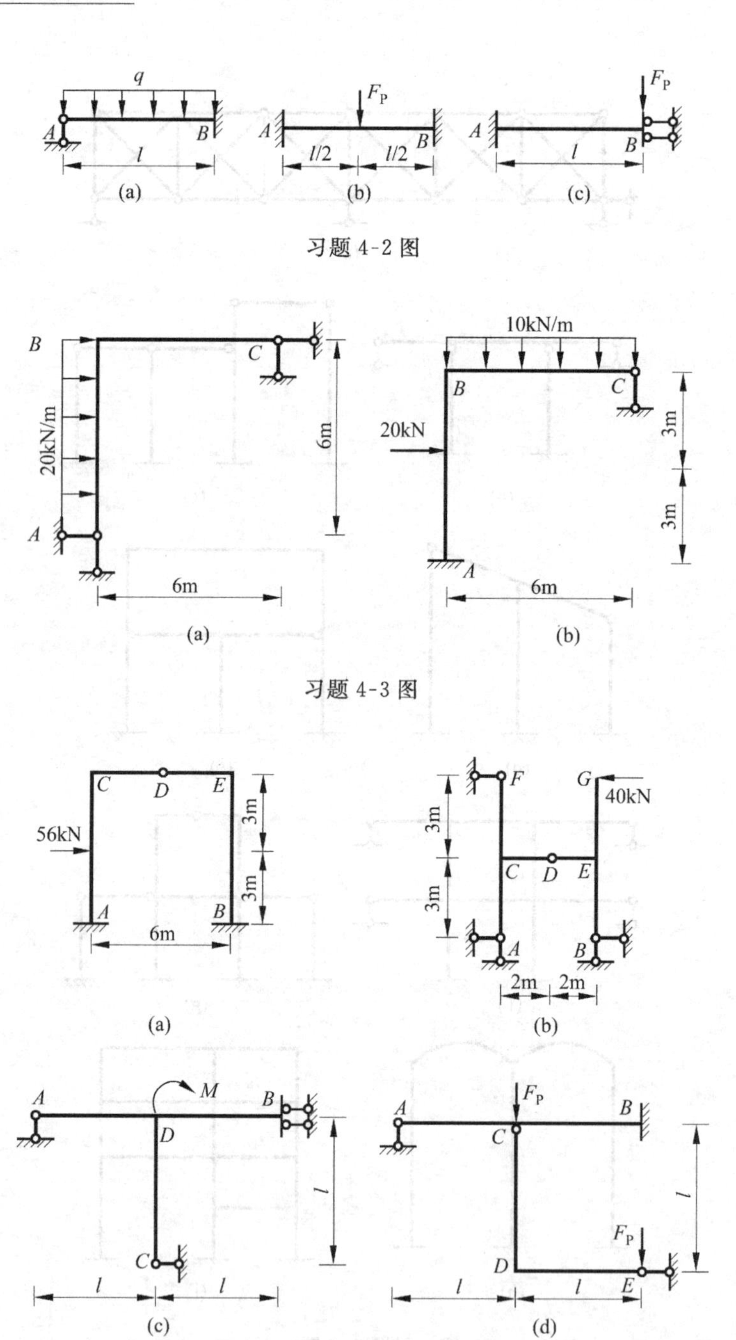

习题 4-2 图

习题 4-3 图

习题 4-4 图

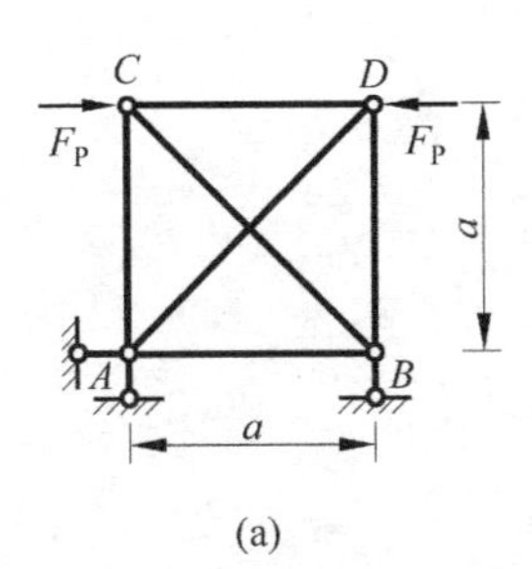

(a)

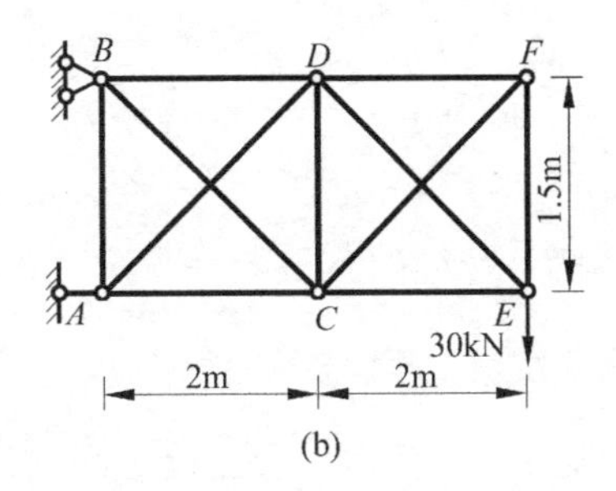

(b)

习题 4-5 图

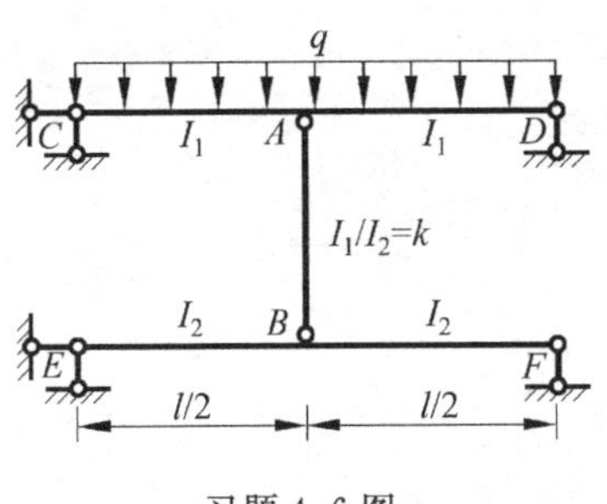

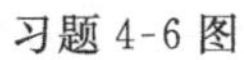

习题 4-6 图

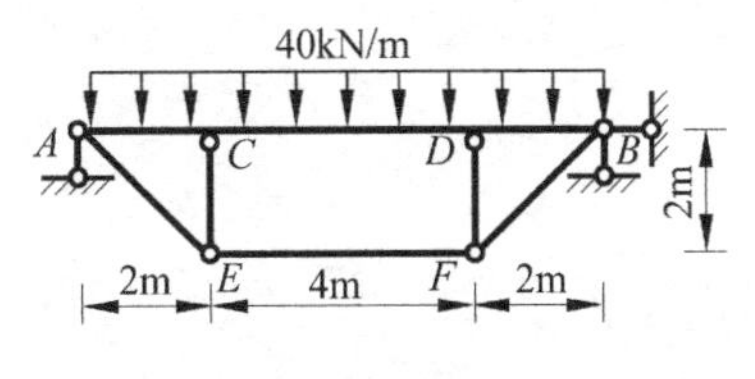

习题 4-7 图

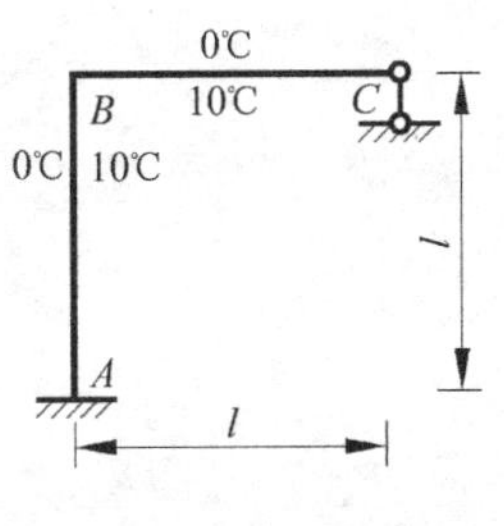

习题 4-8 图

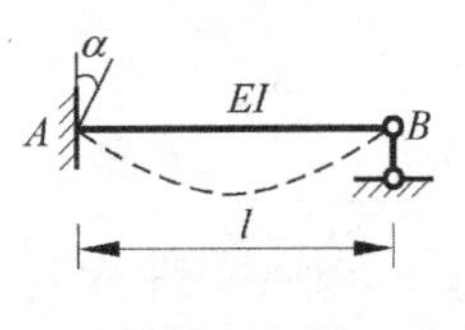

习题 4-9 图

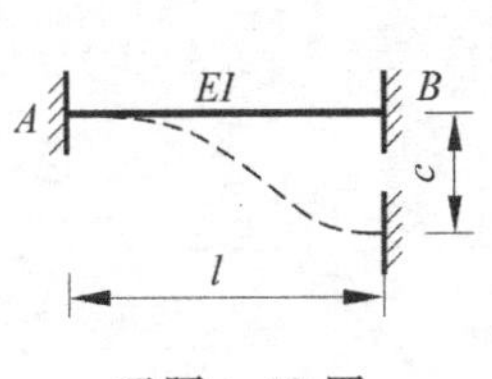

习题 4-10 图

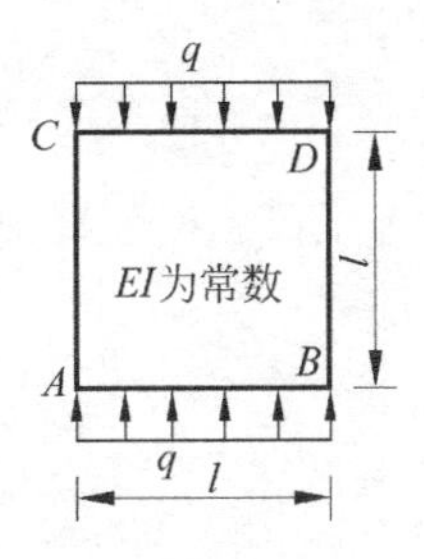

习题 4-11 图

第5章

位　移　法

第 4 章介绍了求解超静定结构的最基本方法——力法，本章将介绍另一种以位移作为基本未知量的手算方法——位移法。为减少基本未知量，这里仍然隐含梁或刚架不考虑轴向变形这一假定。

5.1　基本概念

5.1.1　转角位移方程

1. 力法为位移法所做的准备工作

在位移法中将用到如图 5-1 所示的三种单跨超静定梁(称为基本构件)，因此在介绍位移法之前先总结由力法所求得的结果。对图 5-1 所示三种单跨梁，像力法例题那样求解，从而可建立表 5-1 所示杆端内力。

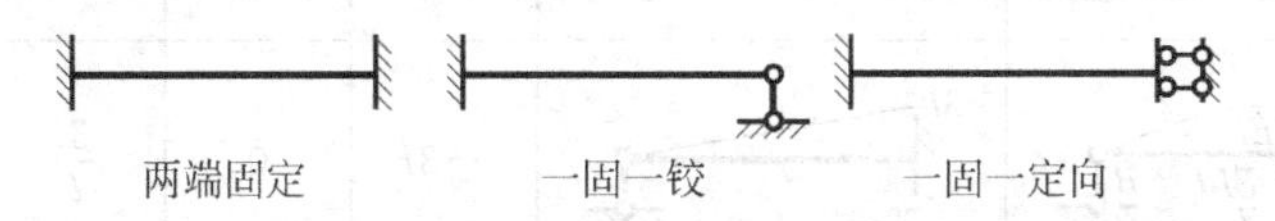

图 5-1　位移法基本单跨梁示意图

表 5-1　形常数和载常数表

序号	计算简图及挠度图	弯矩图	固端弯矩		固端剪力	
			M_{AB}	M_{BA}	F_{QAB}	F_{QBA}
1	1　A　B　EI　$i=EI/l$　l	$6i/l$　$6i/l$	$-\frac{6i}{l}$	$-\frac{6i}{l}$	$\frac{12i}{l^2}$	$\frac{12i}{l^2}$

续表

序号	计算简图及挠度图	弯矩图	固端弯矩		固端剪力	
			M_{AB}	M_{BA}	F_{QAB}	F_{QBA}
2	1, A, B, EI, $i=EI/l$, l	$4i$, $2i$	$-4i$	$-2i$	$\frac{6i}{l}$	$\frac{6i}{l}$
3	EI, q, A, B, l	$ql^2/12$, $ql^2/12$	$-\frac{ql^2}{12}$	$\frac{ql^2}{12}$	$\frac{ql}{2}$	$-\frac{ql}{2}$
4	F_P, EI, A, B, l	$F_Pl/8$, $F_Pl/8$	$-\frac{F_Pl}{8}$	$\frac{F_Pl}{8}$	$\frac{F_P}{2}$	$-\frac{F_P}{2}$
5	M, A, EI, B, l	$M/2$, $M/4$, $M/4$, $M/2$	$\frac{M}{4}$	$\frac{M}{4}$	$-\frac{3M}{2l}$	$-\frac{3M}{2l}$
6	$-t$, EI, A, t, B, l, h, b	$\frac{2\alpha EIt}{h}$	$-\frac{2\alpha EIt}{h}$	$\frac{2\alpha EIt}{h}$	0	0
7	1, EI, A, $i=EI/l$, B, l	$3i/l$	$-\frac{3i}{l}$	0	$-\frac{3i}{l^2}$	$\frac{3i}{l^2}$
8	1, EI, A, $i=EI/l$, B, l	$3i$	$-3i$	0	$\frac{3i}{l}$	$\frac{3i}{l}$
9	q, A, EI, B, l	$ql^2/8$	$-\frac{ql^2}{8}$	0	$\frac{5ql}{8}$	$-\frac{3ql}{8}$
10	F_P, A, EI, B, $l/2$, $l/2$	$3F_Pl/16$	$-\frac{3F_Pl}{16}$	0	$\frac{11F_P}{16}$	$-\frac{5F_P}{16}$
11	M, A, EI, B, l	M, $M/2$	$\frac{M}{2}$	M	$-\frac{3M}{2l}$	$-\frac{3M}{2l}$

续表

序号	计算简图及挠度图	弯矩图	固端弯矩		固端剪力	
			M_{AB}	M_{BA}	F_{QAB}	F_{QBA}
12	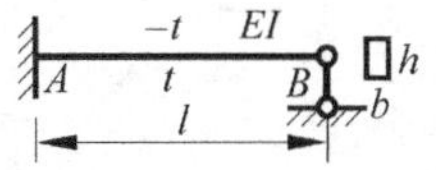 $-t$　EI　t　A　B　h　b　l	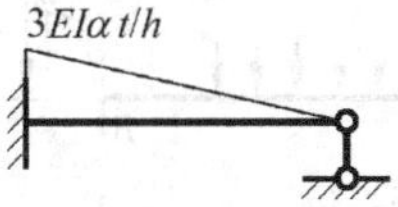 $3EI\alpha t/h$	$-\frac{3\alpha EIt}{h}$	0	$\frac{3\alpha EIt}{hl}$	$\frac{3\alpha EIt}{hl}$
13	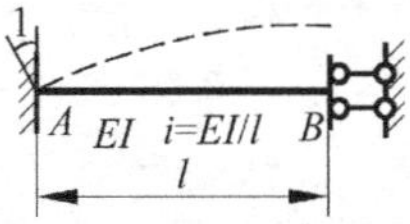 1　A　EI　$i=EI/l$　B　l	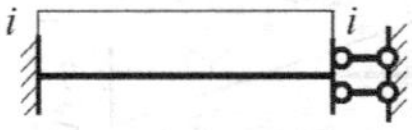 i　i	$-i$	i	0	0
14	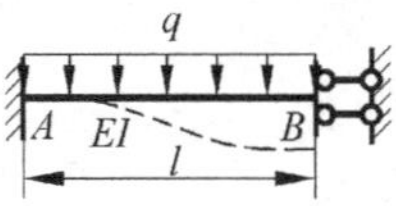 q　A　EI　B　l	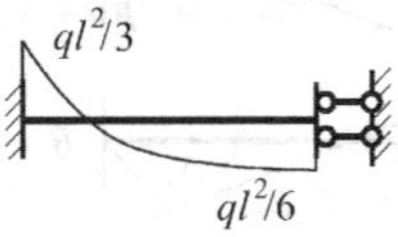 $ql^2/3$　$ql^2/6$	$-\frac{ql^2}{3}$	$-\frac{ql^2}{6}$	ql	0
15	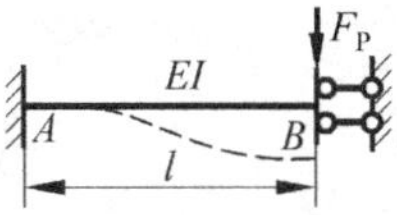 F_P　EI　A　B　l	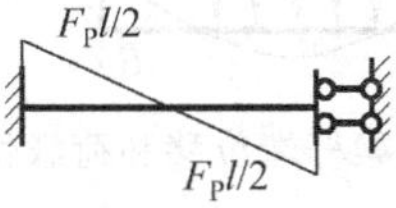 $F_Pl/2$　$F_Pl/2$	$-\frac{F_Pl}{2}$	$-\frac{F_Pl}{2}$	F_P	F_P
16	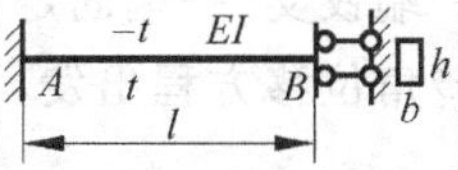 $-t$　EI　A　t　B　h　b　l	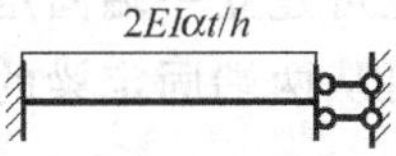 $2EI\alpha t/h$	$-\frac{2\alpha EIt}{h}$	$\frac{2\alpha EIt}{h}$	0	0

习惯上，由杆端单位位移引起的杆端内力称为“**形常数**”（shape constant）。由“广义荷载”产生的杆端内力称为“**载常数**”（load constant），其中外荷载产生的杆端内力称为**固端内力**。杆端剪力的符号如第 2 章的规定，杆端弯矩规定顺时针为正，图中所示位移均为正。

2. 转角位移方程

根据表 5-1，则图 5-2 所示的两端固定单跨梁，利用形、载常数和叠加原理可得杆端内力。例如 A 端杆端弯矩和剪力为

$$M_{AB}=-\frac{6i}{l}\Delta_1-4i\Delta_2+\frac{6i}{l}\Delta_3-2i\Delta_4+M_{AB}^{F} \tag{a}$$

$$F_{QAB}=\frac{12i}{l^2}\Delta_1+\frac{6i}{l}\Delta_2-\frac{12i}{l^2}\Delta_3+\frac{6i}{l}\Delta_4+F_{QAB}^{F} \tag{b}$$

式(a)和式(b)中 M_{AB}^{F} 和 F_{QAB}^{F} 为荷载引起的固端弯矩和固端剪力（顺时针为正）。同理，也可叠加得到 B 端的杆端内力 M_{BA} 和 F_{QBA}。这些联系杆端位移

和杆端内力的式子,称为两端固定单跨梁的**转角位移方程**(slope-deflection equation)或**刚度方程**(stiffness equation)。

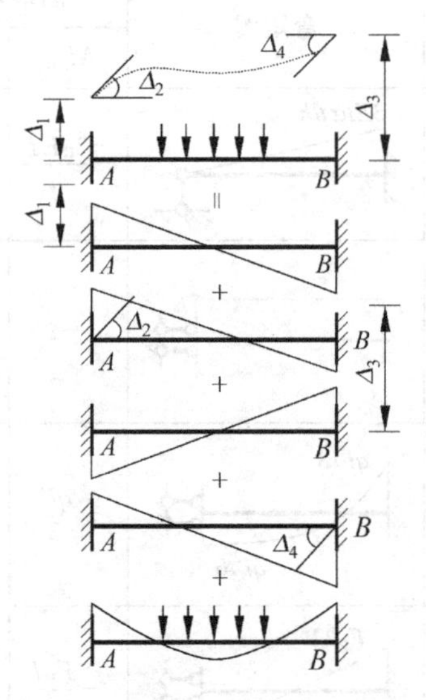

图 5-2 单跨梁杆端位移和荷载作用

根据形、载常数和叠加原理,也可建立一端固定一端铰支、一端固定一端定向单跨梁的转角位移方程。也可从两端固定梁的转角位移方程出发,利用对称性来得到。

力法思路强调的是"转换",位移法本质上仍然是将未知问题化为已知问题来解决,也存在转换的思想。但位移法的转换与力法不同,它是"先化整为零,再集零为整",或称为"离散和归整"。具体处理有两种方法:平衡方程法和典型方程方法。

5.1.2 平衡方程法思想

图 5-3(a)所示为二次超静定结构。在不考虑轴向变形的情况下,只有 B 结点能产生转角位移,作为广义位移记作 Z。

从表 5-1 结果(或转角位移方程)可以想到,如果以结点位移 Z 作基本未知量,先求出位移 Z,由于结点位移协调,也即得到了杆件 AB 和 CB(以后称为**单元**,element)的杆端位移,然后根据形常数和载常数,用叠加原理就可以得到结构的内力。

对一般结构,为实现这个想法,首先需要将待解的结构拆成图 5-1 所示三种单跨梁的集合。这一"离散"工作,可采用增加约束使结构不产生结点独立

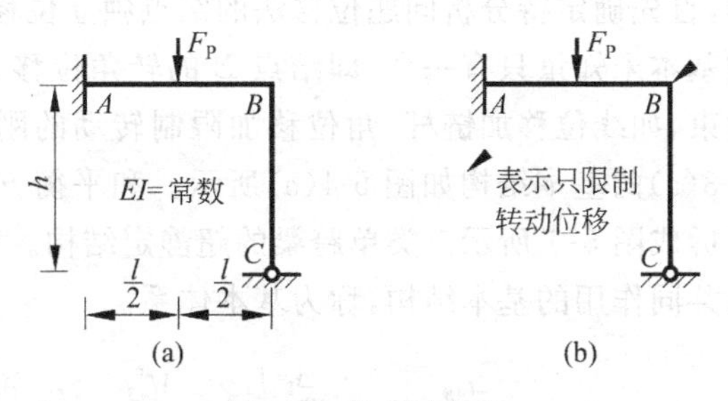

图 5-3　位移法思路

位移来实现。图 5-3(a)所示结构可如图 5-3(b)在 B 结点加一个限制转动约束(也称刚臂),使 AB 杆成为两端固定单元,CB 成为一端铰支一端固定单元。这个除静定部分外增加约束消除结点位移,使其每一根杆都可看成是表 5-1 中单跨梁的结构,称为**位移法基本结构**。独立的结点位移称为**位移法的基本未知量**,因为是广义位移故记作 Z_i。

完成了"离散"(也称为"拆")的过程,在保证结点产生协调的位移 Z_i 和单元荷载作用下,根据形常数和载常数或直接用转角位移方程可以得到各单元的杆端内力。对图 5-3(b)所示结构,设 Z 逆时针转动,则 AB 单元 B 端杆端弯矩为 M_{BA},BC 单元 B 端杆端弯矩为 M_{BC}。它们分别可表示为

$$M_{BA}=M_{BA}^{\Delta}+M_{BA}^{F}=-\frac{4EI}{l}Z+\frac{F_{P}l}{8}$$

$$M_{BC}=M_{BC}^{\Delta}+M_{BC}^{F}=-\frac{3EI}{h}Z+0$$

式中 M^{Δ}、M^{F} 分别代表由结点位移、荷载所引起杆端弯矩。

现在以结点或结构部分为对象(对图 5-3 所示结构取 B 结点),可以建立和各结点独立位移相应的广义力平衡条件。对图 5-3 所示结构也即令

$$M_{BA}+M_{BC}=M_{BA}^{\Delta}+M_{BC}^{\Delta}+M_{BA}^{F}+M_{BC}^{F}=-\left(\frac{4EI}{l}+\frac{3EI}{h}\right)Z+\frac{F_{P}l}{8}=0$$

从上式可以求得位移 Z。同样,对一般结构,有多少独立结点位移,就可以建立多少广义力平衡方程,这些方程称为位移法方程,由此就可以求得结点(即杆端)位移。然后,利用转角位移方程即可求得各杆端内力,进而作出内力图。这就是位移法中平衡方程法解题的思想。

5.1.3　典型方程法思想

平衡方程法力学概念非常清楚,但不能像力法那样以统一的形式给出位移法方程。为此讨论位移法第二种思路——典型方程法。

与力法一样,首先确定待分析问题位移法的结点独立位移未知量个数,对图 5-3 所示结构基本未知量只有一个,即结点 B 的转角位移。然后加限制结点位移的相应约束,如线位移加链杆、角位移加限制转动的刚臂,建立位移法基本结构。图 5-3(a)的基本结构如图 5-4(a)所示。和平衡方程法一样,基本结构是一个可以拆成图 5-1 所示三类单跨梁的超静定结构。和力法一样受基本未知量和外因共同作用的基本结构,称为基本体系。

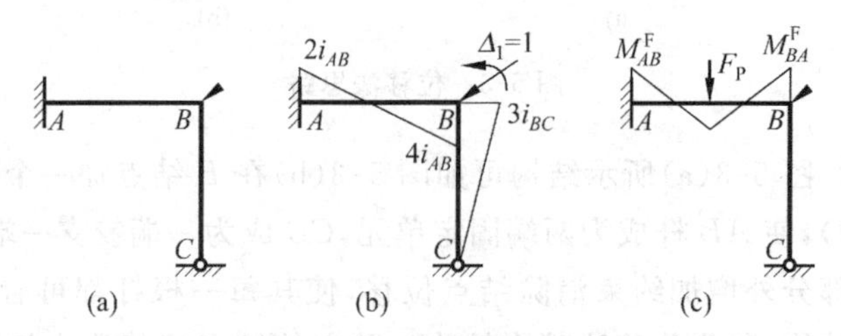

图 5-4 单位弯矩图和荷载弯矩图

然后令基本结构分别产生单一的单位基本位移 $Z_i=1$,根据形常数可作出基本结构单位内力图(对刚架为单位弯矩图 $\overline{M}_i$)。根据载常数可作出基本结构荷载(包括广义荷载)内力图(对刚架为“荷载”弯矩图 M_P)。对于图 5-3(a)所示结构其两个弯矩图如图 5-4(b)、(c)所示。图中 i_{AB} 和 i_{BC} 分别为$\dfrac{EI}{l}$和$\dfrac{EI}{h}$,称为 AB 和 BC 杆的**线刚度**(line stiffness)。习惯上将单位长度的抗弯刚度记作 $i=\dfrac{EI}{l}$,为了标明是哪根杆的线刚度,再以双下标表明杆的名称,如 i_{AB} 和 i_{BC} 等。根据单位内力图和荷载内力图,从单位内力图取结点或部分隔离体可计算 $Z_j=1$ 所引起的 Z_i 位移对应的附加约束上的反力系数 k_{ij},从荷载内力图取结点或部分隔离体可计算 Z_i 位移对应的附加约束上的反力 R_{iP}(与位移方向相同为正)。对于图 5-3(a)所示结构 $k_{11}=4i_{AB}+3i_{BC}$,$R_{1P}=-M^F_{BA}=-\dfrac{F_Pl}{8}$。

基本结构和原结构有两点区别:原结构在外因下是有结点位移的,而基本结构是无结点位移的;基本结构有附加的约束,而原结构是无附加约束的。基本体系是令基本结构发生原结构待求的位移 $Z_i(i=1,2,\cdots,n)$同时受有外因作用,从结点位移方面看基本体系和原结构没有了差别,但是由于待求位移 $Z_i(i=1,2,\cdots,n)$和外因作用,第 i 个附加约束上将产生 $R_i=\sum\limits_j k_{ij}Z_j+R_{iP}$ 的约束总反力,显然这是和原结构仍然不同的。为了消除这一差别,由于原结构没有附加约束,所以第 i 个附加约束上的总反力应该等于零,也即 $R_i=0$ 或

$$\sum_j k_{ij}Z_j + R_{i\mathrm{P}} = 0,\quad i = 1,2,\cdots,n \tag{5-1}$$

对于图 5-3(a)所示结构为$(4i_{AB}+3i_{BC})Z_1-\frac{F_\mathrm{P}l}{8}=0$(注意：这里位移的方向与平衡方程法相反)。式(5-1)称为**位移法典型方程**,和力法一样对线弹性结构是线性代数方程组。求解后即可得到基本未知量 $Z_i(i=1,2,\cdots,n)$,求得位移基本未知量以后,与力法相仿,由 $M=\sum_j \overline{M}_jZ_j+M_\mathrm{P}$ 进行叠加,可以得到基本体系也即原结构的弯矩,进而可求超静定结构的其他内力和任意位移等。

综上所述,典型方程位移法和力法的思路是十分相像的。本章下面主要讨论典型方程法。

5.1.4　基本未知量及基本结构

结构的结点位移分两类：线位移和角位移,位移法基本未知量是结点的独立位移,当然未知量总数应该是独立线位移和独立角位移个数的和,记作 n。确定未知量总的原则是：在原结构的结点上逐渐加约束,直到能将结构拆成具有已知形常数和载常数的单跨梁为止。因为单跨梁有多种,如果考虑到可由力法计算结果来添加表 5-1 单跨梁类型的话,可想而知位移法基本未知量数量是很灵活的。从人工手算角度,当然是未知量个数最少的方案最好。

对于手算,独立角位移个数 n_a 等于位移未知的刚结点个数,独立线位移数量 n_l 等于变刚结点为铰后,为使铰结体系几何不变所要加的最少链杆数(铰结体系几何不变,线位移数为零)。需要指出的是,如果待求结构中有静定部分,由于静定部分内力可用平衡方程直接获得,不需要用位移法求解,因此其位移不必作为位移法基本未知量。

确定了独立位移未知量,在结点上加约束消除独立位移,即得基本结构。对应线位移加支座链杆,对应角位移加限制转动的刚臂,确定位移法基本未知量的例子如图 5-5 所示。图 5-5(a)有静定部分,确定位移法基本未知量时可不考虑,因此如图所示 $n=2$。图 5-5(b)从分析铰结体系可变性,可确定线位移个数为 2,有 6 个刚结点,因此如图所示 $n=8$。图 5-5(c)中 12 杆部分弯矩和剪力是静定的,因此确定位移未知量时可等效变换成第二个图所示结构后再分析(注意：水平链杆要保留,使横梁保持无水平位移),所以 $n=2$。图 5-5(d)有一个刚结点及一个水平位移,还有弹性支座,由于没有带弹性支座的单跨梁形、载常数,或者说弹性支座处线位移是未知的,所以 $n=3$。图 5-5(e)中有无限刚性的梁,在不考虑轴向变形的条件下刚性梁不可能转动,但两个梁均可水平移动,所以 $n=2$。

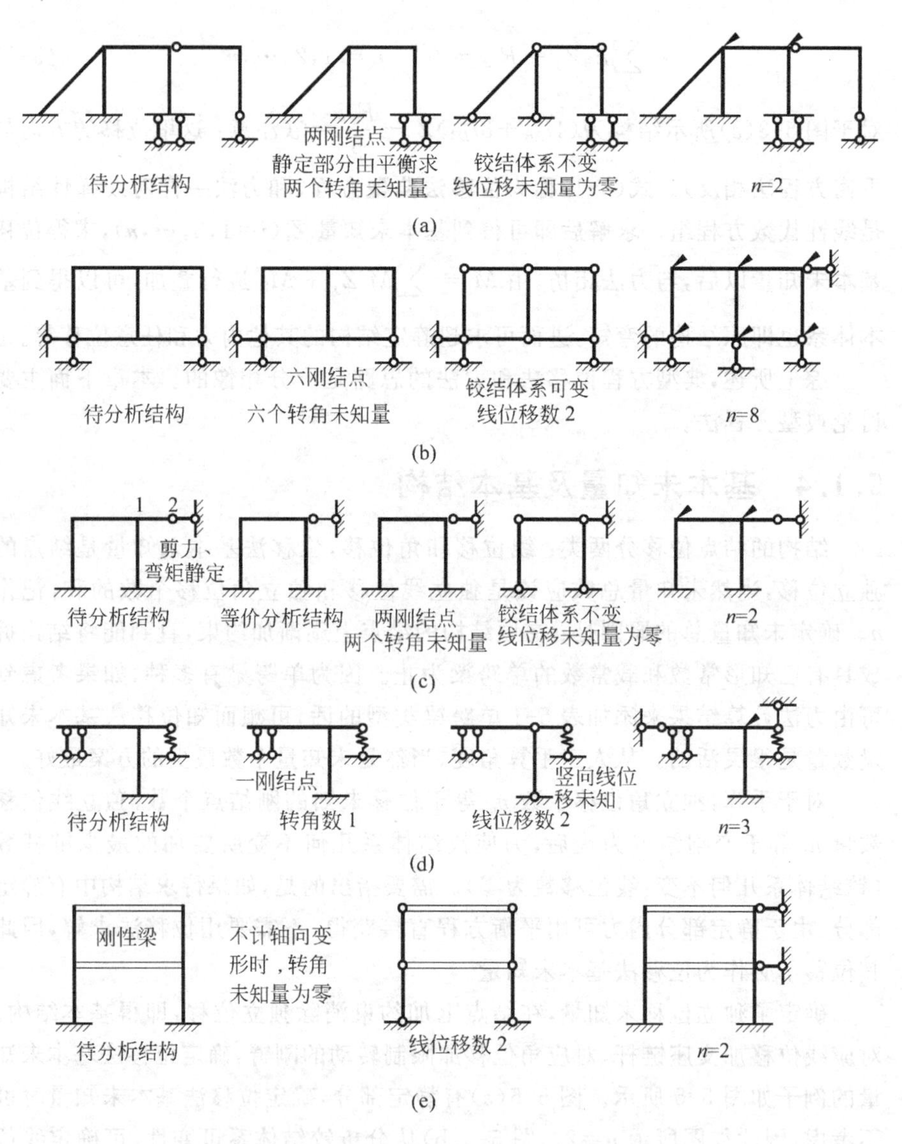

图 5-5　位移法基本未知量确定和对应基本结构

5.1.5　典型方程位移法解题步骤

从典型方程法思路介绍可知，典型方程位移法的求解步骤和力法一一对应。

(1) 确定位移法基本未知量及基本结构

需要指出的是，待分析结构有静定部分或弯矩、剪力静定时，确定位移法基本未知量不考虑它；弹性支座处的位移要作为未知量考虑；竖柱刚架有无限刚性梁时，刚性梁处刚结点无转角未知位移。基本未知量和基本结构与外因无关。

(2) 作基本结构单位未知位移和荷载内力图

由于基本结构可拆成已知受力特性的单元，因此由形常数、载常数即可作出这些图形。由此可见，熟记表5-1中的形常数和载常数，对位移法求解来说是十分重要的。

(3) 求基本结构各附加约束由各单位位移所引起的沿单位位移方向的反力 k_{ij}

如果 Z_i 对应的约束是刚臂，则 k_{ij} 由 $\overline{M}_j$ 图取刚臂结点用结点 i 列力矩平衡计算。如果 Z_i 和 Z_j 对应的约束中有一个是刚臂，根据反力互等定理 $k_{ij}=k_{ji}$，仍可以结点为对象利用力矩平衡来计算。如果 Z_i 和 Z_j 对应的约束都是链杆，则 k_{ij} 由 $\overline{M}_j$ 图取部分隔离体考虑平衡来计算(具体计算见下面的例题)。求系数 k_{ij} 时，反力的方向必须和位移方向相同，主系数各组成项均为正，副系数为代数量(可正、可负、可零)。

(4) 求基本结构各附加约束由外因引起的沿单位位移($Z_i=1$)方向的约束反力 $R_{i\mathrm{P}}$

这可由外因内力图来求，计算原则和求 k_{ij} 相同。

(5) 建立位移法典型方程并求解

基本结构在未知位移和外因共同作用下，应该和无附加约束的原结构一样处于平衡状态。因此，根据平衡条件基本体系所产生的未知位移方向约束总反力等于零，由此即可列出线性代数方程组。也即

$$\sum_j k_{ij}Z_j + R_{i\mathrm{P}} = 0, \quad i=1,2,\cdots,n \tag{5-2}$$

解线性代数方程组，即可获得基本未知位移。

(6) 作超静定结构内力图和求超静定结构位移等

根据叠加原理，在求得未知位移后，由单位内力乘以 Z_i 和荷载内力叠加即可得到超静定结构内力，依此可作内力图(受弯结构和静定结构一样，按弯矩、剪力、轴力的顺序来作)。求非结点位移等其他计算内容，和力法完全一样，这里从略了。

(7) 校核分析结果

由于单位内力是在位移协调前提下作出的，而求荷载内力时根本没有独立结点位移，因此位移协调条件自动满足。所以，位移法的校核主要是看平衡条件是否满足。

上述位移法求解步骤也适用于一切结构、一切外因作用。下面举一些典型例子说明如何用位移法作结构分析。

5.2 位移法解超静定结构

5.2.1 无侧移结构

需要再次说明的是,求解时单位基本未知位移的正方向本可任意设,但本书为了与第7章矩阵位移法的符号规定一致,设结点和杆端水平位移向右为正,竖向位移向上为正,转角逆时针为正。不管位移正向如何规定,在确定刚度系数 k_{ij} 和广义荷载反力 R_{iP} 时均从所作出的弯矩图出发,其正向设定必须和位移正向规定一致。

例题 5-1 试作图5-6(a)所示无侧移刚架的弯矩图。

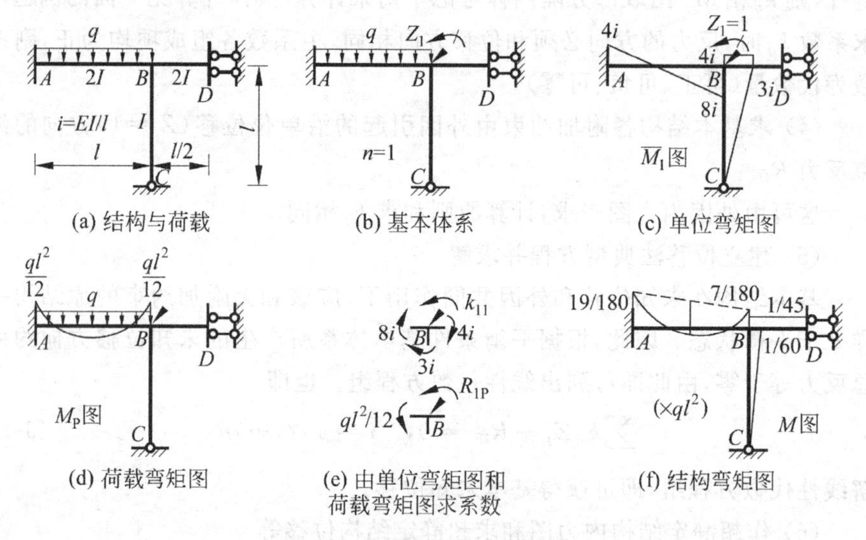

图5-6 例题5-1结构和求解

解:(1)按位移法基本未知量确定方法,只一个角位移 Z_1,因此基本体系如图5-6(b)所示。在此基本体系中 AB 为两端固定单元,BC 为 B 端固定 C 端铰支单元,BD 为 B 端固定 D 端定向单元。根据已知的截面惯性矩和单元长度,上述三单元的线刚度分别为 $2i$、i 和 $4i$,其中 $i=\dfrac{EI}{l}$。

(2)令刚结点角位移 Z_1 产生单位位移,则由 AB、BC 和 BD 三类单元的形常数,可作出单位弯矩图 $\overline{M}_1$,如图5-6(c)所示。

(3) 本例仅 AB 单元有荷载，根据载常数可作出基本结构荷载弯矩图 M_P，如图 5-6(d)所示。

(4) 因 Z_1 为转动未知量，取刚结点考虑力矩平衡，如图 5-6(e)所示，从 $\overline{M}_1$ 图可求得刚度系数 $k_{11}=15i$，从 M_P 图可求得广义荷载反力系数 $R_{1P}=-ql^2/12$。

(5) 根据约束总反力为零，则位移法典型方程为 $k_{11}Z_1+R_{1P}=0$。代入系数并求解，可得 $Z_1=ql^2/180i$。

(6) 由 $\overline{M}_1Z_1+M_P=M$ 进行叠加，可得图 5-6(f)所示的结构最终弯矩图。

(7) 由图 5-6(f)，取刚结点 B 显然 $\sum M=0$，也即满足平衡条件，说明结果是正确的。

说明：从加约束到可拆成三类单元集合的角度，本例 $n=n_a=1$。如果只考虑一类单元——两端固定单元，那么还需在 C 处加刚臂限制转动，在 D 处加链杆限制线位移，因此 $n=n_a+n_l=2+1=3$。显然，按位移法也可求解。此外，也可只在 C、D 两者中只增加一类约束，也即基本结构只包含两类单元。但是，作为手算求解，自然未知量越少越好。因此，本章强调以增加约束到能拆成三类基本单元为止。

例题 5-2　试作图 5-7(a)所示连续梁由于图示支座位移引起的弯矩图。

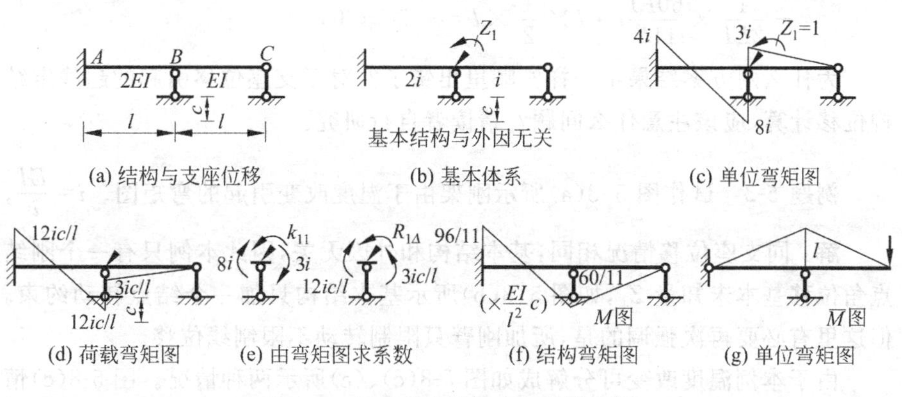

图 5-7　用位移法计算支座位移问题

解：支座位移是一种广义荷载，位移法基本结构和“荷载”没有关系，因此只有一个角位移基本未知量，基本体系如图 5-7(b)所示。

基本结构由于单位位移和广义荷载(支座位移)引起的弯矩图，与例题 5-1 一样可利用形常数作出，结果如图 5-7(c)、(d)所示。

根据单位和广义荷载弯矩图列刚结点隔离体(如图5-7(e)所示)的平衡方程,可得

$$k_{11}=11i,\quad R_{1\Delta}=\frac{9i}{l}c$$

代入位移法典型方程并求解后可得

$$Z_1=-\frac{9c}{11l}$$

按图5-7(c)、(d)经叠加计算可得图5-7(f)所示的最终弯矩图。

*说明:下面以两种方案计算超静定结构位移,校核此例的变形条件,其一是,取左端固定、长$2l$、右端受向下单位力作用的悬臂梁为单位力状态,将其单位弯矩图和图5-7(f)所示的最终弯矩图相乘,可得

$$\Delta=-\frac{1}{EI}\times\frac{1}{2}\times\frac{60EI}{11l^2}c\cdot l\times\frac{2}{3}l+\frac{1}{2EI}\times\frac{1}{2}\times\frac{156EI}{11l^2}c\cdot l\times\frac{5}{6}\times 2l-\frac{1}{2EI}\times\frac{60EI}{11l^2}c\cdot l\times\frac{3}{4}\times 2l=0$$

与原结构已知位移条件相符。

另一方案是,取图5-7(g)所示外伸梁为单位力状态,将图5-7(g)的单位弯矩图和图5-7(f)所示的最终弯矩图相乘,将得

$$\Delta=-\frac{1}{EI}\times\frac{1}{2}\times\frac{60EI}{11l^2}c\cdot l\times\frac{2}{3}l+\frac{1}{2EI}\times\frac{1}{2}\times\frac{156EI}{11l^2}c\cdot l\times\frac{1}{3}\times l-\frac{1}{2EI}\times\frac{60EI}{11l^2}c\cdot l\times\frac{1}{2}\times l=-2c\neq 0$$

为什么两方案结果不一样?哪里出错了?对于支座位移引起的超静定结构位移计算,应该注意什么问题?请读者自行研究。

例题5-3 试作图5-8(a)所示刚架由于温度改变引起的弯矩图。$i=\frac{EI}{l}$。

解:同支座位移情况相同,基本结构和外因无关,因此本例只有一个刚结点角位移基本未知量Z_1,如图5-8(b)所示基本结构只加一个结点转动约束。但这里有必要再次强调的是,所加刚臂只限制转动不限制线位移。

由于本例温度改变可分解成如图5-8(c)、(e)所示两种情况。图5-8(c)情况杆轴线温度改变$t_0=1.5t$℃时,杆件将产生伸长,因刚臂不能限制线位移,故基本结构将产生图5-8(c)所示的结点线位移。根据所产生的线位移由形常数可作出图5-8(d)所示轴线温度改变弯矩图,记作M_{t0}。对于图5-8(e)所示两侧温差$\Delta t=t$℃情况,可查表5-1载常数作出图5-8(e)所示的温差弯矩图,记作$M_{\Delta t}$。

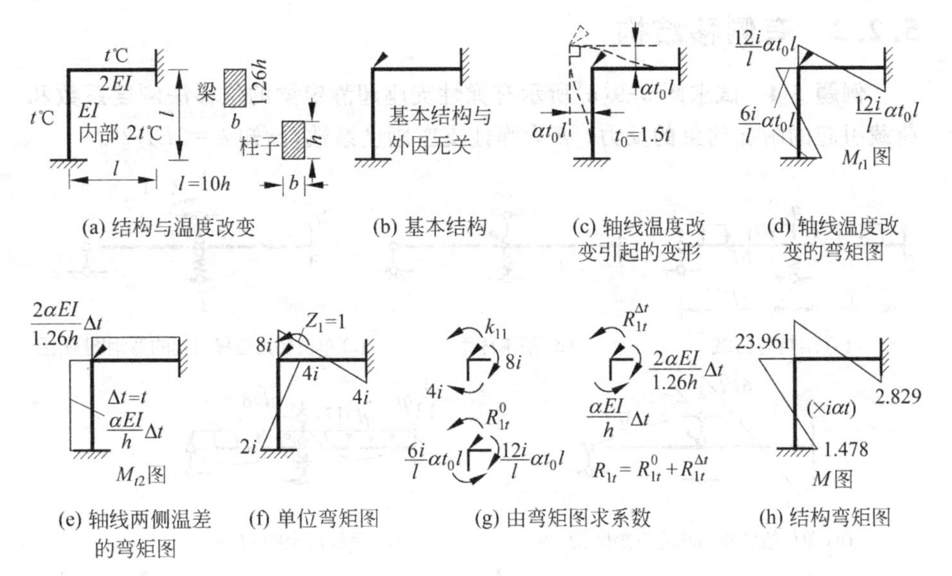

(a) 结构与温度改变　(b) 基本结构　(c) 轴线温度改变引起的变形　(d) 轴线温度改变的弯矩图

(e) 轴线两侧温差的弯矩图　(f) 单位弯矩图　(g) 由弯矩图求系数　(h) 结构弯矩图

图 5-8　用位移法计算温度改变问题

由两端固定单元的形常数可作出单位弯矩图，如图 5-8(f)所示。有了单位弯矩图和广义荷载弯矩图，即可如图 5-8(g)由刚结点力矩平衡求得

$$k_{11}=12i,\quad R_{1t}=R_{1t}^{0}+R_{1t}^{\Delta t}=37\alpha ti/3$$

代入位移法典型方程 $k_{11}Z_1+R_{1t}=0$ 并求解，可得 $Z_1=-37\alpha t/36$。

据此，由 $\overline{M}_1Z_1+M_{t0}+M_{\Delta t}=M$ 进行叠加，可得图 5-8(h)所示最终弯矩图。

几点说明：

(1) 对温度改变问题，首先根据内、外侧具体温度变化值将其分解成轴线平均温度改变和两侧温差改变两种情况。

(2) 温度引起的基本结构弯矩图由两部分构成：由轴线温度改变产生杆件自由伸缩的结点线位移所引起；由轴线两侧温差所引起。前者，需首先分析基本结构杆件自由伸缩所引起的结点线位移。后者，可直接查载常数表而得到。

(3) 位移法手算求解温度改变问题时，仍然遵循本节开始时的假定：不计轴向变形。但是，有杆件轴线温度改变时，必须考虑杆件的温度伸缩所产生的内力。

(4) 计算温度改变超静定结构某指定位移时，必须既考虑多余约束力引起的位移，也要考虑温度改变引起的位移，应该用多因素位移计算公式计算。

5.2.2 有侧移结构

例题 5-4 试求图 5-9(a)所示有弹性支座超静定梁的位移法刚度系数和荷载引起的附加约束的反力。k 为弹性支座刚度系数,已知 $k=3EI/l^3$。

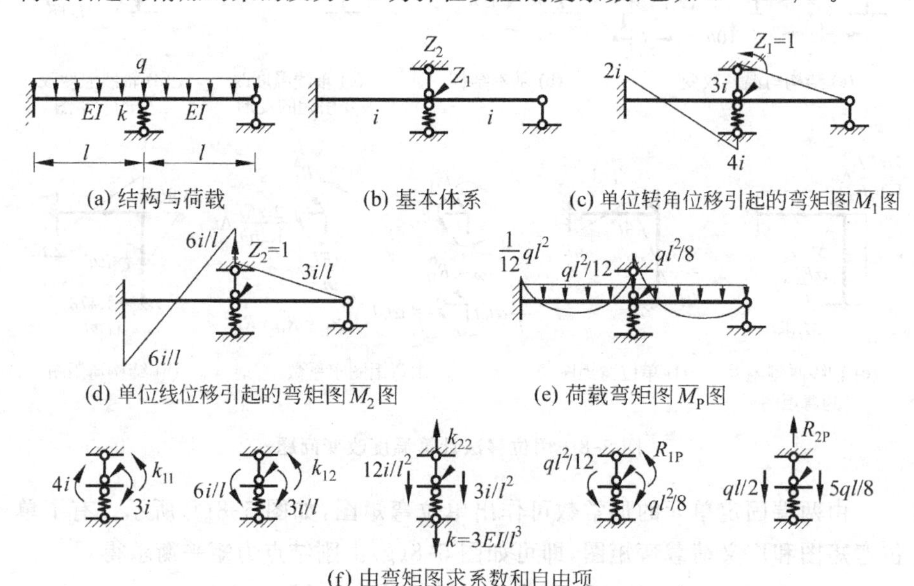

图 5-9 具有弹性支座结构位移法计算

解:因为有一个刚结点,因此 $n_a=1$。但本题跨中是弹性支座,荷载下弹性支座无疑要变形,因为是超静定结构,支座反力现在未知,所以这个支座的位移也是未知的,由此可知 $n_l=1$。据此分析可得图 5-9(b)所示基本结构。

得出基本结构后,其余的工作完全和前面的例子相仿,由形常数作单位弯矩图如图 5-9(c)、(d),由载常数作荷载弯矩图如图 5-9(e)。如图 5-9(f)所示,可求得全部系数如下:

$$k_{11}=7i,\quad k_{12}=k_{21}=-3i/l,\quad k_{22}=18i/l^2,$$

$$R_{1P}=ql^2/24,\quad R_{2P}=9ql/8$$

位移法方程为

$$k_{11}Z_1+k_{12}Z_2+R_{1P}=0$$

$$k_{21}Z_1+k_{22}Z_2+R_{2P}=0$$

得

$$7iZ_1 - \frac{3i}{l}Z_2 + \frac{ql^2}{24} = 0$$

$$-\frac{3i}{l}Z_1 + \frac{18i}{l^2}Z_2 + \frac{9ql}{8} = 0$$

由此可解得未知位移并进一步作出最终弯矩图。

两点说明：

(1) 任何具有弹性支座的问题都应该按此思路求解，也即弹性支座处必须加限制位移的约束。抗线位移的弹簧加链杆约束，抗转动的弹簧加刚臂约束。

(2) 建议读者作为练习，自行完成本题余下的计算，作出最终弯矩图。

例题 5-5 试作图 5-10(a)所示有侧移刚架的弯矩图。$i=\frac{EI}{l}$。

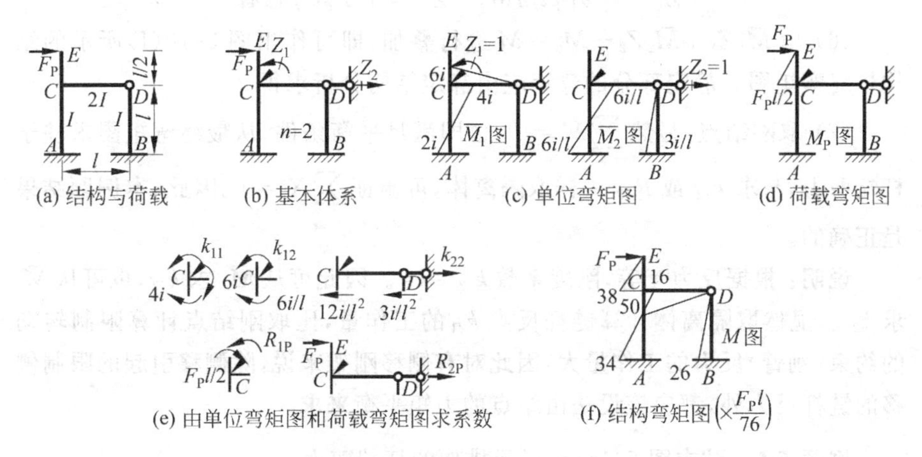

图 5-10 例题 5-5 结构及求解

解：(1) 按位移法基本未知量确定方法，EC 是静定部分，不加约束。C 为刚结点，有一个角位移。将刚结点变成铰结体系时几何可变，需在 C 或 D 处加水平链杆消除可变，故独立线位移 $n_l=1$，为 C 或 D 结点的水平位移。由此得 $n=n_a+n_l=1+1=2$，因此基本体系如图 5-10(b)所示。此体系中 AC 为两端固定单元，BD、CD 均为一端固定一端铰结单元。

(2) 设刚结点角位移为 Z_1，独立线位移为 Z_2。令其分别产生单位位移，则由三类单元的形常数可作出单位弯矩图 $\overline{M}_1$ 和 $\overline{M}_2$，如图 5-10(c)所示。

(3) 荷载下悬臂部分弯矩图按静定结构作出，超静定部分无荷载，因此基本结构荷载弯矩图 M_P，如图 5-10(d)所示。

(4) 按图 5-10(e)求系数，由刚结点的力矩平衡，从 $\overline{M}_1$ 图可求得刚度系

数 $k_{11}=10i$,从 $\overline{M}_2$ 图可求得刚度系数 $k_{12}=k_{21}=6i/l$。

从 $\overline{M}_2$ 图取柱子为隔离体,由弯矩求出剪力(无荷载时剪力等于两端杆端弯矩之和除以杆长)。然后再取如图 5-10(e) 所示隔离体,由 $\sum X=0$,可求得刚度系数 $k_{22}=15i/l^2$。

同理,从 M_P 图可求得广义荷载反力系数 $R_{1P}=F_P l/2, R_{2P}=-F_P$。其计算过程如图 5-10(e)所示。

(5) 根据约束总反力为零,可得位移法方程

$$k_{11}Z_1+k_{12}Z_2+R_{1P}=0$$
$$k_{21}Z_1+k_{22}Z_2+R_{2P}=0$$

代入系数并求解,可得

$$Z_1=-9F_P l/76i,\quad Z_2=13F_P l^2/114i$$

(6) 由 $\overline{M}_1Z_1+\overline{M}_2Z_2+M_P=M$ 进行叠加,即可作出图 5-10(f)所示的结构最终弯矩图。静定部分的弯矩应由静定结构分析求得。

(7) 取刚结点,显然 $\sum M=0$,也即满足平衡条件。从最终弯矩图求柱子杆端剪力,与求 k_{22} 或 R_{2P} 一样取隔离体,可验证 $\sum X=0$。因此,本例题结果是正确的。

说明:根据反力互等,刚度系数 $k_{12}=k_{21}$。因此可从 $\overline{M}_2$ 求 k_{12},也可从 $\overline{M}_1$ 求 k_{21}。显然取隔离体计算链杆反力 k_{21} 的工作量,比取刚结点计算限制转动的约束(刚臂)反力的工作量大,因此对有侧移刚架来说,除侧移引起的限制侧移的链杆反力外,都应该设法由结点的力矩平衡来求。

例题 5-6 试求图 5-11(a)所示排架的杆端剪力。

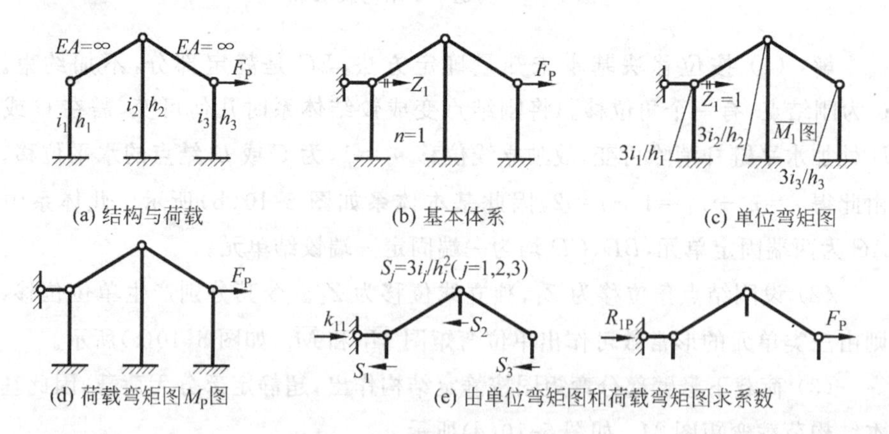

图 5-11 例题 5-6 结构及求解

解：(1) 此排架无刚结点，三柱平行，柱顶各结点水平位移相同，为基本未知量 Z_1，故位移法基本未知量 $n=n_a+n_l=0+1=1$，取基本体系如图 5-11(b)所示。基本体系中三柱均为一端固定一端铰结单元。

(2) 令结点线位移 Z_1 产生单位位移，则由三个单元的形常数可作出单位弯矩图 $\overline{M}_1$，如图 5-11(c)所示。由于荷载作用在铰结点，因此基本结构荷载作用无弯矩 $M_P=0$，如图 5-11(c)所示。

(3) 按图 $\overline{M}_1$，由各柱子弯矩可求得柱顶剪力(也可直接查表 5-1 序号 7 得到)，记柱顶剪力为 $S_j=\dfrac{3i_j}{h_j^2}(j=1,2,3)$，也即柱端单位位移所需施加的力，称为柱子的**侧移刚度**。由 $\overline{M}_1$ 图取隔离体，由 $\sum F_x=0$，可求得刚度系数 $k_{11}=\sum\limits_j S_j=\sum\limits_j\dfrac{3i_j}{h_j^2}$。由 M_P 图取隔离体，列 $\sum F_x=0$，可得 $R_{1P}=-F_P$。如图 5-11(e)所示。

(4) 根据约束总反力为零，可得位移法典型方程

$$k_{11}Z_1+R_{1P}=0$$

代入系数并求解，可得

$$Z_1=\frac{F_P}{\sum\limits_j S_j}。$$

(5) 由 $\overline{M}_1Z_1=M$ 可得排架最终弯矩图，并可求出柱顶剪力为 $S_jZ_1=\dfrac{S_j}{\sum\limits_j S_j}F_P$。记 $\mu_j=S_j\Big/\sum\limits_j S_j$，称为**剪力分配系数**，则各柱顶剪力为 μ_jF_P。这表明，单层排架当仅在柱顶受水平荷载时，柱顶剪力是按各柱子的侧移刚度来分配的。剪力分配系数的分母等于各柱侧移刚度总和，分子为各柱侧移刚度。有了这个结论，今后类似的排架计算就可不必按位移法的步骤进行了，而变成首先确定各柱的侧移刚度，进而计算剪力分配系数，然后分配得到各柱柱顶剪力，分别乘以柱高即可获得柱底弯矩，从而作出弯矩图。

两点说明：

(1) 上例第(5)点所述的方法称为**剪力分配法**。但请注意，上例推导是有条件的：两端铰结梁的抗拉刚度无限大、仅在柱顶作用水平荷载和仅有一个线位移未知量。当这些条件不满足时，剪力分配法不适用，仍需按一般位移法求解。

(2) 如果本例左、右两边柱分别受有 q_1 和 q_2 均布荷载作用，如图 5-12(a)所示，则可按图 5-12(b)、(c)求解得到。图 5-12(b)为无结点位移情况，因此其弯矩图可直接从载常数得到。再从弯矩图求柱端剪力，然后由隔离体平

衡可求得链杆反力F_R。图5-12(c)即为本例情况,可用剪力分配法求解。两者叠加即为原结构的结果。建议读者自行按此思路进行分析计算,作出图5-12(a)结构的弯矩图。为简化计算结果,假设$h_1=h_3$,$i_1=i_3$,$i_2=1.5i_1$,$h_2=1.2h_1$,$q_2=0.6q_1$。

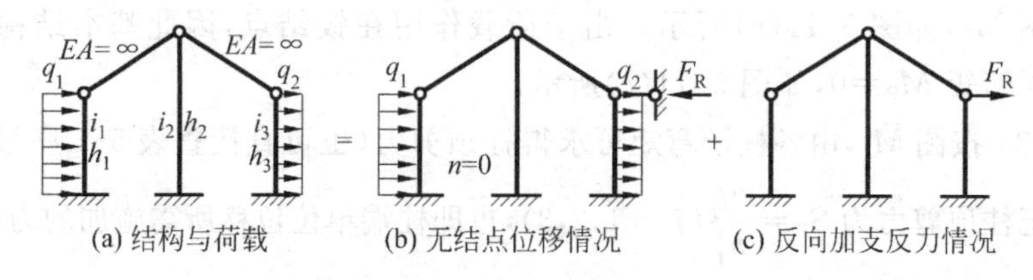

图5-12 非结点荷载情况

5.3 无侧移结构的弯矩分配法

在20世纪五、六十年代,当时的计算工具是"计算尺",为了解决实际工程力法、位移法未知量太多、求解困难的问题,曾经提出过许多种适合手算的逐渐逼近算法。尽管现在计算机已经相当普及,大多数设计单位都已经用计算机辅助设计(CAD)软件进行设计,这些算法的价值已大为降低。但是,考虑到工程技术人员仍有可能遇到需要手算求解的情况,因此仍介绍渐进解法中最基本的一种方法——弯矩分配法。

首先要说明的是,单纯使用弯矩分配法是有条件的:所分析的结构必须没有线位移。一些对称的多层多跨刚架最终可化为图5-13所示无侧移刚架,一些主次梁结构分析中,次梁可化为多跨连续梁,它们都是无线位移的,因此都可以单纯用弯矩分配法求解。

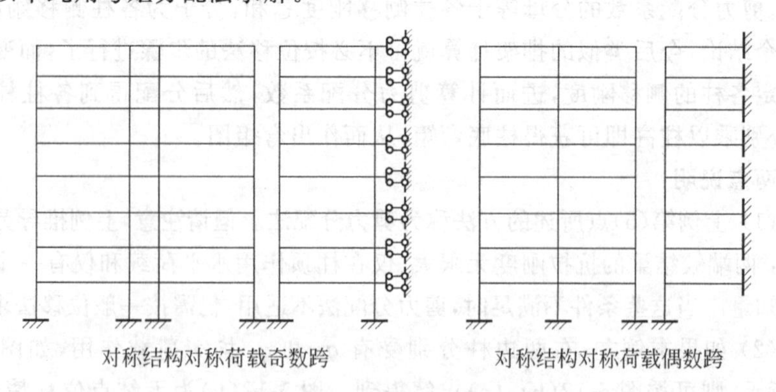

图5-13 可化为无线位移的结构例子

5.3.1 基本概念

1. 单结点弯矩分配

在例题 5-6 中总结出了所谓**剪力分配法**。与此相似，首先通过图 5-14 所示结构的位移法分析，引入弯矩分配法的基本思想和有关概念。

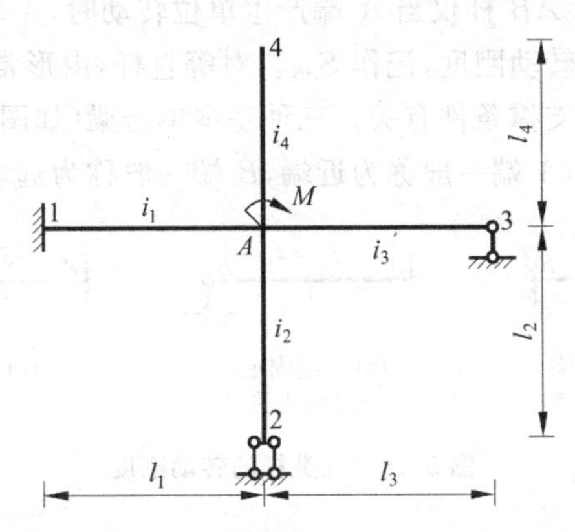

图 5-14 说明基本思想的结构计算简图

设图示结构各杆的线刚度分别记为

$$i_j = \frac{EI_j}{l_j}, \quad j = 1,2,3,4$$

按位移法可得图 5-15 所示单位弯矩图和荷载弯矩图。由此可得

$$k_{11} = 4i_1 + i_2 + 3i_3 + 0 \times i_4, \quad R_{1P} = -M$$

由位移法方程可求得： $Z_1 = M/k_{11}$

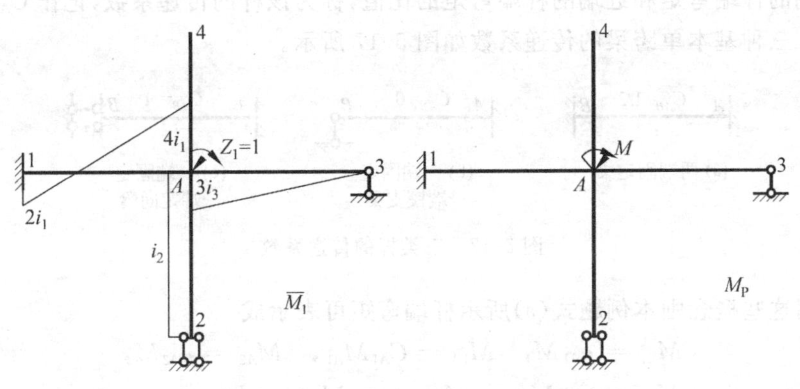

图 5-15 单位位移和荷载弯矩图

再由 $\overline{M}_1 Z_1 + M_P$ 叠加可得：

$$M_{A1} = \frac{4i_1}{k_{11}}M,\quad M_{1A} = \frac{2i_1}{k_{11}}M,\quad M_{A2} = \frac{i_2}{k_{11}}M,$$

$$M_{2A} = -\frac{i_2}{k_{11}}M,\quad M_{A3} = \frac{3i_1}{k_{11}}M \tag{a}$$

其他为零。像剪力分配法一样，引入如下基本概念：

(1) **转动刚度** AB 杆仅当 A 端产生单位转动时，A 端产生的杆端弯矩，称为 AB 杆 A 端的转动刚度，记作 S_{AB}。对等直杆，由形常数可知 S_{AB} 只与杆的线刚度及 B 端的支撑条件有关。三种基本单跨梁(如图 5-16 所示)的转动刚度分别为 $4i$、$3i$、i，A 端一般称为近端，B 端一般称为远端。

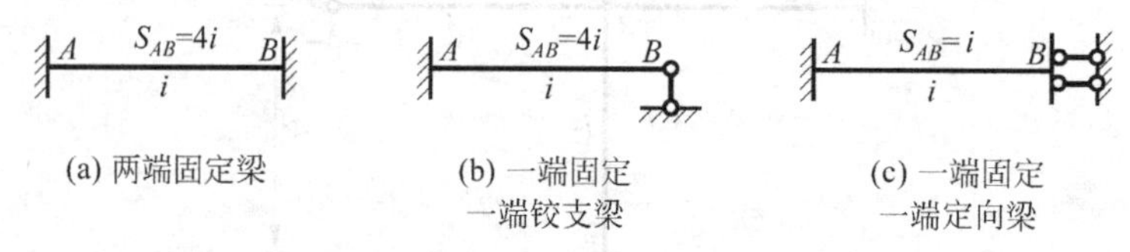

图 5-16 三类杆的转动刚度

(2) **分配系数** 以结构交汇于 A 结点各杆的转动刚度总和为分母，而以某杆该端的转动刚度为分子，计算得到的值称为该杆 A 结点的分配系数，记作 μ_{Ai}。故 Ai 杆的分配系数为：

$$\mu_{Ai} = \frac{S_{Ai}}{\sum_j S_{Aj}},\quad i = 1,2,3,4 \tag{b}$$

显然，A 结点各杆的分配系数总和应等于 1。

(3) **传递系数** 三类位移法基本杆件 AB，当仅其 A 端产生转角位移时，远端的杆端弯矩和近端的杆端弯矩的比值，称为该杆的传递系数，记作 C_{AB}。

三种基本单跨梁的传递系数如图 5-17 所示。

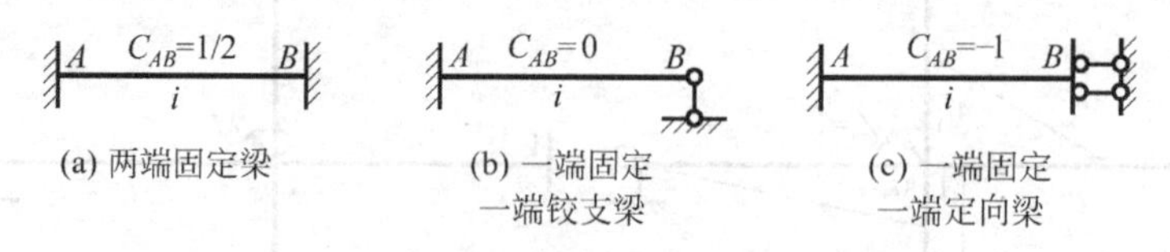

图 5-17 三类杆的传递系数

利用这些概念则本例题式(a)所示杆端弯矩可表示成

$$M_{A1} = \mu_{A1}M,\quad M_{1A} = C_{A1}M_{A1},\quad M_{A2} = \mu_{A2}M,$$

$$M_{2A} = C_{A2}M_{A2},\quad M_{A3} = \mu_{A3}M \tag{c}$$

也就是说作用于结点的力偶 M 将按各杆该端的分配系数进行分配，然后再按传递系数传送到远端而得到各杆的杆端弯矩，不必再一步步按位移法进行求解。这可以看成是由位移法导出弯矩分配法的基本思想。

可是，上述例题局限性很大，图 5-14 所示结构仅受结点力偶作用。非结点力偶作用时该怎么办呢？为此假设图 5-14 所示结构各杆都受有荷载，在荷载作用下位移法基本结构由载常数可得各杆端的固端弯矩（顺时针为正）分别为

$$M_{Ai}^{\mathrm{F}},\ M_{iA}^{\mathrm{F}},\quad i=1,2,3,4$$

由此可得

$$R_{1\mathrm{P}}=\sum_{j=1}^{4}M_{Aj}^{\mathrm{F}},\quad Z_1=-\frac{R_{1\mathrm{P}}}{k_{11}}$$

对比结点力偶作用，此时相当于作用有一个 $M=-R_{1\mathrm{P}}$ 的集中力偶。再由 $\overline{M}_1Z_1+M_{\mathrm{P}}$ 叠加且考虑到上述分配思想即可得

$$M_{Ai}=\mu_{Ai}M+M_{Ai}^{\mathrm{F}},\quad M_{iA}=C_{Ai}M+M_{iA}^{\mathrm{F}} \tag{d}$$

也就是说，对于单个结点转角的结构，可以像位移法一样先用刚臂固定结点，由载常数求得刚臂约束的反力 $R_{1\mathrm{P}}$，然后根据“远端”约束条件确定各杆端的转动刚度、分配和传递系数，按刚臂约束反力 $R_{1\mathrm{P}}$ 的反号进行分配，将分配所得弯矩按传递系数传到他端，最后再与固定端弯矩叠加即可得到各杆的杆端弯矩。这一从位移法导出的经分配、传递直接求得杆端弯矩的方法即为**单结点的弯矩分配法**。其实质是先像位移法一样加约束将结点锁住获得不平衡力矩，然后通过分配和传递释放结点，使产生实际的结点位移而达到平衡。

为了便于下面多结点弯矩分配法思想的说明，除上述已经引入的三个概念外，再补充如下概念：

(4) **不平衡力矩** 结构无结点转角位移时，交汇于 A 结点各杆固端弯矩的代数和称为结点的不平衡力矩。它可由位移法三类杆件的载常数求得。

(5) **分配力矩** 将 A 结点的不平衡力矩改变符号，乘以交汇于该点各杆的分配系数，所得到的杆端弯矩称为该点各杆的分配力矩（分配弯矩，也即 $-\mu_{Ai}R_{1\mathrm{P}}$）。

(6) **传递力矩** 将 A 结点各杆的分配力矩乘以传递系数，所得到的杆端弯矩称为该点远端的传递力矩（传递弯矩，也即 $-\mu_{Ai}R_{1\mathrm{P}}C_{Ai}$）。

2. 多结点弯矩分配

对于单结点弯矩分配法如上所述，它是位移法的变种（求解步骤不同，实质一样），是一种精确的方法。那么对多结点情况能否不列位移法方程，也通过分配、传递等步骤来解决呢？这时解答是否还是精确的呢？

由分配系数的计算公式可见,分配系数恒小于1。另外,支座处只接受传递来的力矩(因为支座刚度可视为无限大,因此支座处杆端的分配系数为零)不再分配,所以传递系数也小于1。注意到这一点,就不难理解多结点结构的弯矩分配可按如下步骤经一系列的单结点弯矩分配使结构逐渐趋于平衡:

(1) 首先将结构能产生转角位移的全部结点锁定,根据载常数计算出各杆端的固端弯矩。

(2) 在锁定情况下确定各杆端的转动刚度,并计算各结点杆端的分配系数,确定各杆的传递系数。

(3) 选定一个每结点均作单结点弯矩分配的顺序(顺序可任意设定,一般来说按结点不平衡力矩大小,先分配不平衡力矩大的再分配小的,这样做收敛速度快一些),在其他结点都仍然锁定的前提下,按此顺序进行单结点分配。对第一个结点不平衡力矩为该结点固端弯矩的代数和,对第一轮分配的其他结点,不平衡力矩为该结点固端弯矩和传递力矩的代数和。当按此顺序做完一轮分配、传递后,不平衡力矩为传递力矩的代数和。

(4) 当不平衡力矩小到可以忽略时(也称为达到精度要求时,一般来说工程要求作2到3轮分配、传递即可)结束分配,求同一杆端的固端弯矩、分配力矩和传递力矩的代数和,它就是该杆端的最终杆端弯矩。

为什么可以这样做呢?由单结点分配的物理实质可知,每次进行单结点分配是放松该结点使其产生转动,从而让该结点达到在其他结点锁住的情况下的平衡。由于分配和传递系数小于1,第二轮分配的不平衡力矩一定比第一轮时小得多,因此一轮一轮的分配、传递就会使不平衡力矩越来越小,也即各结点越来越接近于平衡。从位移法可知,全部结点平衡的解答就是问题的精确解。因此,这样做是可以使杆端弯矩趋近于真实解的。由于实际上并非做无限轮分配、传递,所以这样做所得到的解答是一种渐近的解答。

位移法是一次同时放松全部结点位移,结果导致要解线性代数方程组。上述步骤的弯矩分配,由于每次只做单结点分配、传递,在做每个单结点分配时已经考虑了前面分配结点的传递,从数学上来说,这就是线性方程组的异步迭代法(也称赛德尔迭代)。

5.3.2 弯矩分配举例

例题5-7 试用弯矩分配法求图5-18(a)所示的无侧移刚架结构弯矩图。

解:这是一个单结点弯矩分配问题。首先根据题目条件锁定D结点,可作出图5-18(b)所示固端弯矩图。再根据题目条件可得各杆件的线刚度分别为$i_{DA}=\dfrac{EI}{4.5\text{m}}$,$i_{DB}=\dfrac{EI}{5\text{m}}$,根据他端支承条件各杆件的转动刚度分别为$S_{DA}=$

$\frac{4EI}{4.5\text{m}}$，$S_{DB}=\frac{4EI}{5\text{m}}$，由此可得分配系数为

$$\mu_{DA}=\frac{S_{DA}}{S_{DA}+S_{DB}}=0.526,\quad \mu_{DB}=\frac{S_{DB}}{S_{DA}+S_{DB}}=0.474,\quad \mu_{DC}=0.0$$

有了这些结果，可以如图 5-18(c)(或表 5-2)进行分配、传递和叠加。根据杆端弯矩作出图 5-18(d)所示最终弯矩图。

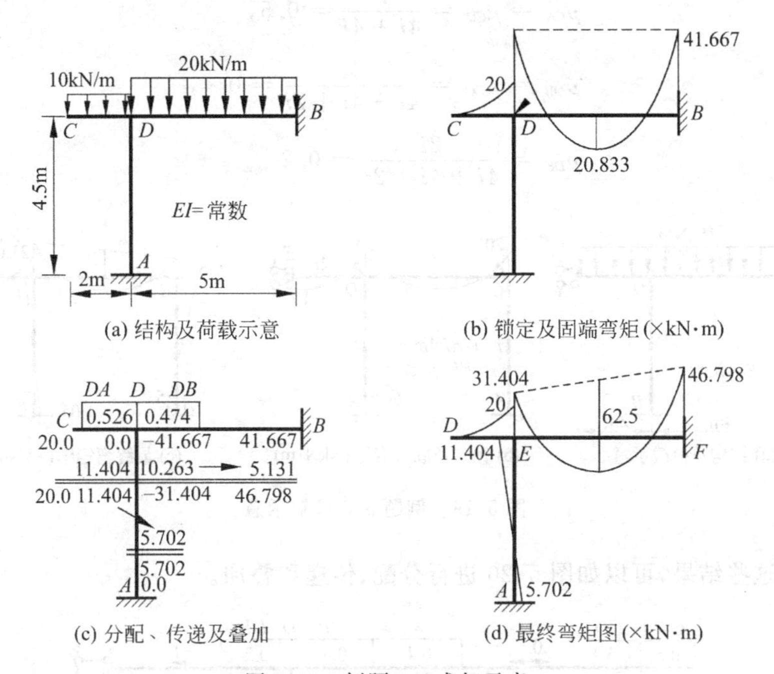

图 5-18 例题 5-7 求解示意

表 5-2

结点	C	D			B	A
杆端	*CD*	*DC*	*DB*	*DA*	*BD*	*AD*
分配系数		0	0.474	0.526		
固端弯矩(kN·m)		20	−41.667		41.667	
分配与传递(kN·m)		0	10.263	11.404	5.131	5.702
最终弯矩(kN·m)	0	20	−31.404	11.404	46.798	5.702

例题 5-8 试用弯矩分配法求图 5-19(a)所示的无侧移刚架的弯矩图(分

配2轮)。

解:这是两个结点弯矩分配问题。首先根据题目条件锁定C、D刚结点,可作出图5-19(b)所示固端弯矩图。再根据题目条件可得各杆件的线刚度如图所示,根据他端支承条件,可得转动刚度分别为$S_{CA}=S_{CD}=S_{DB}=S_{DC}=4i$,$S_{DE}=2i$,由此可得分配系数为

$$\mu_{CA}=\mu_{CD}=\frac{4i}{4i+4i}=0.5,$$

$$\mu_{DB}=\mu_{DC}=\frac{4i}{4i+4i+2i}=0.4,$$

$$\mu_{DE}=\frac{2i}{4i+4i+2i}=0.2$$

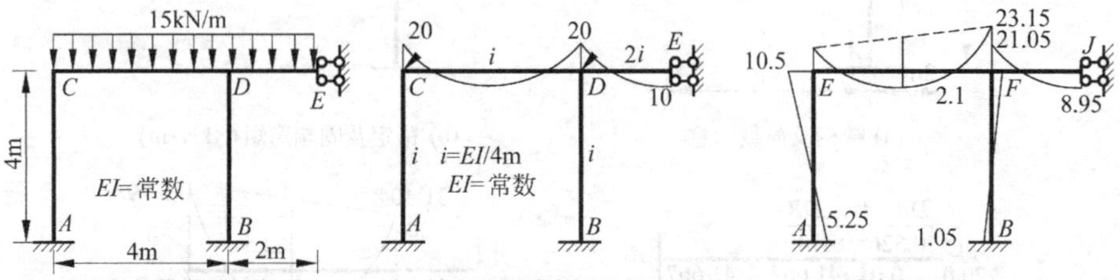

15kN/m
C D E
4m
EI=常数
A B
4m 2m
(a) 结构及荷载示意

20 20
i 2i
C D E
10
i i=EI/4m i
EI=常数
A B
(b) 锁定及固端弯矩(×kN·m)

23.15
21.05
10.5
E 2.1 F J
8.95
A 5.25
1.05 B
(c) 最终弯矩图(×kN·m)

图5-19　例题5-8求解示意

有了这些结果,可以如图5-20进行分配、传递和叠加。

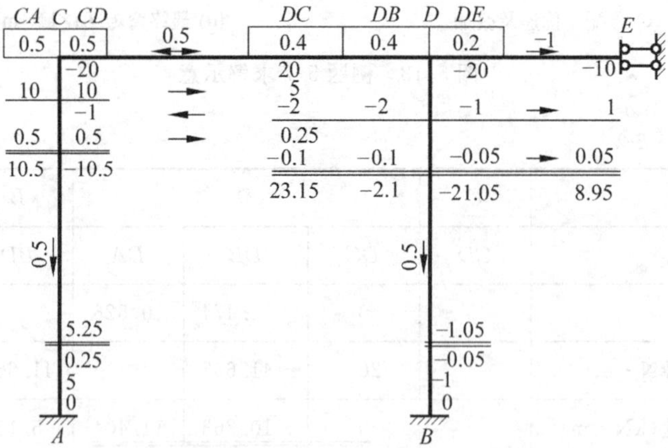

CA	CD		DC	DB	DE	E
0.5	0.5		0.4	0.4	0.2	
	−20		20		−20	−10
10	10	→	5			
	−1	←	−2	−2	−1	1
0.5	0.5	→	0.25			
			−0.1	−0.1	−0.05	0.05
10.5	−10.5		23.15	−2.1	−21.05	8.95

AC	BD
0	0
5	−1
0.25	−0.05
5.25	−1.05

(传递系数：C→A 0.5，D→B 0.5，C↔D 0.5，D→E −1)

图5-20　分配、传递与叠加示意

图5-20也可以如表5-3所示。

表 5-3

结点	A	C		D			E	B
杆端	AC	CA	CD	DC	DB	DE	ED	BD
分配系数		0.5	0.5	0.4	0.4	0.2		
固端弯矩(kN·m)		−20	20		−20	−10		
分配与传递(kN·m)	5	10	10	5				
			−1	−2	−2	−1	1	−1
	0.25	0.5	0.5	0.25				
				−0.1	−0.1	−0.05	0.05	−0.05
最终弯矩(kN·m)	5.25	10.5	−10.5	23.15	−2.1	−21.05	8.95	−1.05

思考题

1. 超静定结构的超静定次数、位移法基本未知量个数是否唯一？为什么？

2. 如何理解两端固定梁的形、载常数是最基本的，一端固定一端铰支和一端固定一端定向这两类梁的形、载常数可认为是导出的？

3. 用位移法典型方程求解时，如何体现超静定结构必须综合考虑“平衡、变形和本构关系”三方面的原则？

*4. 支座位移、温度改变等作用下的位移法求解是如何处理的？

5. 荷载作用下为什么求内力时可用杆件的相对刚度，而求位移时必须用绝对刚度？

6. 在力法和位移法中，各以什么方式满足平衡和位移协调条件？

7. 非结点的截面位移可否作为位移法的基本未知量？位移法能否解静定结构？

8. 不平衡力矩如何计算？为什么不平衡力矩要反号分配？

9. 何谓转动刚度、分配系数、分配弯矩、传递系数、传递弯矩？它们如何确定或计算？

10. 为什么弯矩分配法随分配、传递的轮数增加会趋于收敛？

11. 弯矩分配法的求解前提是无结点线位移，为什么连续梁有支座已知位移时，结点有线位移，而仍然能用弯矩分配法求解？

*12. 图示刚架能否用弯矩分配法求解？

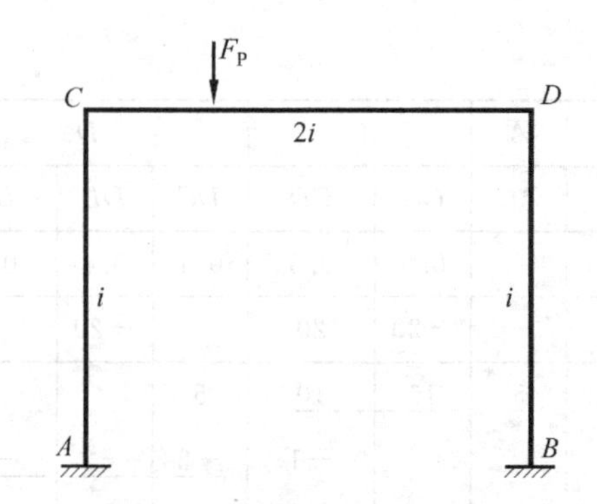

习题

5-1 试确定图示结构位移法的基本未知量数。

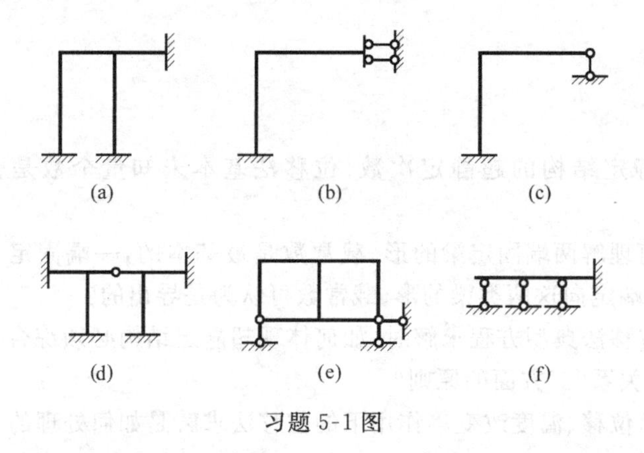

习题 5-1 图

5-2 试用位移法计算图示结构，并作内力图。EI 为常数。

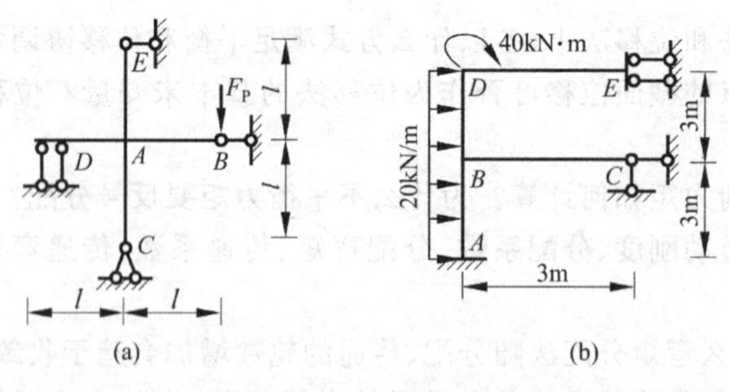

习题 5-2 图

5-3 试用位移法计算图示结构，并作弯矩图。EI 为常数。

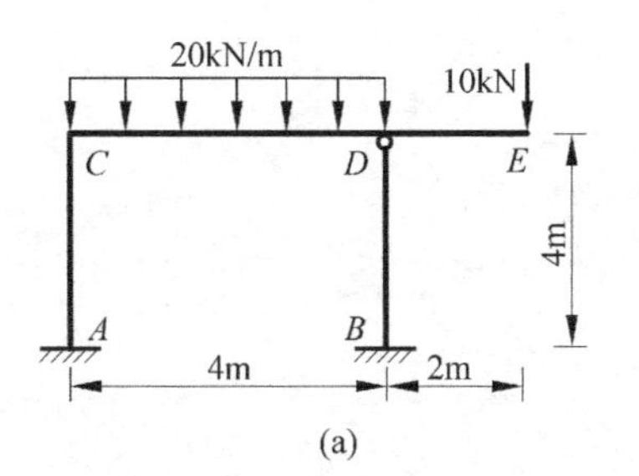

(a)

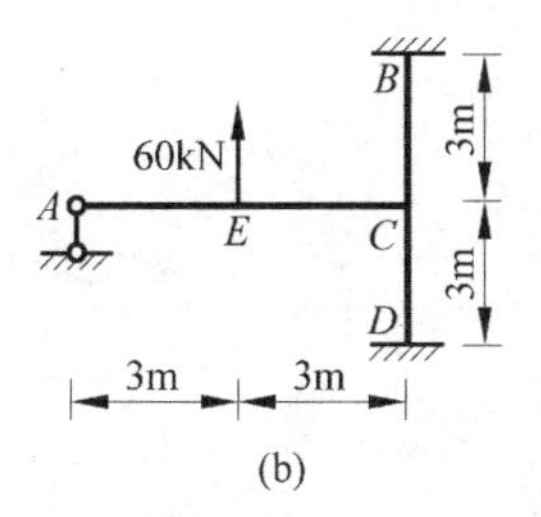

(b)

习题 5-3 图

*5-4 试用位移法计算图示结构，并作弯矩图(提示：结构对称)。

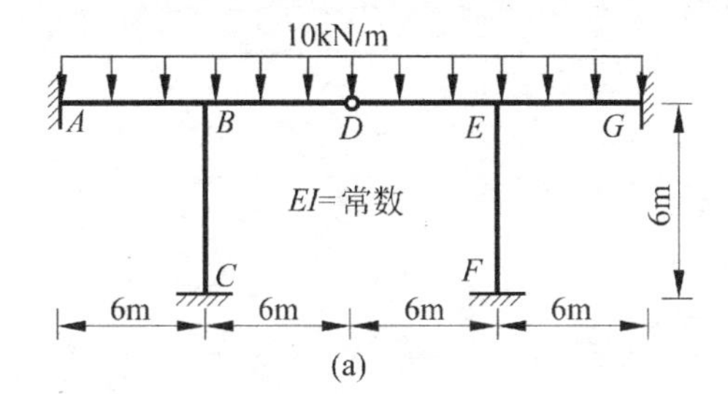

(a)

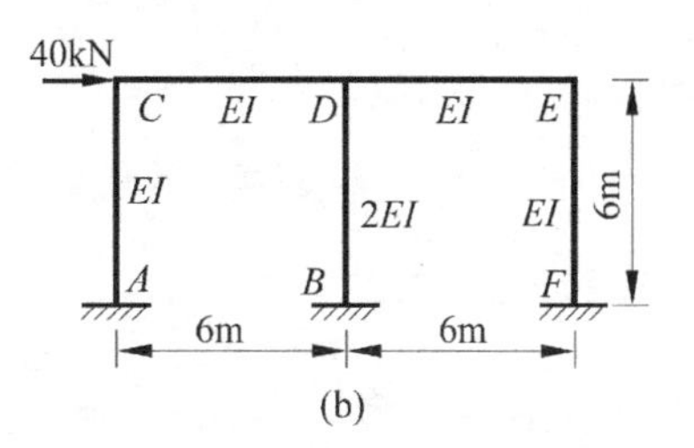

(b)

习题 5-4 图

*5-5 设支座 B 下沉 $\Delta_B = 0.5\text{cm}$，试作图示刚架的 M 图。

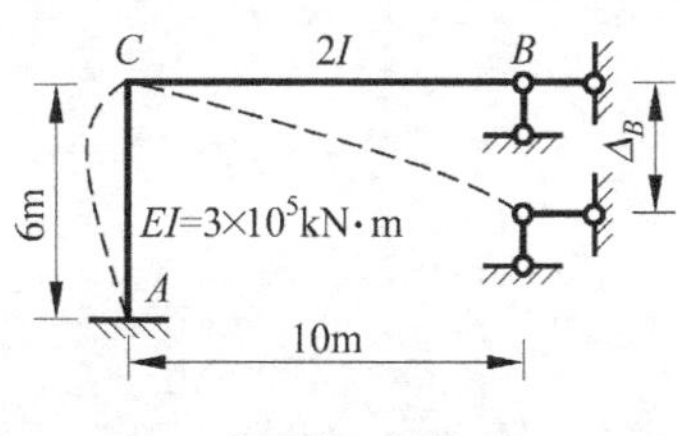

习题 5-5 图

5-6 试用弯矩分配法计算图示连续梁，并作 M 图。

5-7 试用弯矩分配法计算图示无侧移刚架，并作 M 图。各杆 EI 相等。

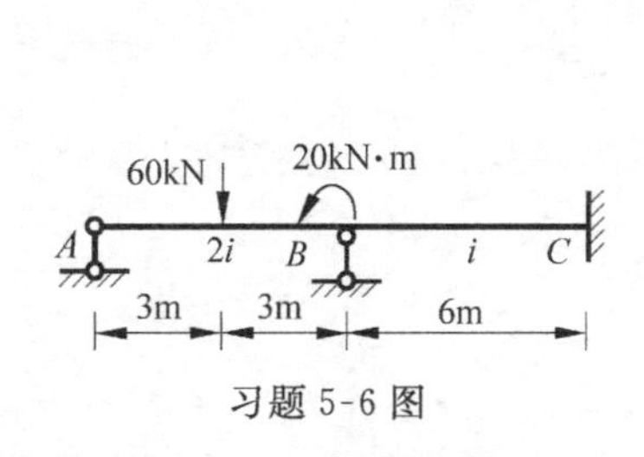

习题 5-6 图

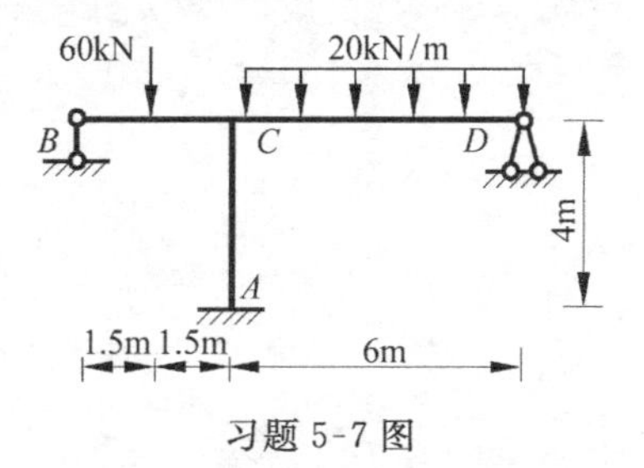

习题 5-7 图

第6章 影响线及其应用

本章首先介绍在单位移动荷载下物理量(反力、内力等)的变化规律图形——影响线及其作法,然后讨论实际移动荷载下,设计所关心物理量的计算问题。

6.1 基本概念

6.1.1 移动荷载与影响线

方向、大小和间距不变,仅作用位置变化的荷载称为**移动荷载**(moving load)。结构实际所承受的移动荷载是多种多样的,如桥梁所受的移动荷载可以是行驶中的一辆汽车或一个车队,也可能是火车或履带式车辆等。所受荷载不同,反力、内力等随荷载作用位置的变化规律自然也不同。为解决不同移动荷载作用下的计算,基于线弹性结构的叠加原理,可先确定结构在一个最简单的移动荷载——单位移动荷载(量纲一,大小为1的量)作用下的计算,然后利用叠加方法确定其他较复杂移动荷载作用下的结构计算。

定义 单位移动荷载作用下,结构反力、内力等影响系数随荷载位置变化的函数关系,称为反力、内力等的影响系数方程,对应的函数图形称为反力、内力等的**影响线**(influence line 缩写为 I. L.)。为便于说明,以下把反力、内力等统称为物理量。

必须注意:定义中"单位移动荷载"作用下的影响系数应该理解为:在单个移动荷载 F_P 作用下结构中某指定物理量与荷载 F_P 的比值。习惯上以在结构上移动的 $F_P=1$(即量纲一)表示"单位移动荷载"。因此,物理量影响系数的量纲是物理量的量纲和移动荷载量纲之比。例如单位移动荷载 F_P 是集中力,则弯矩影响线的量纲为L,剪力影响线的量纲为量纲一等。

6.1.2 内力影响线与内力图

按上述定义所谓内力影响线是横坐标为单位移动荷载的作用位置,纵坐标为单位移动荷载在此位置时内力的大小。而以前各章所讨论的内力图,则是在给定(不变的)荷载下各截面的内力大小。这时横坐标是截面位置,纵坐标为该截面的内力大小。显然两者是不同的,初学者要很好地理解这两者的不同点。

对于线弹性结构,影响线是移动荷载作用下结构设计的重要工具。

作结构上物理量的影响线有两种基本方法:**静力法**(static method),**虚功法**或者称**机动法**(kinematics method)。

6.2 静力法作影响线

利用结构在 $F_P=1$ 移动荷载下的静力求解方法,建立物理量(影响系数)与荷载 $F_P=1$ 位置间的函数关系式,即影响系数方程,然后由方程做出影响线。这一方法称为静力法,具体步骤为:

(1) 确定坐标系,以坐标 x 表示荷载 $F_P=1$ 的位置;

(2) 将 x 看成是不变的,$F_P=1$ 看成是固定荷载,确定所求影响系数量的值即可得影响系数方程;

(3) 按影响系数方程做出影响线并标明正负号和控制点的纵坐标值。

正确的影响线应该具有"**正确的外形、必要的控制点纵坐标值和正负号**"。内力正负号规定与第2章相同。习惯上将纵坐标为正的影响线画于基线上方。

6.2.1 单跨静定梁影响线

对于图6-1(a)所示简支梁,其支座反力、C 截面弯矩和剪力影响线的静力法求解过程如下:

选 A 点为坐标原点,x 轴向右为正向。将单位荷载置于距坐标原点 x 处。

设反力 F_{Ay}、F_{By} 向上为正。取整体为隔离体并作受力图,如图6-1(b)所示,分别以 A、B 为矩心列力矩方程,得反力的影响系数方程为

$$\sum M_B=0,\quad F_{Ay}=1-\frac{x}{l},\quad \sum M_A=0,\quad F_{By}=\frac{x}{l}$$

由影响系数方程做出的反力影响线如图6-1(d)、(e)所示。

取 C 点左部分为隔离体,如图6-1(c)所示,由隔离体的平衡条件求 C 截

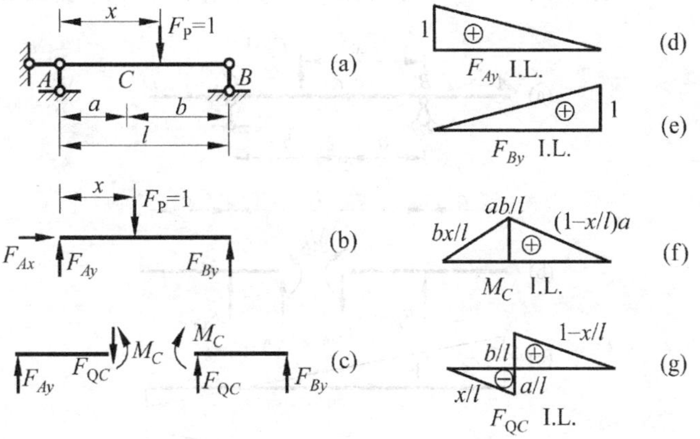

图 6-1　简支梁影响线

面剪力 F_{QC} 和弯矩 M_C。由于单位荷载是移动的，既可在 C 点左侧，也可在 C 点右侧，故影响系数方程应分别考虑。

当单位荷载在 C 点左侧时(取右部为隔离体)，即 $0 \leqslant x < a$，有

$$\sum M_C = 0,\quad M_C = F_{Ay}a - 1 \times (a - x) = \frac{b}{l}x$$

$$\sum F_y = 0,\quad F_{QC} = F_{Ay} - 1 = -\frac{x}{l}$$

当单位荷载在 C 点右侧时(取左部为隔离体)，即 $a < x \leqslant l$，有

$$\sum M_C = 0,\quad M_C = F_{Ay}a = \left(1 - \frac{x}{l}\right)a$$

$$\sum F_y = 0,\quad F_{QC} = F_{Ay} = 1 - \frac{x}{l}$$

当单位荷载在 C 点时，即 $x = a$，$M_C = \dfrac{ab}{l}$，F_{QC} 为不定值。

根据以上影响系数方程即可做出剪力 F_{QC} 和弯矩 M_C 的影响线如图 6-1(g)、(f)所示。

由上面计算过程可见：当 $0 \leqslant x < a$ 时，M_C 影响线与 F_{By} 影响线形状相同，竖标相差 b 倍，而 F_{QC} 与 F_{By} 影响线只相差符号。当 $a < x \leqslant l$ 时，M_C 影响线与 F_{Ay} 影响线形状相同，竖标相差 a 倍，而 F_{QC} 与 F_{Ay} 影响线相同。即 M_C 和 F_{QC} 影响线可由 F_{Ay} 和 F_{By} 影响线导出。因此，反力影响线是基本影响线，而弯矩和剪力影响线是导出影响线。

例题 6-1 试作图示 6-2(a)伸臂梁的 F_{By}、F_{Cy}、M_K 及 F_{QK} 的影响线。

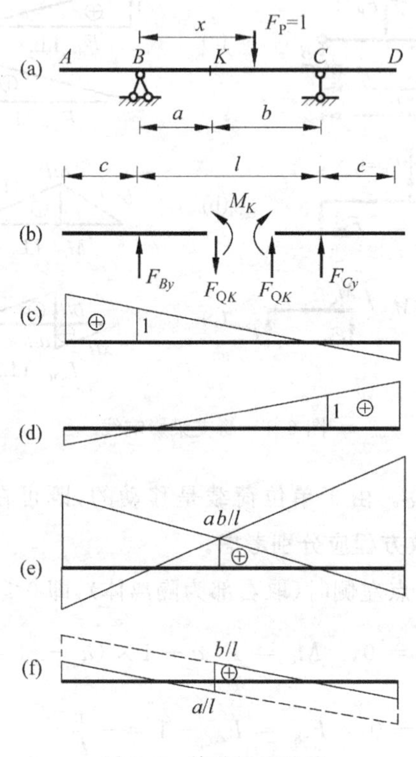

图 6-2 伸臂梁影响线

解：(1) F_{By}、F_{Cy} 影响线

取整体为隔离体，建立 F_{By}、F_{Cy} 的影响系数方程：

$$\sum M_C = 0,\quad F_{By} = 1 - x/l,\quad \sum M_B = 0,\quad F_{Cy} = x/l$$

由此做出的 F_{By}、F_{Cy} 影响线如图 6-2(c)、(d)所示。可见，跨中部分与简支梁相同，伸臂部分是跨中部分的延长线。

(2) M_K、F_{QK} 影响线

当 $F_P=1$ 在 K 点左边移动时，取右部分为隔离体，建立影响系数方程

$$\sum M_K = 0,\quad M_K = F_{Cy}b,\quad \sum F_y = 0,\quad F_{QK} = -F_{Cy}$$

当 $F_P=1$ 在 K 点右边移动时，取左部分为隔离体，建立影响系数方程

$$\sum M_K = 0,\quad M_K = F_{By}a,\quad \sum F_y = 0,\quad F_{QK} = F_{By}$$

利用 F_{By}、F_{Cy} 影响系数方程做出 M_K、F_{QK} 影响线如图 6-2(e)、(f)所示。跨中部分与简支梁相同，伸臂部分为跨中部分的延长线。

例题 6-2　试作图 6-3(a)所示悬臂梁的 M_A,F_A,M_C,F_{QC}影响线。

解:(1) M_A、F_A 影响线

取整体为隔离体,由 $\sum M_A = 0$ 和 $\sum F_y = 0$ 可得

$$M_A = -x,\quad F_A = 1,\quad x \in (A,B)$$

由此可得图 6-3(b)、(c)所示影响线。

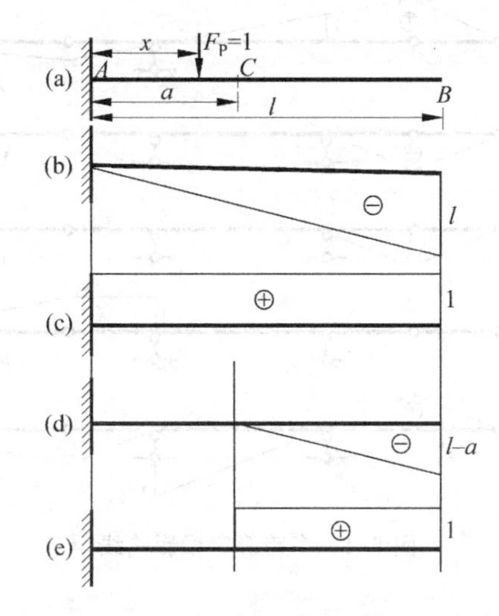

图 6-3　悬臂梁影响线

(2) M_C、F_{QC}影响线

取 CB 为隔离体,荷载在 AC 段时 M_C、F_{QC}均为零,荷载在 CB 段时

$$M_C = x - a,\quad F_{QC} = 1$$

由此可得图 6-3(d)、(e)所示影响线。

6.2.2　多跨静定梁影响线

由于多跨静定梁可由基本部分、附属部分组成,而这些部分分别属简支、伸臂和悬臂三类单跨梁,再加上静定结构的基本性质:荷载作用在基本部分时附属部分不受力,据此即可作出多跨静定梁的反力、内力影响线。

例题 6-3　试作图 6-4(a)所示多跨静定梁 M_A,F_{Gy},F_{Dy},M_D^L,M_D^R,F_{QE}^L,F_{QE}^R物理量的影响线。

解:(1) 分析基本、附属关系

本例静定梁 AB 和 $CDEF$ 为基本部分,BC 和 FG 是附属部分。

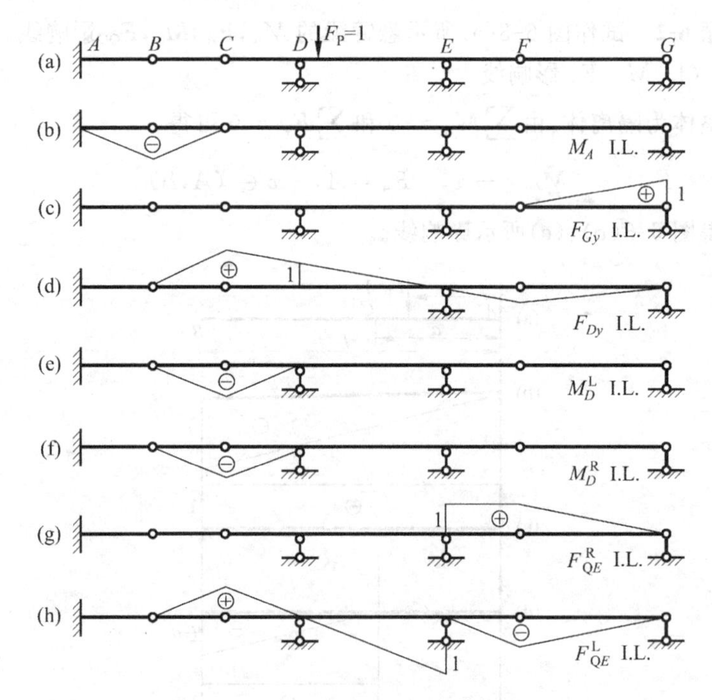

图 6-4 多跨静定梁影响线

(2) M_A 影响线

根据仅基本部分受荷载、附属部分不受力的性质,荷载在 $CDEFG$ 时 BC 部分不受力,因此 M_A 等于零。

荷载在 AB 部分时,由悬臂梁影响线可知 $M_A=-x, x\in(A,B)$。

荷载在 BC 部分时,M_A 随附属部分 BC 的 B 支座反力而变化。由简支梁 B 支座的反力影响线可知,荷载在 BC 段移动时反力影响线是直线,根据上述分析 B、C 点 M_A 影响量已知,由此可作出图 6-4(b)所示 M_A 影响线。

(3) F_{Gy} 影响线

分析方法同 M_A 影响线,荷载在 $ABCDEF$ 上时,附属部分 FG 不受力,因此 F_{Gy} 影响线可由简支梁反力影响线得到,如图 6-4(c)所示。

(4) F_{Dy},M_D^L,M_D^R,F_{QE}^L,F_{QE}^R 影响线

分析方法同 M_A 影响线(从略),可作出影响线分别如图 6-4(d)~(h)所示。

这里要说明如下几点:①荷载在基本部分时,附属部分物理量影响线纵坐标为零;②支座截面左、右两侧的弯矩影响线相同;③支座截面左、右两侧

的剪力影响线是不相同的，伸臂部分可按悬臂梁考虑。

6.2.3　静定桁架影响线

桁架承受的荷载一般是经过横梁传递到结点上的结点荷载，如图 6-5(a)所示。横梁放在上弦时，称为上弦承载；放在下弦时称为下弦承载。

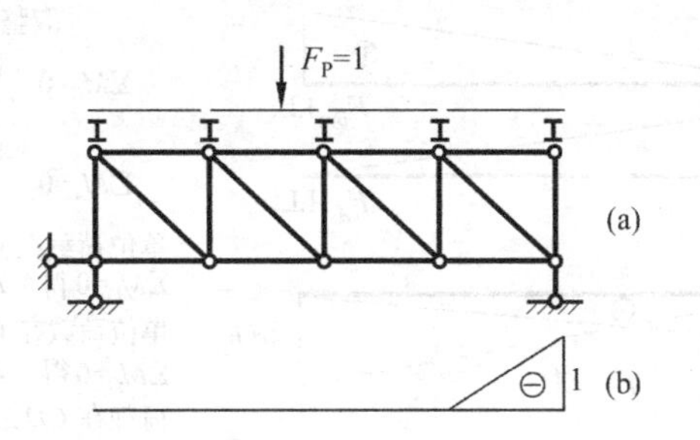

图 6-5　桁架影响线

可以证明，当移动荷载在两结点间移动时，物理量是线性变化的。因此只需求出影响线在各结点处的纵坐标，相邻纵坐标间连以直线即可。如图 6-5(a)所示桁架，若求右侧竖杆的轴力影响线，可将 $F_P=1$ 分别放在上面的 5 个结点上，求出该竖杆的轴力。不难看出，$F_P=1$ 在左边的 4 个结点上时，该杆轴力为 0；$F_P=1$ 在右边结点上时，轴力为 -1。据此可画出该杆的轴力影响线如图 6-5(b)所示。

当结点较多时，这样逐点求值很不方便，先求影响线系数方程再作影响线更为方便。

由于静力法是建立移动荷载位于某 x 处时，某指定反力或内力的影响系数方程，然后再作影响线。因此，求影响系数方程和求恒载作用时指定杆内力的方法完全相同，也就是根据具体桁架构造情况和所求影响线杆件位置选用结点法、截面法、联合法等建立影响系数方程。

例题 6-4　试作图 6-6(a)所示桁架中 1、2、3 和 4 杆的轴力影响线。分上弦承载和下弦承载两种情况。

解：对于图示梁式桁架，其支座反力影响系数方程及影响线与简支梁相同，反力 F_{Ay} 与 F_{By} 的影响线如图 6-6(b)所示。

指定杆件内力影响线影响系数方程建立的说明和对应的影响线等，示于图 6-6(c)～(f)。由图 6-6(f)和(g)可见，有些杆的轴力影响线在上弦承载和下弦承载时是不同的。因此，对所作影响线必须注明单位荷载在上弦还是下弦移动。

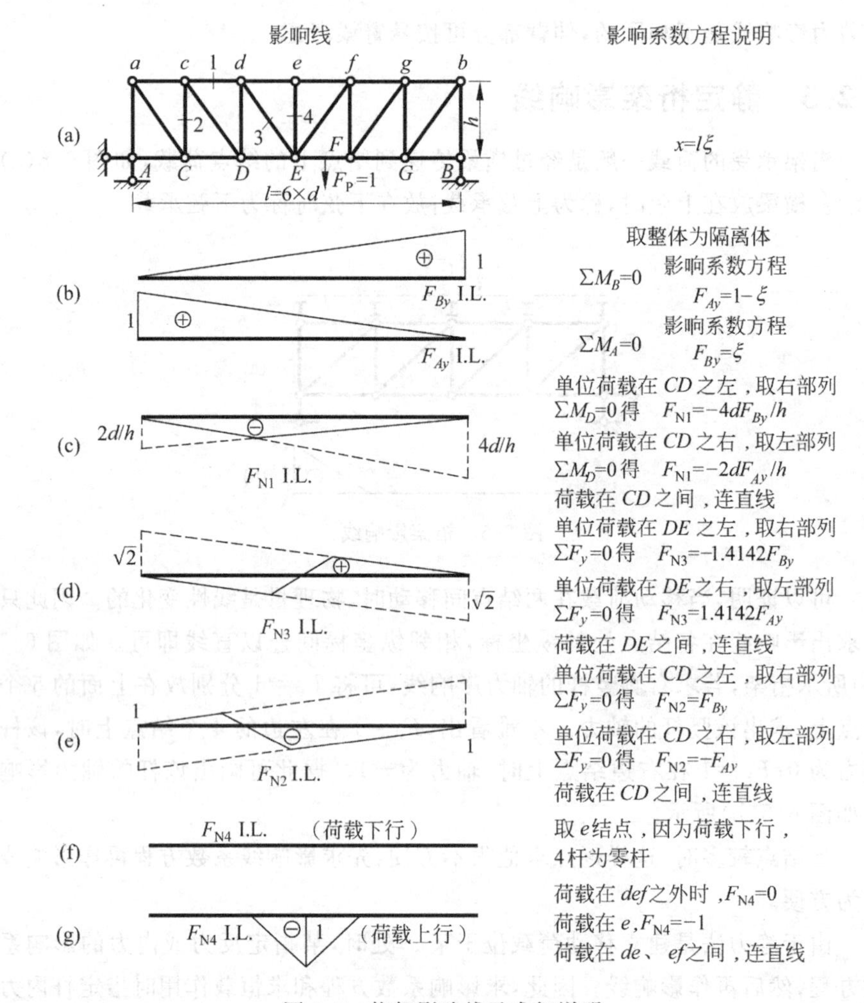

图 6-6 桁架影响线及求解说明

6.3 机动法作影响线

6.3.1 基本思想

影响线除可用静力法建立影响系数方程作图外,还可用虚功法通过作位移或变形图得到,其原理是功的互等定理或虚功原理。下面以作图 6-7(a)所示多跨静定梁和连续梁的弯矩影响线为例加以说明。

为用机动法作 M_k 影响线,在 k 截面处加铰,解除限制截面相对转动的约

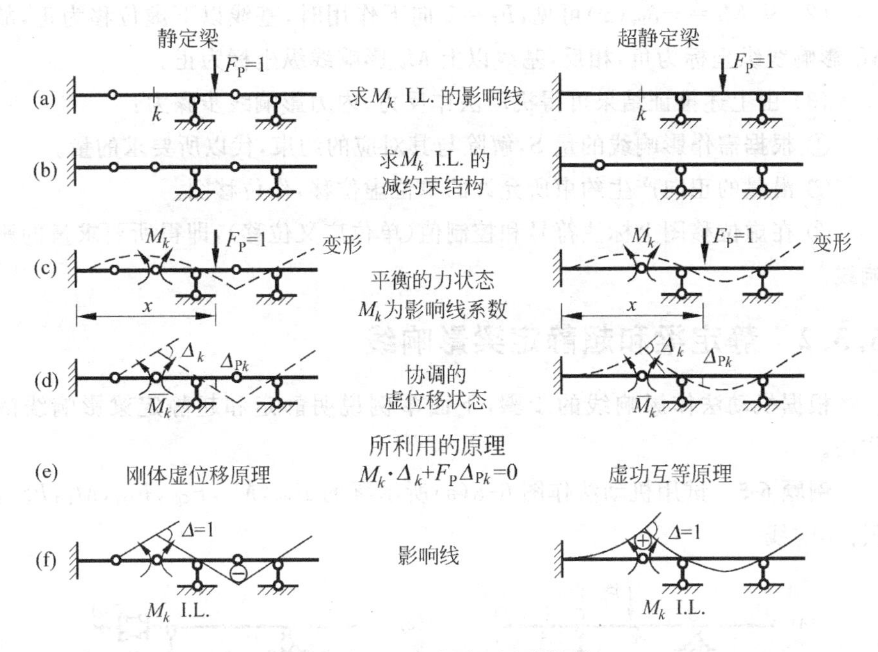

图 6-7　机动法原理图形说明

束，如图 6-7(b)所示。此时多跨静定梁变成单自由度系统，连续梁变成一次(超静定次数比原来少一次)超静定梁。

为用虚功原理推导机动法的作图规则，需建立平衡的力状态和协调的虚位移状态。其中平衡的力状态取 $F_P=1$ 作用下图 6-7(a)结构真实受力状态，M_k 是单位移动荷载下结构的真实弯矩，也就是弯矩影响系数。因此，这时结构的变形曲线在 k 截面处是光滑连续的，如图 6-7(c)所示。

令解除 M_k 对应的约束后的体系发生相对虚位移 Δ_k，以它作为协调的虚位移状态，如图 6-7(d)所示。这时，对于多跨静定梁是刚体虚位移，对于连续梁是变形虚位移。

由虚功原理(对多跨静定梁是刚体虚位移原理，对连续梁是功的互等定理)可得图 6-7(e)所示的虚功方程，其中 Δ_{Pk} 为虚位移状态中对应于单位移动荷载 $F_P=1$ 的虚位移。

由图 6-7(e)所示的虚功方程可得如下结论：

(1) 因为 $M_k=-\Delta_{Pk}(x)/\Delta_k=-\delta_{Pk}(x)$，所以解除物理量对应约束后的单位虚位移图 $\delta_{Pk}(x)$ 即为 M_k 影响线。**对静定结构为刚体虚位移图，对超静定结构为变形虚位移图。前者由直线段组成，后者超静定部分一般为曲线图形。**如图 6-7(f)所示。

(2) 从 $M_k=-\delta_{Pk}(x)$ 可见,$F_P=1$ 向下作用时,基线以下虚位移为正,故 M_k 影响线纵坐标为负,相反,基线以上 M_k 影响线纵坐标为正。

(3) 由上述推证结果可得机动法作反力、内力影响线步骤为:

① 根据需作影响线的量 S,解除与其对应的约束,代以所要求的量。

② 沿量的正向产生约束所允许的单位虚位移,作位移图。

③ 在虚位移图上标注符号和控制值(单位广义位移),即得所要求量的影响线。

6.3.2 静定梁和超静定梁影响线

根据机动法作影响线的步骤,下面举例说明静定和超静定梁影响线的作法。

例题 6-5 试用机动法作图 6-8(a)所示梁的 F_{By},M_2,F_{Q2},F_{Q3},M_1,F_{QB}^{L},F_{QB}^{R}影响线。

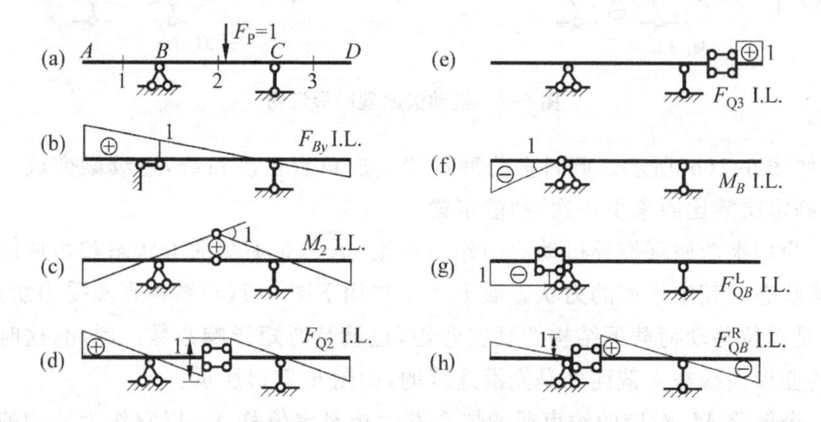

图 6-8 机动法作外伸单跨梁影响线

解:为用机动法作影响线,首先解除与需求影响线的量所对应的约束:求反力解除链杆,求弯矩加铰,求剪力加错动机构,如图 6-8 所示。

本例为作静定梁影响线,因此解除约束后是单自由度体系,令此体系沿所求影响线广义力的正向发生单位位移,所得刚体虚位移图即为此广义力所对应的影响线。

按上述思路,F_{By},M_2,F_{Q2},F_{Q3},M_1,F_{QB}^{L},F_{QB}^{R}影响线如图 6-8(b)~(h)所示。从图 6-8(g)、(h)可见,支座左、右两侧截面的剪力影响线是不同的。图 6-8(h)可按图 6-8(d)考虑,然后把截面位置向支座移动即可得到正确的影响线。

需要指出的是，对静定结构影响线，只要标注上解除约束处的单位虚位移，则根据结构的尺寸由刚体虚位移图，通过几何分析即可得到其他控制点的控制纵标值。因此，在上述例题中没有标注其他控制点的值。

例题 6-6　试用机动法作图 6-9(a)所示多跨静定梁的 M_A，F_{Gy}，F_{Dy}，M_D^L，M_D^R，F_{QE}^L，F_{QE}^R影响线。

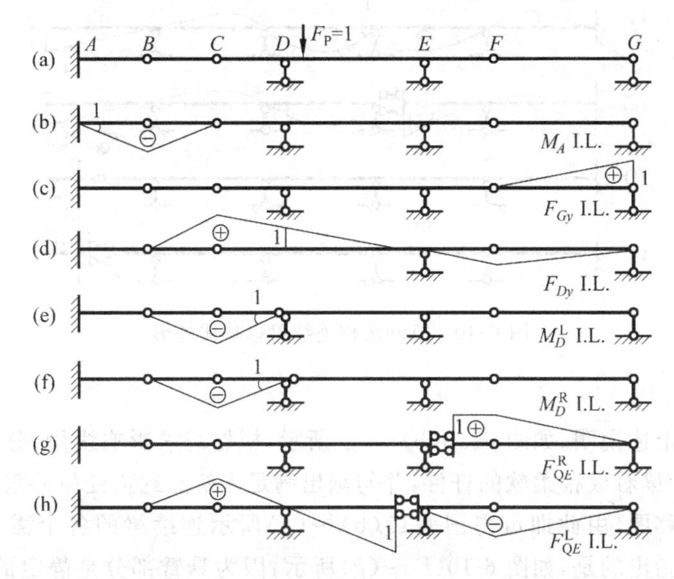

图 6-9　机动法作多跨静定梁影响线

解：根据机动法的步骤，首先由需作影响线的物理量解除对应约束，然后沿约束力的正方向令其发生单位虚位移。由于本题是多跨静定梁，解除一个约束后成为单自由度体系，因此体系所产生的刚体虚位移图就是要作的影响线。由此 M_A，F_{Gy}，F_{Dy}，M_D^L，M_D^R，F_{QE}^L，F_{QE}^R影响线如图 6-9(b)～(h)所示。对比例题 6-3，两者结果完全相同，显然机动法比静力法作多跨静定梁的影响线方便。

例题 6-7　试勾画图 6-10(a)所示连续梁的 M_A，F_{By}，M_C，F_{QC}^L，M_1，F_{Q1}影响线的外形。

解：与静定结构一样，首先解除与需求影响线量对应的约束。但因为是超静定结构，只解除一个约束，所得体系是静定或仍然是超静定的，因此解除约束的体系不可能发生刚体位移，所谓单位虚位移图是指体系的变形图。要准确画出这个变形图需要计算 δ_{Px}，其工作量是很大的，因此机动法作超静定结构影响线，只要勾画出“正确的外形、必要的控制纵坐标和正负

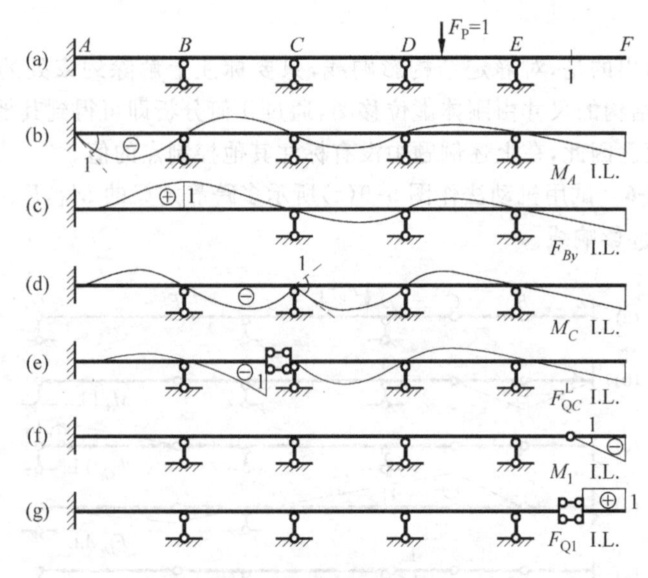

图 6-10 机动法作连续梁影响线外形

号”即可。

根据上述说明，如图 6-10(b)～(g)所示，根据需求影响线量，分别解除一个约束，把梁看成很柔软的杆件，并勾画出满足未解除约束处位移限制条件的变形虚位移图，由此即可得图 6-10(b)～(g)所示连续梁的各个需求的影响线。需要指出的是，如图 6-10(f)～(g)所示，因为悬臂部分是静定的，因此悬臂部分内力影响线仍然与静定结构一样是直线。非静定部分的内力、反力影响线均为曲线。

6.4 影响线的应用

作影响线的主要目的是，解决结构在各种移动荷载作用下设计所需物理量(反力、内力等)最大值的计算。

如果结构中某物理量 S 的影响线已作出，根据叠加原理，就可利用影响线求出结构在各种固定荷载作用下的 S 值。

6.4.1 求固定荷载下的物理量

1. 集中力作用情形

如果结构上作用有若干集中力，物理量 S 的影响线已作出(见图 6-11(a))，

因为影响线纵坐标的物理意义是 $F_P=1$ 作用在该处时 S 的大小，因此由叠加原理可得

$$S = F_{P1} \cdot y_1 + F_{P2} \cdot y_2 + \cdots + F_{Pn} \cdot y_n = \sum_{i=1}^{n} F_{Pi} \cdot y_i \tag{6-1}$$

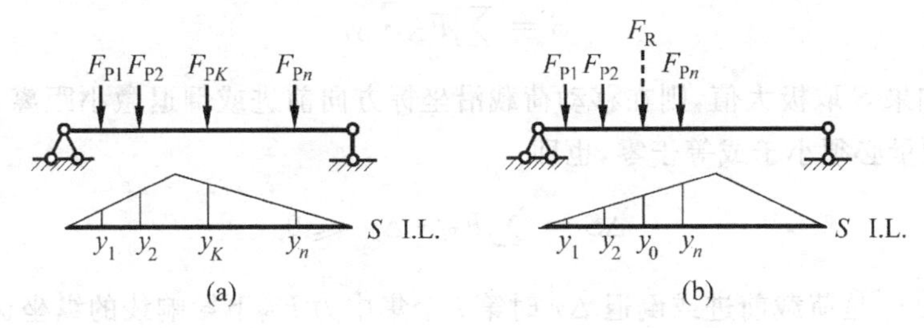

图 6-11　集中力引起的量值

当这些集中力 F_{Pi} 作用于影响线的同一条直线段时(见图 6-12(b))，可用其合力 F_R 代替，即

$$S = F_R \cdot y_0 \tag{6-2}$$

式中，y_0 为与合力 F_R 位置对应的影响线的纵坐标。

2. 分布力作用情形

图 6-12(a)所示为结构上作用有分布荷载 $q(x)$，图 6-12(b)为某物理量 S 的影响线。将 $q(x)\mathrm{d}x$ 作为集中力，利用式(6-1)可得

$$S = \int_l^m q(x) \cdot y(x)\mathrm{d}x \tag{6-3}$$

对于均布荷载，即 $q=$常数，则上式变为

$$S = q\int_l^m y(x)\mathrm{d}x = q \cdot A \tag{6-4}$$

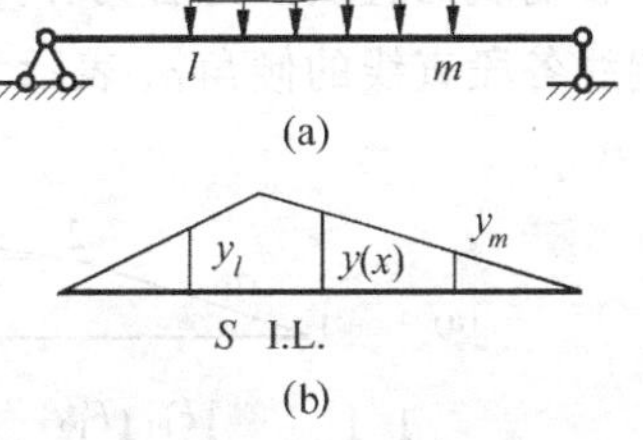

图 6-12　分布荷载情况

式中 A 为由基线与影响线在荷载始点、终点间的影响线面积。当荷载作用区域对应的影响线是同一条直线段时，有与集中力作用情况相同的结论，也即式(6-2)成立。

6.4.2　确定最不利荷载位置

在结构上作用有移动荷载时，结构上指定物理量随荷载位置不同而有不同值，使该物理量达到最大或最小值(最大负值)时的荷载位置称该物理量的**最不利荷载位置**(the most unfavorable load position)。

1. 确定最不利荷载位置和最大值的基本思路

设移动荷载由一组集中力所组成，当其中 F_{PK} 位于坐标 x 时的物理量值为 S 时，则由式(6-1)可得

$$S = \sum_i F_{Pi} \cdot y_i$$

如果 S 取极大值，则在移动荷载沿坐标方向前进或倒退微小距离 Δx 时，S 的增量必须小于或等于零，也即

$$\Delta S = \sum_i F_{Pi} \cdot \Delta y_i \leqslant 0$$

式中，Δy_i 是荷载前进或倒退 Δx 时第 i 个集中力 F_{Pi} 下影响线的纵坐标增量。同理，如果 S 取极小值，则增量应该大于或等于零。

据此，移动荷载的最不利荷载位置和物理量的最大值，应该是所有可能产生极大值的位置中最大一个的位置和数值。

2. 临界力及判别准则

假设某一物理量 S 的影响线为一多边形，如图 6-13(a) 所示，某一组集中移动荷载如图 6-13(b) 所示。由于 $S = \sum_i F_{Pi} \cdot y_i$，$S$ 取极值时应有某一个力 F_{PK} 位于影响线纵坐标的顶点处，如图 6-13(c) 所示。荷载向右、向左移动 Δx 后影响线的直线段上合力作用情形，如图 6-13(d)、(e) 所示。增量 Δy_i 可用影响线各段直线的倾角 α_i 表示为 $\Delta y_i = \Delta x \tan\alpha_i$。

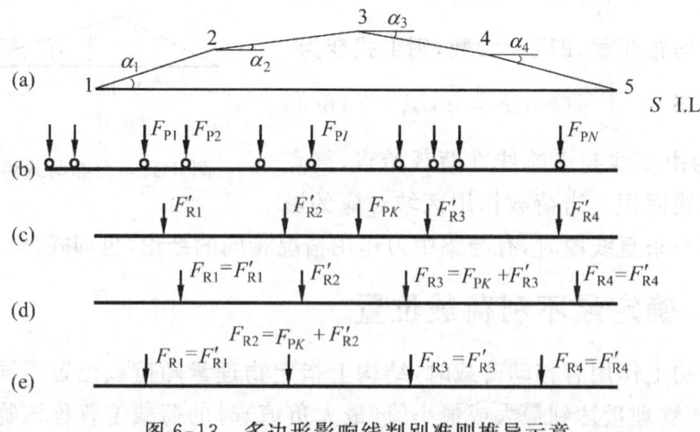

图 6-13 多边形影响线判别准则推导示意

由图 6-13 可见，要使 S 为极大值，必须满足

$$\Delta x > 0(\text{向右}),\quad \Delta S = \Delta x \sum_{i=1}^{4} F_{Ri} \cdot \tan\alpha_i \leqslant 0 \Rightarrow \sum_{i=1}^{4} F_{Ri} \cdot \tan\alpha_i \leqslant 0 \tag{6-5a}$$

$$\Delta x < 0(\text{向左}),\quad \Delta S = \Delta x \sum_{i=1}^{4} F_{Ri} \cdot \tan\alpha_i \geqslant 0 \Rightarrow \sum_{i=1}^{4} F_{Ri} \cdot \tan\alpha_i \geqslant 0 \tag{6-5b}$$

式中 ⇒ 表示“这将必须”的意思。式(6-5)表明，在移动荷载向左、右移动时，$\sum_{i=1}^{4} F_{Ri} \cdot \tan\alpha_i$ 应该改变符号。这就是判别最不利位置的准则。需要指出的是，α_i 逆时针为正；式(6-5)仅是极值条件，为求得物理量的最大值，需要对满足最不利荷载位置判别准则的情况进行试算，对比所得到的结果，找出最大值。

如果 F_{PK} 位于影响线顶点能满足判别准则，则称这个荷载 F_{PK} 为**临界荷载** F_{Pcr}，与其对应的移动荷载位置称为**临界荷载位置**。

基于上述分析可得如下推论：

(1) 极小值对应的判别条件是：$\Delta x < 0$ 时 $\sum_i F_{Ri} \tan\alpha_i \leqslant 0$，$\Delta x > 0$ 时 $\sum_i F_{Ri} \tan\alpha_i \geqslant 0$。

(2) 当影响线为三角形时，如图 6-14 所示，如果将顶点一侧合力除以对应的基线长度称为等效均布荷载集度，则作为多边形影响线临界荷载判别准则的特例，三角形影响线判别准则为：“F_{PK} 归于顶点哪一侧，那一侧的等效均布荷载集度便大于(或等于)另一侧”，即

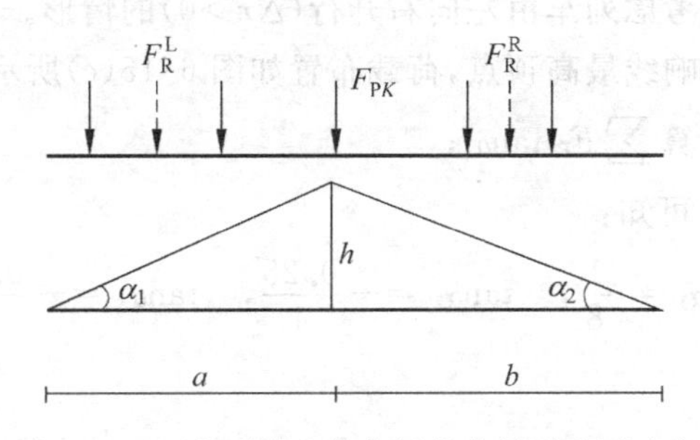

图 6-14　三角形影响线临界荷载判别准则示意

$$\Delta x > 0,\qquad \frac{F_R^L + F_{PK}}{a} \geqslant \frac{F_R^R}{b} \tag{6-6a}$$

$$\Delta x < 0,\quad \frac{F_{R}^{L}}{a} \leqslant \frac{F_{PK}+F_{R}^{R}}{b} \tag{6-6b}$$

式中，F_{R}^{L}、F_{R}^{R} 为 F_{PK} 位于影响线顶点时 F_{PK} 左侧的合力、右侧的合力，a、b 为影响线顶点到左右两端的距离。

3. 最不利位置确定及最大值计算举例

例题 6-8 图 6-15(a)所示为中-活荷[①]，图 6-15(b)为某物理量 S 的影响线，试求荷载最不利位置和 S 的最大值。已知：$F_{P1}=F_{P2}=F_{P3}=F_{P4}=F_{P5}=220\text{kN}$，$q_1=92\text{kN/m}$，$q_2=80\text{kN/m}$。

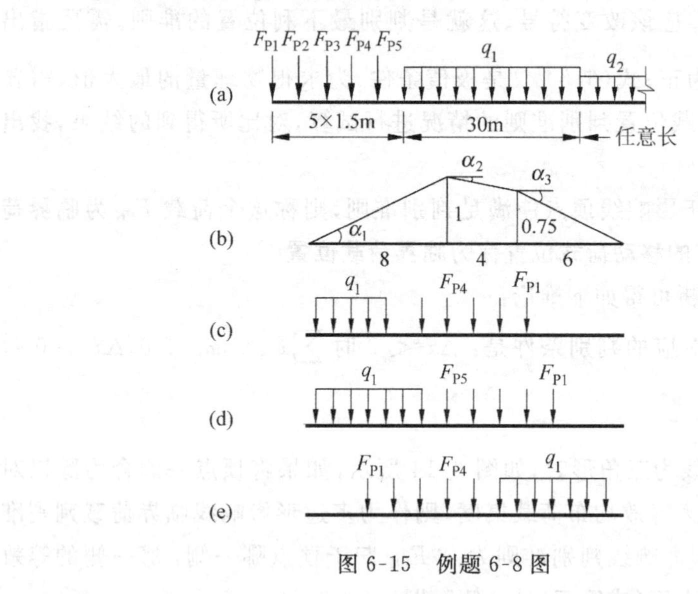

图 6-15 例题 6-8 图

解：(1) 首先考虑列车由左向右开行($\Delta x>0$)的情形。

将 F_{P4} 放在影响线最高顶点，荷载布置如图 6-15(c)所示。

按式(6-5) 计算 $\sum F_{Ri}\tan\alpha_i$；

由图 6-15(b)可知：

$$\tan\alpha_1=\frac{1}{8},\quad \tan\alpha_2=-\frac{0.25}{4},\quad \tan\alpha_3=-\frac{0.75}{6}$$

荷载右移：

---

① 中-活荷是中华人民共和国铁路标准活荷载的简称，是我国铁路桥涵设计使用的标准荷载。此外，还有公路桥涵设计使用的标准荷载。

$$\sum F_{Ri}\tan\alpha_i = (F_{P5} + 5\text{m} \times q_1)\tan\alpha_1 + (F_{P4} + F_{P3} + F_{P2})\tan\alpha_2 + F_{P1}\tan\alpha_3 = 16.25\text{kN} > 0$$

因此 F_{P4} 不是临界荷载，此时 $\Delta S>0$，欲使 S 增加荷载还需右移。

将 F_{P5} 放在影响线最高点，荷载布置如图 6-15(d)所示。

荷载右移($\Delta x>0$)：

$$\sum F_{Ri}\tan\alpha_i = 6.5\text{m} \times q_1\tan\alpha_1 + (F_{P5} + F_{P4} + F_{P3})\tan\alpha_2 + (F_{P2} + F_{P1})\tan\alpha_3 = -21.5\text{kN} < 0$$

荷载左移($\Delta x<0$)：

$$\sum F_{Ri}\tan\alpha_i = (6.5\text{m} \times q_1 + F_{P5})\tan\alpha_1 + (F_{P4} + F_{P3})\tan\alpha_2 + (F_{P2} + F_{P1})\tan\alpha_3 = 19.75\text{kN} > 0$$

所以 F_{P5} 是临界荷载。

经判别验证其他 F_{Pi} 均不是临界荷载。由此，对应图 6-16(d)所示临界位置利用式(6-1)和式(6-4)即可算得 S 的最大值为

$$S = 92\text{kN/m} \times 0.5 \times 6.5\text{m} \times 0.813 + 220\text{kN} \times (1 + 0.906 + 0.813 + 0.688 + 0.5) = 1102\text{kN}$$

(2) 考虑列车由右向左开行的情形($\Delta x<0$)。

将 F_{P4} 放在影响线最高顶点，荷载布置如图 6-15(e)所示。

荷载右移($\Delta x>0$)：

$$\sum F_{Ri}\tan\alpha_i = (F_{P1} + F_{P2} + F_{P3})\tan\alpha_1 + (F_{P4} + F_{P5} + q_1 \times 1\text{m})\tan\alpha_2 + q_1 \times 6\text{m} \times \tan\alpha_3 = -19.75\text{kN} < 0$$

荷载左移($\Delta x<0$)：

$$\sum F_{Ri}\tan\alpha_i = (F_{P1} + F_{P2} + F_{P3} + F_{P4})\tan\alpha_1 + (F_{P5} + q_1 \times 1\text{m})\tan\alpha_2 + q_1 \times 6\text{m} \times \tan\alpha_3 = 21.5\text{kN} > 0$$

因此 F_{P4} 是临界荷载。

经判别验证其他力均不是临界荷载。由此，对应图 6-15(e)所示临界位置即可算得 S 的最大值为 1110kN。

比较左行与右行所得到的 S 值，可见 $S_{max}=1110\text{kN}$。最不利荷载分布如图 6-15(e)所示。

例题 6-9 试求图 6-16(a)所示简支梁 K 截面弯矩的最不利荷载位置。

解：首先作出 M_K 的影响线如图 6-16(b)所示，然后利用三角形影响线的

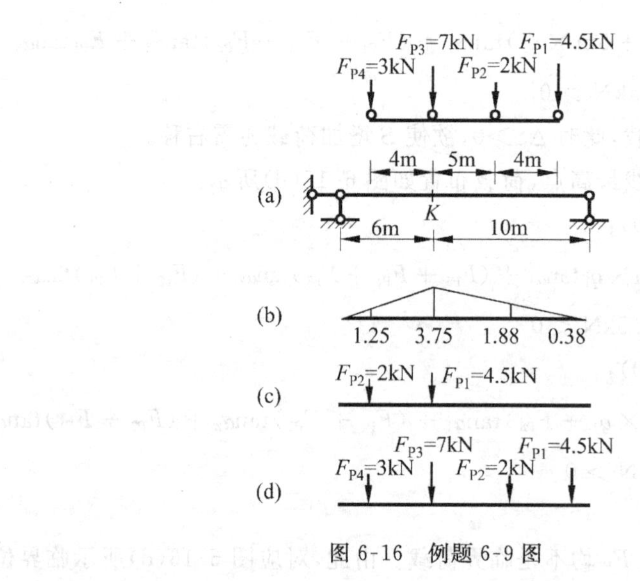

图 6-16 例题 6-9 图

判别准则作如下临界力判别：

$$F_{P1}:\begin{cases}\dfrac{2\text{kN}}{6\text{m}}<\dfrac{4.5\text{kN}}{10\text{m}}\\[2mm]\dfrac{2\text{kN}+4.5\text{kN}}{6\text{m}}>\dfrac{0}{10\text{m}}\end{cases}\quad\text{是临界力}$$

$$F_{P2}:\begin{cases}\dfrac{7\text{kN}}{6\text{m}}>\dfrac{6.5\text{kN}}{10\text{m}}\\[2mm]\dfrac{(7+2)\text{kN}}{6\text{m}}>\dfrac{4.5\text{kN}}{10\text{m}}\end{cases}\quad\text{不是临界力}$$

$$F_{P3}:\begin{cases}\dfrac{3\text{kN}}{6\text{m}}<\dfrac{(7+2+4.5)\text{kN}}{10\text{m}}\\[2mm]\dfrac{(3+7)\text{kN}}{6\text{m}}>\dfrac{(2+4.5)\text{kN}}{10\text{m}}\end{cases}\quad\text{是临界力}$$

$$F_{P4}:\begin{cases}\dfrac{0}{6\text{m}}<\dfrac{(3+7+2)\text{kN}}{10\text{m}}\\[2mm]\dfrac{3\text{kN}}{6\text{m}}<\dfrac{(7+2)\text{kN}}{10\text{m}}\end{cases}\quad\text{不是临界力}$$

根据临界荷载位置(图 6-16(c)、(d))，计算荷载位置对应的影响线纵坐标(图 6-16(b))。最后计算与临界荷载 F_{P1} 和 F_{P3} 相对应的 M_K 值为：

$$M_K^1=F_{P1}\times3.75\text{m}+F_{P2}\times1.25\text{m}=19.375\text{kN}\cdot\text{m}$$

$$\begin{aligned}M_K^3&=F_{P1}\times0.38\text{m}+F_{P2}\times1.88\text{m}+F_{P3}\times3.75\text{m}+F_{P4}\times1.25\text{m}\\&=35.47\text{kN}\cdot\text{m}\end{aligned}$$

由此试算结果可得 M_K 的最大值为：

$$M_{K\max} = 35.47\text{kN} \cdot \text{m}$$

M_K 的最不利荷载位置如图 6-16(d)所示。

6.4.3 简支梁的绝对最大弯矩

在给定移动荷载作用下，可求出简支梁任意截面的最大弯矩，所有截面最大弯矩中的最大者称为简支梁的**绝对最大弯矩**(absolute maximum bending moment)。对于等截面梁，发生绝对最大弯矩的截面为最危险截面，因此绝对最大弯矩是简支梁(如吊车梁等)设计的依据。

求简支梁的绝对最大弯矩一是要求它的值，二是确定其发生的位置。在移动荷载为一组集中力时，由上节可知，截面的最大弯矩发生于某一集中力作用下的截面。由于绝对最大弯矩是最大弯矩之一，它发生时也必有一个集中力作用于发生绝对最大弯矩的截面上。从这点出发，可按如下思路确定绝对最大弯矩：

(1) 绝对最大弯矩发生在某一个力 F_{PK} 作用的截面处。假设该截面坐标为 x，该截面弯矩为 $M_K(x)$。

(2) 当 F_{PK} 作用点弯矩为绝对最大时，该截面弯矩 $M_K(x)$ 对位置 x 的一阶导数应该等于零。由此可确定截面位置 x。

(3) 将所求得的截面位置 x 代回 $M_K(x)$ 的表达式中，即可得到 F_{PK} 对应的极值弯矩。

(4) 极值弯矩 $M_{K\max}$($k=1,2,\cdots,n$。n 为集中力个数)中最大者便是绝对最大弯矩。

对于图 6-17 所示简支梁，按上述思路可写出力 F_{PK} 作用点位置坐标为 x 时，作用点截面的弯矩为：

$$M_K(x) = F_{Ay}x - M_K^{\text{L}} = \frac{F_{\text{R}}}{l}(l - x - a)x - M_K^{\text{L}}$$

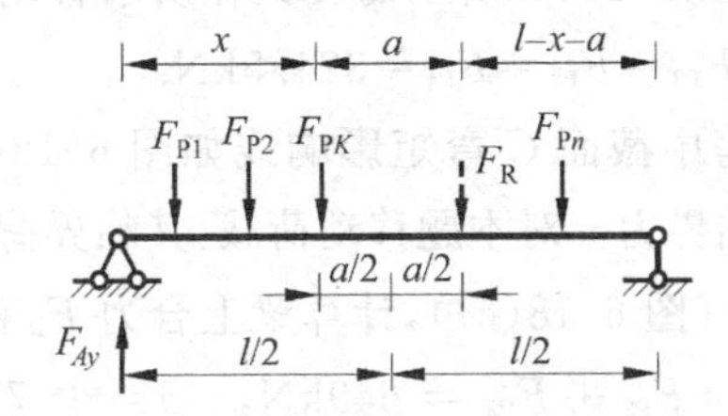

图 6-17 简支梁绝对最大弯矩

其中，M_K^L 表示 F_{PK} 左侧梁上各力对 F_{PK} 作用点的力矩之和；$F_{Ay}=\frac{F_R}{l}(l-x-a)$，$F_R$ 为位于梁上所有力的合力，a 为合力 F_R 到 F_{PK} 的距离，F_{PK} 在 F_R 左边时 a 为正，反之为负。由此，根据极值条件：

$$\frac{\mathrm{d}M_K}{\mathrm{d}x}=\frac{F_R}{l}(l-2x-a)=0$$

可得

$$x=\frac{l}{2}-\frac{a}{2} \tag{6-7}$$

这表明，当 F_{PK} 作用点处截面弯矩达到最大值时，F_{PK} 与 F_R 对称作用于梁中点的两侧，其值为：

$$M_{K\max}=\frac{F_R}{l}\left(\frac{l}{2}-\frac{a}{2}\right)^2-M_K^L \tag{6-8}$$

依次将每个力按式(6-8)计算极值，再在这些极值中选出最大值，它就是绝对最大弯矩。

需要指出的是，在将临界荷载 F_{PK} 和合力 F_R 置于跨中等距离两侧时，如果有荷载移入或移出作用范围，则合力 F_R 及它和临界荷载 F_{PK} 间的距离 a 要重新计算。

经验表明，绝对最大弯矩总是发生在跨中截面附近，使得跨中截面发生弯矩最大值的临界荷载常常也是发生绝对最大弯矩的临界荷载。因此可用跨中截面最大弯矩的临界荷载代替绝对最大弯矩的临界荷载。实际计算时可按下述步骤进行：

(1) 求出能使跨中截面发生弯矩最大值的全部临界荷载。

(2) 对每一临界荷载确定梁上 F_R 和相应的 a，然后用式(6-8)计算可能的绝对最大弯矩。

(3) 从这些可能的最大值中找出最大的，即为所求绝对最大弯矩。

例题 6-10 试求图 6-18(a)所示简支梁在所示移动荷载作用下的绝对最大弯矩。已知：$F_{P1}=F_{P2}=F_{P3}=F_{P4}=324.5\text{kN}$。

解：作出简支梁跨中截面 C 弯矩影响线如图 6-18(b)，并确定出使 C 截面弯矩发生最大值的临界力。对本题移动荷载，其临界荷载有两个：F_{P2} 和 F_{P3}。

将 F_{P2} 放在梁中点(图 6-18(c))，计算梁上合力 F_R 和 F_R 到 F_{P2} 的距离 a

$$F_R=F_{P2}+F_{P3}=649\text{kN},\quad a=0.725\text{m}$$

将 F_R 和 F_{P2} 对称放在中点 C 两侧(图 6-18(d))，F_{P2} 作用点即是发生绝对最大弯矩的截面，其值为：

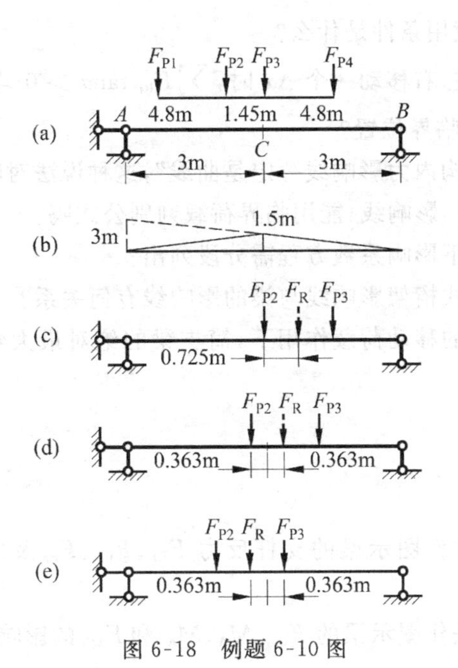

图 6-18　例题 6-10 图

$$M_{max}^{2}=\frac{649\text{kN}\times[(6-0.725)\text{m}]^{2}}{4\times6\text{m}}-0=752.5\text{kN}\cdot\text{m}$$

把 F_{P3} 放在 C 点重复上面过程可得：

$$F_R=649\text{kN},\quad a=-0.725\text{m}\quad(F_R\text{ 在 }F_{P3}\text{ 右侧})$$

$$M_{max}^{3}=\frac{649\text{kN}\times[6\text{m}-(-0.725)\text{m}]^{2}}{4\times6\text{m}}-470.5\text{kN}\cdot\text{m}$$

$$=752.5\text{kN}\cdot\text{m}$$

即另一发生绝对最大弯矩的截面在 C 点右侧 $a/2$ 处。对比两结果，此移动荷载下两个位置都是发生绝对最大弯矩的位置。

思考题

1. 影响线横坐标和纵坐标的物理意义是什么？

2. 影响线与内力图有何不同？

3. 各物理量影响线纵坐标的量纲是什么？

4. 求内力的影响系数方程与求内力方程有何区别？

5. 简支梁任一截面剪力影响线左、右两支为什么一定平行？截面处两个突变纵坐标的含义是什么？

6. 影响线的应用条件是什么?

7. 当荷载组左、右移动一个 Δx 时,$\sum F_{Ri}\tan\alpha > 0$ 均成立,应该如何移动荷载组才能找到临界位置?

8. "超静定结构内力影响线一定是曲线",这种说法对吗?为什么?

9. 有突变的 F_Q影响线,能用临界荷载判别公式吗?

10. 什么情况下影响系数方程需分段列出?

11. 静定的梁式桁架影响线与梁的影响线有何关系?

12. 在什么样的移动荷载作用下,简支梁的绝对最大弯矩与跨中截面的最大弯矩相同?

习题

6-1 用静力法作图示梁的支杆反力 F_{R1}、F_{R2}、F_{R3}及内力 M_K、F_{QK}、F_{NK}的影响线。

6-2 用静力法作图示梁的 F_{By}、M_A、M_K 和 F_{QK}的影响线。

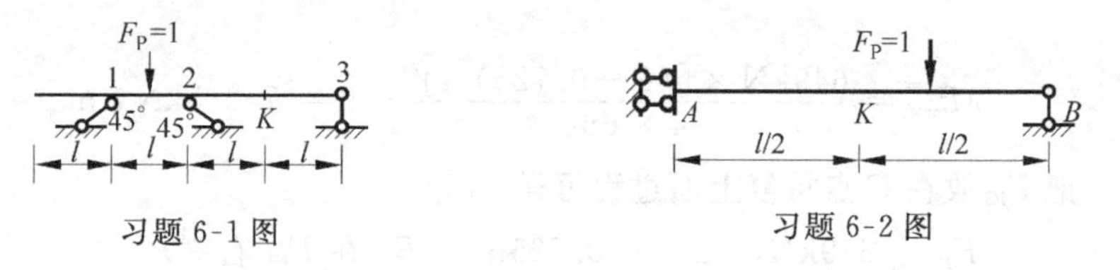

习题 6-1 图　　习题 6-2 图

6-3 用静力法作图示斜梁的 F_{Ay}、F_{Ax}、F_{By}、M_C、F_{QC}和 F_{NC}的影响线。

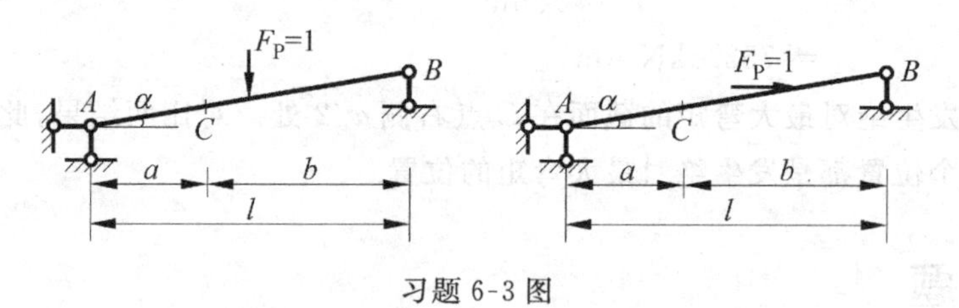

习题 6-3 图

6-4 作静定多跨梁 F_{Ay}、F_{By}、M_A 的影响线。

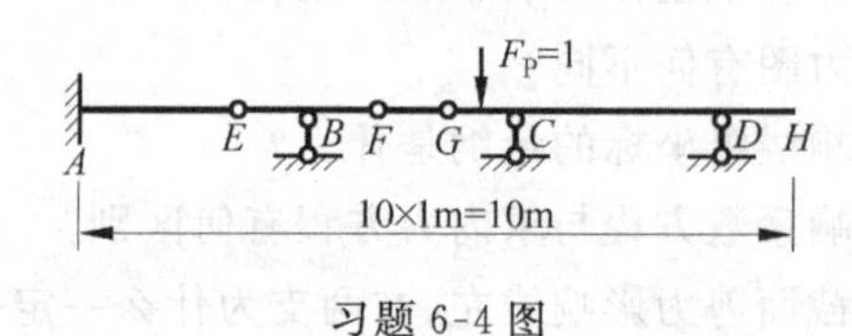

习题 6-4 图

6-5　分别就 $F_P=1$ 在上弦和下弦移动作图示桁架指定杆件的内力影响线。

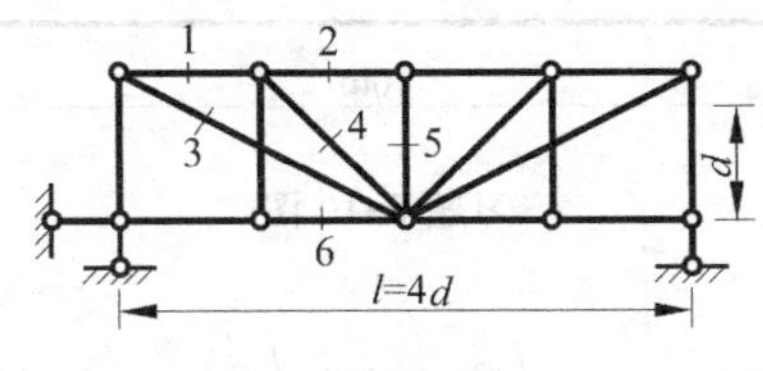

习题 6-5 图

*6-6　作图示结构 F_{By}、M_C、F_{QC}^R和 F_{QC}^L影响线。

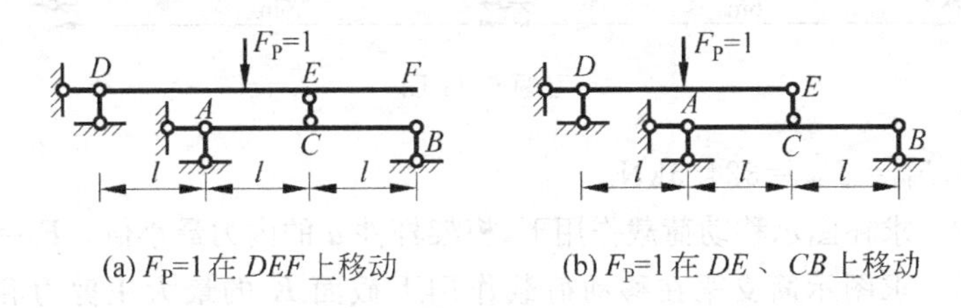

(a) $F_P=1$在 DEF 上移动　　(b) $F_P=1$在 DE、CB 上移动

习题 6-6 图

*6-7　图示简支梁上有单位力偶移动荷载 $m=1$，作 F_{Ay}、F_{By}、F_{QC}、M_C 影响线。

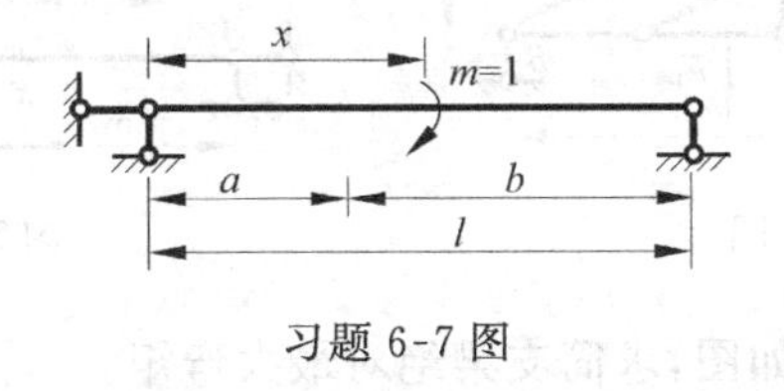

习题 6-7 图

6-8　用机动法重作习题 6-2 的各项影响线。

6-9　用机动法作图示多跨静定梁 M_F 和 F_{QG}的影响线。

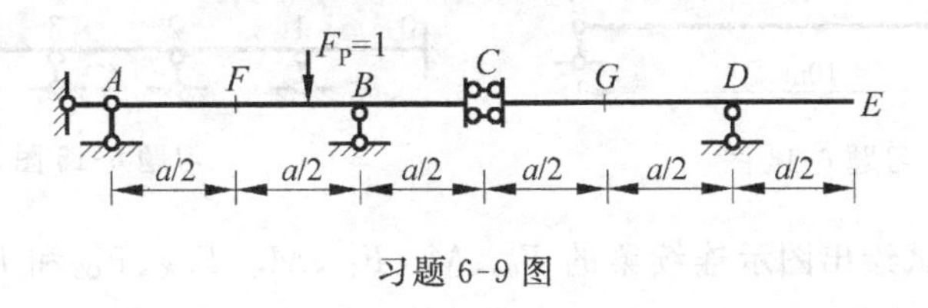

习题 6-9 图

6-10　吊车的轮压和轮距如图，试求跨中截面的最大弯矩。$F_{P1}=F_{P2}=F_{P3}=F_{P4}=324.5\text{kN}$。

6-11　吊车的轮压和轮距如图，求 B 支座的最大压力。$F_{P1}=F_{P2}=$

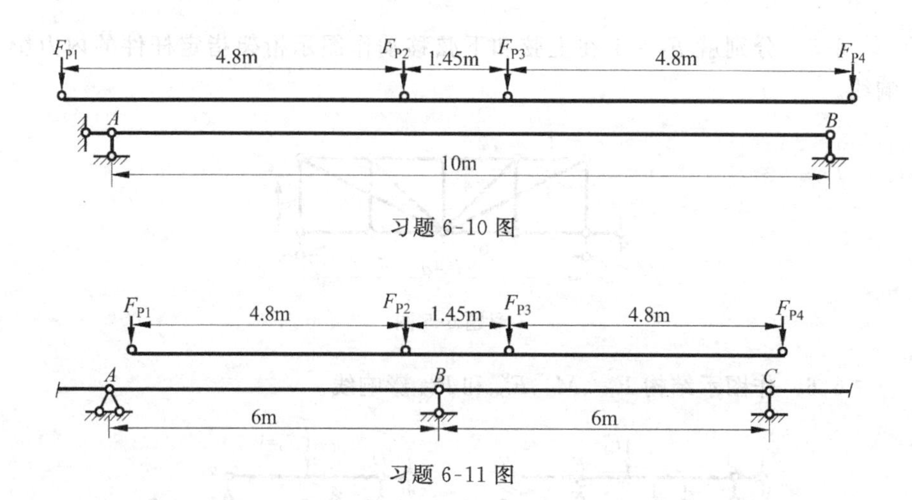

习题 6-10 图

习题 6-11 图

478.5kN，$F_{P3}=F_{P4}=324.5$kN。

6-12 求在图示移动荷载作用下，桁架杆件 a 的内力最小值。$F_P=30$kN。

6-13 求图示简支梁在移动荷载作用下截面 K 的最大正剪力和最大负剪力。

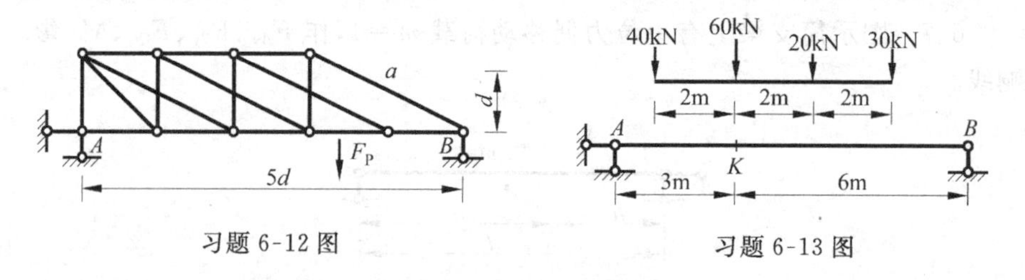

习题 6-12 图

习题 6-13 图

6-14 移动荷载如图，求简支梁绝对最大弯矩。

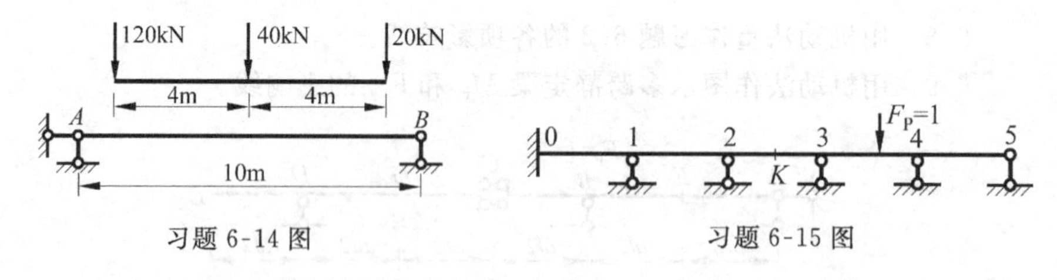

习题 6-14 图

习题 6-15 图

6-15 试绘出图示连续梁的 F_{0y}、M_0、F_{1y}、M_K、F_{QK}、F_{Q2}^L 和 F_{Q2}^R 影响线的形状。

第7章 矩阵位移法

矩阵位移法是在位移法基础上，借助矩阵进行分析，用计算机进行各种杆系结构受力、变形计算的统一方法。

7.1 基本概念

位移法的基本思想是：以结构结点位移作为基本未知量，将要分析的结构拆成已知结点力-结点位移关系的单跨梁集合，通过强令结构发生待定的基本未知位移，在各个单跨梁受力分析结果的基础上，通过保证结构平衡，建立位移法的线性代数方程组，从而求得基本未知量。当位移未知量数目很大时，方程的建立和手工求解是十分困难的。由于计算技术的发展，将位移法的上述思想加以推广，以矩阵这一数学工具进行推演，用计算机程序作数值计算，这就是本章要介绍的矩阵位移法。

7.1.1 结构的离散化

矩阵位移法求解任一杆系结构时，首先要用**结点**(node)将结构划分成**单元**(element)。对于杆系结构，一般取杆件的交汇点、截面的变化点、支撑点，有时也以集中荷载的作用点作为结点，而所谓单元则为两结点间的等截面直线杆段。通过确定结点和单元，就可把一个杆系结构分解成一系列等截面直杆(单元)的集合。这实际就是位移法"拆"的过程，在矩阵位移法中一般称为"离散"。

对于曲杆、连续变截面等结构，为了实现将其拆成等截面直杆单元的目的，如图7-1所示需要首先做如下近似处理："以一系列短的直杆代替曲杆、以短的等截面直杆组成的阶状变截面杆代替连续变截面杆"。在这样处理后，就可以按上述原则确定结点将其拆成单元了。不难想到，这样处理的结果是近似的，计算精度取决于划分单元的多少。

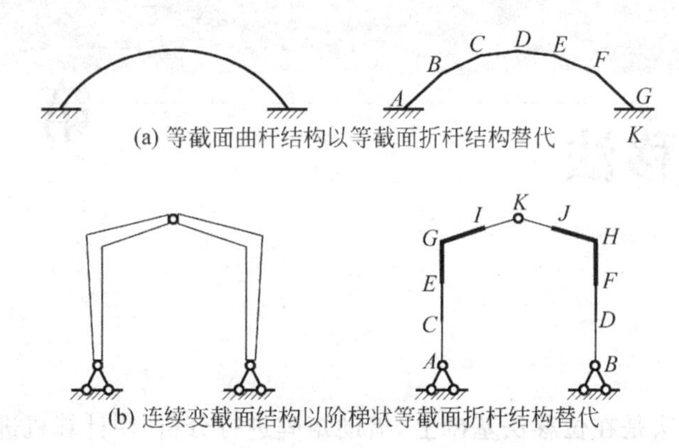

图7-1 曲杆结构、连续变截面结构的处理方法

根据位移法思想,用矩阵位移法求解杆系结构时,主要应解决以下一些问题:

- **单元分析**(element analysis)——研究单元的力学特性,建立单元杆端力和杆端位移之间的关系式。
- **整体分析**(global analysis)——研究整体的平衡条件,解决结点平衡方程组的组成方法等。
- **编制程序**(programming)——确定编程语言,根据矩阵位移法原理设计计算程序以供应用。读者也可参阅《结构力学程序设计及应用》(王焕定等,高等教育出版社,2002)自行设计矩阵位移法计算程序。

7.1.2 计算简图的数据化准备

在解决单元分析和整体分析以前,还应该做以下结构的离散化工作,它包括两方面含义:

- **离散化** 对结点和单元,按一定顺序分别编号,为用数字描述结构——数据化——做准备。
- **数据化** 用数字描述结点坐标、单元材料与截面特性以及支承信息和荷载信息等,以便根据计算程序的需要,为程序提供计算所需全部信息。

具体来说,结构的离散化要在计算简图上做以下几项工作:

(1) **整体坐标** 对整个结构确定一个统一的坐标系 Oxy,称为**整体坐标系**(global coordinate system),以便确定结点位置和由单元特性组成平衡方程组时有统一的"标准"。

(2) **结点编码** 在确定结点后,对结点以数字顺序编码,此号码称为**结点**

整体码(或称**整体编码**)。属于同一单元的结点,称为**相关**(或**相邻**)**结点**。后面的分析将看到,为了节省计算机存储空间和提高效率,应该尽可能减小相关结点编号的最大差值。

(3) **单元编码**　对单元也应该按一定顺序以数字进行编码,称为**单元码**,习惯上用①、②等来标记。为便于分析,一般可按杆件类型依次编排。例如刚架可以先编梁的号码后编柱的或反之,但这不是必须的。

(4) **单元坐标系**　单元在整体坐标中的方位,除单元轴线共线的多跨静定梁和连续梁以外,一般不会全相同,为能对各单元用统一方法进行分析,需要为每一单元确定一个固接于单元的局部坐标系$\overline{Oxy}$。一般以杆件轴线的某一方向作为$\bar{x}$轴的正向,在轴线上以箭头作正方向标记,另外的坐标轴与截面形心主轴一致。本书一律采用右手坐标系。

(5) **位移编码**　不同的计算问题,结点位移个数不同。例如连续梁每个结点只一个转角,平面桁架每结点有沿坐标方向的两个线位移,平面刚架每结点有三个位移(两个线位移u,v,一个角位移θ)等。根据具体问题,按结点编码自小到大的顺序,对每一结点的位移进行顺序编码,这一位移顺序号称为**结点整体位移码**(global displacement code)。后面在某些分析中将已知位移为零的号码都编为零,其他位移再按结点顺序编排。

除上述工作外,在建立单元坐标后,单元有两个结点,以$\bar{1}$记单元**起点**,$\bar{2}$记单元**终点**,称它们为**单元局部结点码**。根据具体问题,每个单元结点的位移个数不同,如连续梁单元的结点有一个转角位移、平面刚架单元的结点有两个平动位移和一个转角位移等,按$\bar{1}$、$\bar{2}$的顺序将这些单元结点位移进行编码,这些位移编码称为**单元局部位移码**(element local displacement code)。

此外,关于计算所需的结点坐标、单元信息、荷载信息、支承信息等,其准备与具体程序考虑有关,这里不再赘述。

平面刚架的上述离散化过程可用图 7-2 加以说明。

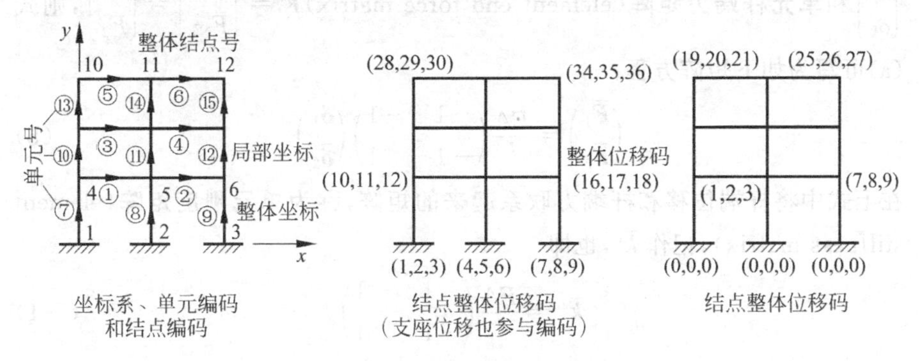

图 7-2　结构离散化过程

7.2 单元分析

本节将在位移法基础上,解决单元分析问题——建立单元杆端位移-单元杆端力间的关系,也即单元刚度方程,为整体分析做准备。

在局部坐标系下,位移和力均以与坐标轴同向为正;转角位移和弯矩以逆时针为正。

7.2.1 平面桁架单元刚度方程

对于桁架单元,杆件只产生拉、压变形,如图7-3所示。当单元产生图示杆端位移 $\bar{u}_{\bar{1}}$ 和 $\bar{u}_{\bar{2}}$ 时,在局部坐标系下根据材料力学可得杆端所需作用的杆端力为

$$\bar{F}_{N\bar{1}} = -\frac{EA}{l}(\bar{u}_{\bar{2}} - \bar{u}_{\bar{1}}),\quad \bar{F}_{N\bar{2}} = \frac{EA}{l}(\bar{u}_{\bar{2}} - \bar{u}_{\bar{1}}) \tag{a}$$

式中 E 为单元材料的弹性模量,A 为单元截面面积,l 为单元的长度。

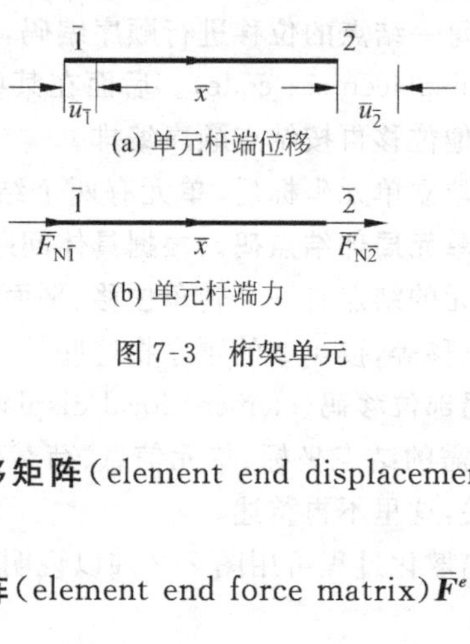

(a) 单元杆端位移

(b) 单元杆端力

图7-3 桁架单元

引入**单元杆端位移矩阵**(element end displacement matrix)$\bar{\delta}^e = \begin{pmatrix} \bar{u}_{\bar{1}} \\ \bar{u}_{\bar{2}} \end{pmatrix} = \begin{pmatrix} \bar{\delta}_1 \\ \bar{\delta}_2 \end{pmatrix}$ 和**单元杆端力矩阵**(element end force matrix)$\bar{\boldsymbol{F}}^e = \begin{pmatrix} \bar{F}_{N\bar{1}} \\ \bar{F}_{N\bar{2}} \end{pmatrix} = \begin{pmatrix} \bar{F}_1 \\ \bar{F}_2 \end{pmatrix}$,则式(a)可写为如下矩阵方程:

$$\begin{pmatrix} \bar{\boldsymbol{F}}_1 \\ \bar{\boldsymbol{F}}_2 \end{pmatrix} = \frac{EA}{l}\begin{pmatrix} 1 & -1 \\ -1 & 1 \end{pmatrix}\begin{pmatrix} \bar{\boldsymbol{\delta}}_1 \\ \bar{\boldsymbol{\delta}}_2 \end{pmatrix} \tag{b}$$

在上式中将杆端位移和杆端力联系起来的矩阵,称为**单元刚度矩阵**(element stiffness matrix),记作 $\bar{\boldsymbol{k}}^e$,也即

$$\bar{\boldsymbol{k}}^e = \frac{EA}{l}\begin{pmatrix} 1 & -1 \\ -1 & 1 \end{pmatrix} \tag{7-1}$$

则式(b)简写为

$$\overline{\boldsymbol{F}}^e = \overline{\boldsymbol{k}}^e \overline{\boldsymbol{\delta}}^e \tag{7-2}$$

矩阵方程式(7-2)称为桁架单元的**单元刚度方程**(element stiffness equation)。

需要指出的是,上述讨论都是对单元局部坐标进行的,为了与后边有关符号相区分,以字母上面加一横,如 $\overline{\boldsymbol{F}}^e$,$\overline{\boldsymbol{k}}^e$ 等表示局部坐标下的量。为了便于统一表示,将带有物理含义的符号(例如轴力 $\overline{F}_{N\text{I}}$、轴向位移 $\overline{u}_{\text{I}}$ 等)用表示广义力、广义位移(例如 $\overline{F}_1$ 和 $\overline{\delta}_1$)的一般符号代替,并按单元局部位移码对其进行标识。各量的上角标 e 表示是单元的量。上述说明适用以下全部单元,将不再赘述。

7.2.2　连续梁单元刚度方程

对细长杆,由于轴向刚度一般远大于弯曲刚度,小变形时横向荷载不产生轴向位移,所以连续梁单元每一杆端只有如图 7-4 所示的一个广义位移(转角)和一个广义力(弯矩)。根据两端固定梁的形、载常数和叠加原理(像建立转角位移方程一样),可得

$$\overline{F}_1 = 4i\overline{\delta}_1 + 2i\overline{\delta}_2 - \overline{F}_1^{\text{F}},\quad \overline{F}_2 = 2i\overline{\delta}_1 + 4i\overline{\delta}_2 - \overline{F}_2^{\text{F}} \tag{c}$$

式中 i 为单元的线刚度,刚度系数以与转角正向一致为正,$\overline{F}_i^{\text{F}}(i=1,2)$为由单元上的荷载所引起的固端弯矩(顺时针为正)。

将单元杆端位移、杆端力和单元固端力矩阵分别记作

$$\overline{\boldsymbol{\delta}}^e = (\overline{\delta}_1\quad \overline{\delta}_2)^{\text{T}},\quad \overline{\boldsymbol{F}}^e = (\overline{F}_1\quad \overline{F}_2)^{\text{T}},\quad \overline{\boldsymbol{F}}^{\text{F}e} = (\overline{F}_1^{\text{F}}\quad \overline{F}_2^{\text{F}})^{\text{T}} \tag{d}$$

则由式(c)可得连续梁单元的单元刚度方程为

$$\overline{\boldsymbol{F}}^e + \overline{\boldsymbol{F}}^{\text{F}e} = \overline{\boldsymbol{k}}^e \overline{\boldsymbol{\delta}}^e \tag{7-3a}$$

式中单元刚度矩阵为

$$\overline{\boldsymbol{k}}^e = \frac{EI}{l}\begin{pmatrix} 4 & 2 \\ 2 & 4 \end{pmatrix} \tag{7-4}$$

需要指出的是,如图 7-4 所示杆端位移、杆端力都是规定逆时针为正,而前几章中固端弯矩规定是顺时针为正的,这时单元刚度方程为式(7-3a)。如果定义单元固端弯矩和杆端弯矩一样逆时针为正,即与局部坐标一致。则单元刚度方程改为

$$\overline{\boldsymbol{F}}^e - \overline{\boldsymbol{F}}^{\text{F}e} = \overline{\boldsymbol{k}}^e \overline{\boldsymbol{\delta}}^e \tag{7-3b}$$

如果将单元上受荷载作用而产生的杆端力按局部位移码组成的矩阵称为**单元等效结点荷载矩阵**(这里等效的含义是所产生的结点位移是相等的),记作 $\overline{\boldsymbol{F}}_{\text{E}}^e$,则单元刚度方程改为

$$\overline{\boldsymbol{F}}^e + \overline{\boldsymbol{F}}_{\text{E}}^e = \overline{\boldsymbol{k}}^e \overline{\boldsymbol{\delta}}^e \tag{7-5}$$

可见单元等效结点荷载矩阵与单元固端力矩阵之间存在 $\overline{\boldsymbol{F}}_{\text{E}}^e = -\overline{\boldsymbol{F}}^{\text{F}e}$,注意:在

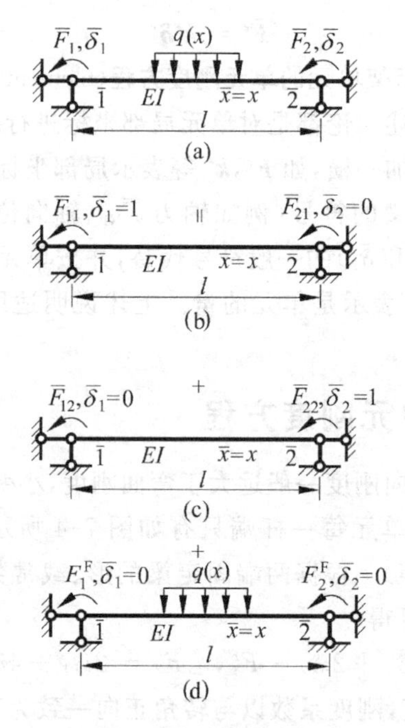

图 7-4 连续梁单元

假设固端力和杆端力正向规定相同的条件下,这一结论同样适用于以下单元。

7.2.3 平面梁柱单元

1. 不考虑轴向变形的平面弯曲单元刚度方程

不考虑轴向变形的平面弯曲单元杆端位移、杆端力如图 7-5(a) 所示。仿照连续梁单元,如图 7-5 利用叠加原理、形常数$\left(\overline{F}_i = \sum_{j=1}^{4}\overline{F}_{ij}\right.$,单元上有荷载时还需用载常数$\left.\right)$ 建立此单元的单元刚度方程(亦称为转角位移方程)。其结果为

单元上无荷载时 $$\overline{\boldsymbol{F}}^e = \overline{\boldsymbol{k}}^e\overline{\boldsymbol{\delta}}^e \tag{7-6a}$$

单元上有荷载时 $$\overline{\boldsymbol{F}}^e + \boldsymbol{F}_{\mathrm{E}}^e = \overline{\boldsymbol{k}}^e\overline{\boldsymbol{\delta}}^e \tag{7-6b}$$

式中

单元杆端位移矩阵为 $$\overline{\boldsymbol{\delta}}^e = (\overline{\delta}_1 \quad \overline{\delta}_2 \quad \overline{\delta}_3 \quad \overline{\delta}_4)^{\mathrm{T}} \tag{7-7a}$$

单元杆端力矩阵为 $$\overline{\boldsymbol{F}}^e = (\overline{F}_1 \quad \overline{F}_2 \quad \overline{F}_3 \quad \overline{F}_4)^{\mathrm{T}} \tag{7-7b}$$

单元等效结点荷载矩阵为

$$\boldsymbol{F}_{\mathrm{E}}^e = -(\overline{F}_1^{\mathrm{F}} \quad \overline{F}_2^{\mathrm{F}} \quad \overline{F}_3^{\mathrm{F}} \quad \overline{F}_4^{\mathrm{F}})^{\mathrm{T}} = -\boldsymbol{F}^{\mathrm{F}e} \tag{7-7c}$$

单元刚度矩阵为

$$\boldsymbol{k}^e=\left(\begin{array}{cc:cc}\frac{12EI}{l^3} & \frac{6EI}{l^2} & -\frac{12EI}{l^3} & \frac{6EI}{l^2}\\ \frac{6EI}{l^2} & \frac{4EI}{l} & -\frac{6EI}{l^2} & \frac{2EI}{l}\\ \hdashline -\frac{12EI}{l^3} & -\frac{6EI}{l^2} & \frac{12EI}{l^3} & -\frac{6EI}{l^2}\\ \frac{6EI}{l^2} & \frac{2EI}{l} & -\frac{6EI}{l^2} & \frac{4EI}{l}\end{array}\right) \tag{7-7d}$$

需要强调指出的是，这里假定单元固端力（固端剪力和固端弯矩）正向规定与图 7-5 所示杆端力正向相同，这和第 5 章中的规定是不同的。

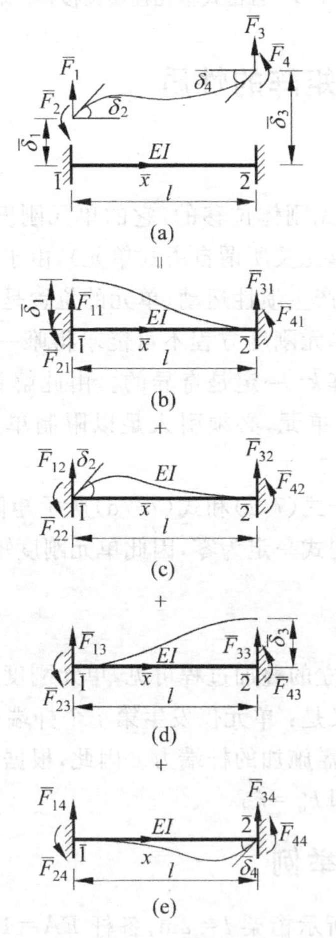

图 7-5　平面弯曲单元杆端位移、杆端力

2. 平面弯曲自由式单元刚度方程

在上述基础上,在图7-6所示杆端位移、杆端力规定的情形下,平面自由式单元的单元刚度方程、单元刚度矩阵和单元等效结点荷载等,读者可根据形、载常数和叠加原理自行写出(单元刚度矩阵的形式可参看例题7-5),以便进一步掌握基本概念。

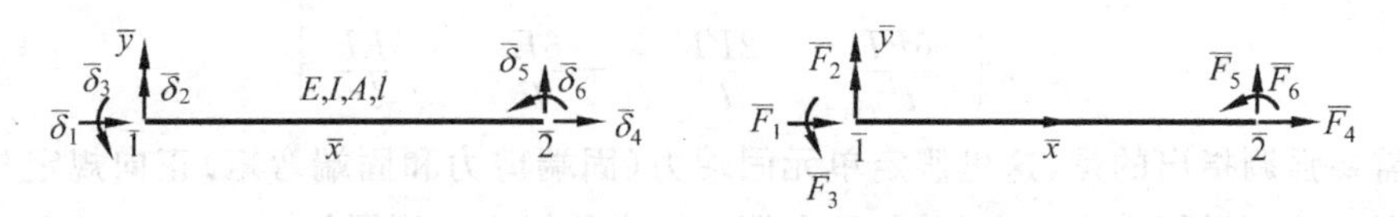

图7-6 自由式单元杆端位移和杆端力

7.2.4 单元刚度矩阵的性质

1. 奇异性

由于连续梁单元是无刚体位移的,它的单元刚度矩阵 $\bar{\boldsymbol{k}}^e$(式7-4)是可逆的。而其他单元(桁架单元及所谓自由式单元),由于单元位移是自由的,在给定平衡外力作用下可以产生惯性运动,单元的位置是不确定的,也就是说在已知平衡外力作用下,由单元刚度方程不可能求得唯一确定的位移。因此作为位移-力之间的联系矩阵 $\bar{\boldsymbol{k}}^e$ 一定是奇异的。由此解释可见,要使自由式单元变成刚度矩阵非奇异的单元,必须引入足以限制单元产生刚体位移的约束条件。

从数学角度看,由于式(7-1)和式(7-7d)所示矩阵存在线性相关的行、列(不独立),其对应的行列式一定为零,因此单元刚度矩阵是奇异的。

2. 对称性

从单元刚度矩阵建立的叠加过程可见,单元刚度矩阵元素 $\bar{k}_{ij}^e$ 实际上都是反力系数,$\bar{k}_{ij}^e$ 的物理意义是:单元仅发生第 j 个杆端单位位移时,在第 i 个杆端位移对应的约束上所需施加的杆端力。因此,根据反力互等定理,单元刚度矩阵一定是对称的,也即 $\bar{k}_{ij}^e=\bar{k}_{ji}^e$。

7.2.5 单元分析举例

例题7-1 图7-7所示桁架 $l=2\mathrm{m}$,各杆 $EA=1.2\times10^6\mathrm{kN}$,局部坐标 $\bar{x}$ 如图中箭头所示。试求图示①、②(1—4杆)单元的局部坐标单元刚度矩阵。

解：①号单元　抗拉刚度 $EA/l=6\times10^5\text{kN/m}$，由式(7-1)可得

$$\bar{k}^{①}=\frac{EA}{l}\begin{pmatrix}1&-1\\-1&1\end{pmatrix}=6\times10^5\begin{pmatrix}1&-1\\-1&1\end{pmatrix}\text{kN/m}$$

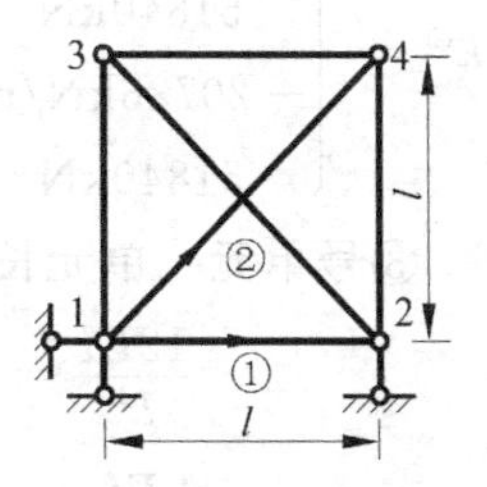

图 7-7　桁架单元例题

②号单元　抗拉刚度为 $EA/\sqrt{2}l=4.2426\times10^5\text{kN/m}$，由式(7-1)可得

$$\bar{k}^{②}=\frac{EA}{\sqrt{2}l}\begin{pmatrix}1&-1\\-1&1\end{pmatrix}=4.426\times10^5\begin{pmatrix}1&-1\\-1&1\end{pmatrix}\text{kN/m}$$

读者模仿①、②号单元可写出 1—3 和 3—2 单元的局部坐标单元刚度矩阵 $\bar{k}^e$。

例题 7-2　图 7-8 所示不考虑轴向变形的平面刚架各杆 $EI=2.16\times10^5\text{kN}\cdot\text{m}^2$，局部坐标 $\bar{x}$ 如图所示。试求图示各单元的局部坐标单元刚度矩阵。

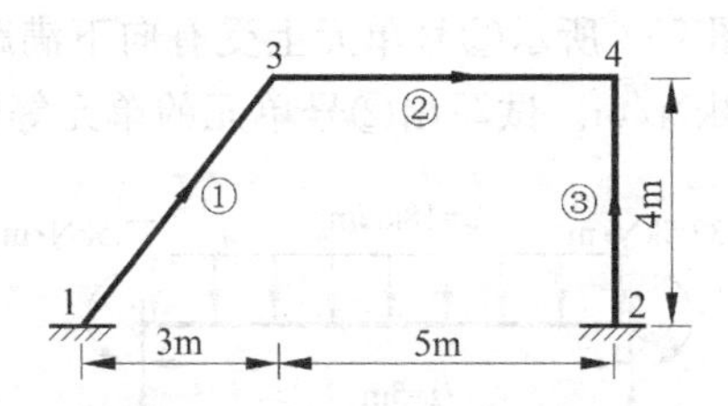

图 7-8　不考虑轴向变形的刚架

解：①号单元　单元长度 $l=5\text{m}$，

$$\frac{12EI}{l^3}=20736\text{kN/m},\quad \frac{6EI}{l^2}=51840\text{kN},$$

$$\frac{2EI}{l}=86400\text{kN}\cdot\text{m},\quad \frac{4EI}{l}=172800\text{kN}\cdot\text{m}$$

将上述数值结果代入式(7-7d)，可得①号单元的单元刚度矩阵为

$$\bar{k}^{①}=\begin{pmatrix}20736\text{kN/m}&51840\text{kN}&-20736\text{kN/m}&51840\text{kN}\\51840\text{kN}&172800\text{kN}\cdot\text{m}&-51840\text{kN}&86400\text{kN}\cdot\text{m}\\-20736\text{kN/m}&-51840\text{kN}&20736\text{kN/m}&-51840\text{kN}\\51840\text{kN}&86400\text{kN}\cdot\text{m}&-51840\text{kN}&172800\text{kN}\cdot\text{m}\end{pmatrix}$$

②号单元　抗弯刚度和单元长度与①号单元一样，因此局部坐标下单元刚度矩阵也完全一样：

$$\bar{\boldsymbol{k}}^{②}=\begin{pmatrix} 20736\text{kN/m} & 51840\text{kN} & -20736\text{kN/m} & 51840\text{kN} \\ 51840\text{kN} & 172800\text{kN}\cdot\text{m} & -51840\text{kN} & 86400\text{kN}\cdot\text{m} \\ -20736\text{kN/m} & -51840\text{kN} & 20736\text{kN/m} & -51840\text{kN} \\ 51840\text{kN} & 86400\text{kN}\cdot\text{m} & -51840\text{kN} & 172800\text{kN}\cdot\text{m} \end{pmatrix}$$

③号单元　单元长度 $l=4\text{m}$，

$$\frac{12EI}{l^3}=40500\text{kN/m},\quad \frac{6EI}{l^2}=81000\text{kN},$$

$$\frac{2EI}{l}=108000\text{kN}\cdot\text{m},\quad \frac{4EI}{l}=216000\text{kN}\cdot\text{m}$$

将上述数值结果代入式(7-7d)，可得③号单元的局部坐标下单元刚度矩阵为

$$\bar{\boldsymbol{k}}^{③}=\begin{pmatrix} 40500\text{kN/m} & 81000\text{kN} & -40500\text{kN/m} & 81000\text{kN} \\ 81000\text{kN} & 216000\text{kN}\cdot\text{m} & -81000\text{kN} & 108000\text{kN}\cdot\text{m} \\ -40500\text{kN/m} & -81000\text{kN} & 40500\text{kN/m} & -81000\text{kN} \\ 81000\text{kN} & 108000\text{kN}\cdot\text{m} & -81000\text{kN} & 216000\text{kN}\cdot\text{m} \end{pmatrix}$$

例题 7-3 如果图 7-8 所示②号单元上受有向下满跨均布荷载(如图 7-9 所示)，其集度 q 为 18kN/m。试写出②号单元的单元等效结点荷载矩阵 $\boldsymbol{F}_{\text{E}}^{②}$。

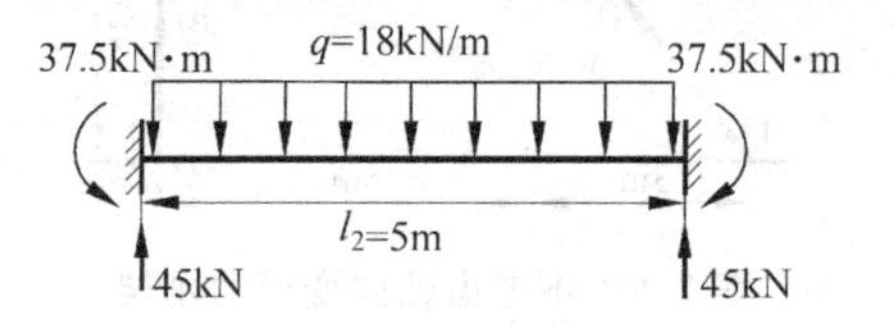

图 7-9　②号单元固端内力

解：由表 5-1 中的载常数可得②号单元固端内力如图 7-9 所示(图中均为实际受力方向)。在固端内力正向规定和杆端力正向规定一致，也即沿右手系局部坐标正向为正时，固端力矩阵 $\boldsymbol{F}^{\text{F}②}$ 为

$$\boldsymbol{F}^{\text{F}②}(45\text{kN}\quad 37.5\text{kN}\cdot\text{m}\quad 45\text{kN}\quad -37.5\text{kN}\cdot\text{m})^{\text{T}}$$

根据等效结点荷载矩阵和固端力矩阵之间的反号关系，可得②号单元等效结点荷载矩阵 $\boldsymbol{F}_{\text{E}}^{②}=(-45\text{kN}\quad -37.5\text{kN}\cdot\text{m}\quad -45\text{kN}\quad 37.5\text{kN}\cdot\text{m})$。

由本例可见，等效结点荷载矩阵可按如下步骤求解：

(1) 根据载常数计算固端反力并按实际方向画在单元杆端上；

(2) 根据杆端位移编号顺序、杆端力正向规定，写出固端反力矩阵；

(3) 将固端反力矩阵反号，即得等效结点荷载矩阵。

7.3　整体分析

结构离散化时，建立了两种坐标系——结构整体坐标系和单元局部坐标系。在单元分析中，位移、力都是对单元局部坐标系定义的。而实际结构中的每个单元方位除连续梁、多跨静定梁之外各不相同，要考虑结点位移协调、受力平衡，应该有一个统一的坐标系，因而引入结构整体坐标系。在两种坐标系下的同一物理量存在着相互转换关系，将局部坐标系下表达的量转换成整体坐标系下表达的量，或相反，均称为**坐标转换**(transformation of coordinates)。显然在进行整体分析之前，要首先解决这一转换问题。

7.3.1　坐标转换

1. 平面自由式单元位移、力的坐标转换

平面弯曲自由式单元在两个坐标系下的杆端位移和杆端力如图 7-10 所示。无上划线的量是相对整体坐标系的。根据图示几何关系，杆端 $\bar{1}$ 局部坐标的位移量可以用杆端整体坐标下的位移量表示如下：

$$\bar{\delta}_1=\delta_1\cos\alpha+\delta_2\sin\alpha,\quad \bar{\delta}_2=\delta_1(-\sin\alpha)+\delta_2\cos\alpha,\quad \bar{\delta}_3=\delta_3$$

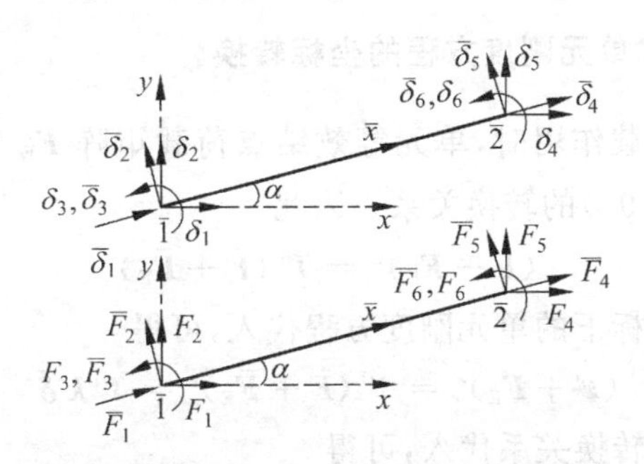

图 7-10　单元杆端位移、杆端力坐标转换

以矩阵方程表示为

$$\bar{\delta}_{\bar{1}}=\begin{pmatrix}\bar{\delta}_1\\\bar{\delta}_2\\\bar{\delta}_3\end{pmatrix}=\begin{pmatrix}\cos\alpha & \sin\alpha & 0\\-\sin\alpha & \cos\alpha & 0\\0 & 0 & 1\end{pmatrix}\begin{pmatrix}\delta_1\\\delta_2\\\delta_3\end{pmatrix}=\boldsymbol{\lambda\delta}_{\bar{1}}$$

式中，α 为两坐标系之间的夹角(如图示逆时针转角为正)，**结点(位移)坐标转换矩阵** λ **为**

$$\boldsymbol{\lambda}=\begin{pmatrix}\cos\alpha & \sin\alpha & 0\\ -\sin\alpha & \cos\alpha & 0\\ 0 & 0 & 1\end{pmatrix} \tag{7-8}$$

同理,杆端$\bar{1}$整体坐标下的杆端力可以用局部坐标下的杆端力表示如下:

$$F_1=\bar{F}_1\cos\alpha-\bar{F}_2\sin\alpha,\quad F_2=\bar{F}_1\sin\alpha+\bar{F}_2\cos\alpha,\quad F_3=\bar{F}_3$$

以矩阵方程表示为

$$\boldsymbol{F}_{\bar{1}}=\begin{pmatrix}F_1\\F_2\\F_3\end{pmatrix}=\begin{pmatrix}\cos\alpha & -\sin\alpha & 0\\ \sin\alpha & \cos\alpha & 0\\ 0 & 0 & 1\end{pmatrix}\begin{pmatrix}\bar{F}_1\\\bar{F}_2\\\bar{F}_3\end{pmatrix}=\boldsymbol{\lambda}^{\mathrm{T}}\boldsymbol{F}_{\bar{1}}$$

基于上述关系($\bar{2}$端可类似写出),单元杆端位移、杆端力之间的关系为

$$\bar{\boldsymbol{\delta}}^e=\begin{pmatrix}\bar{\boldsymbol{\delta}}_{\bar{1}}\\\bar{\boldsymbol{\delta}}_{\bar{2}}\end{pmatrix}=\begin{pmatrix}\boldsymbol{\lambda} & \boldsymbol{0}\\ \boldsymbol{0} & \boldsymbol{\lambda}\end{pmatrix}\begin{pmatrix}\delta_{\bar{1}}\\\delta_{\bar{2}}\end{pmatrix}=\boldsymbol{T}\boldsymbol{\delta}^e \tag{7-9a}$$

$$\boldsymbol{F}^e=\begin{pmatrix}\boldsymbol{F}_{\bar{1}}\\\boldsymbol{F}_{\bar{2}}\end{pmatrix}=\begin{pmatrix}\boldsymbol{\lambda}^{\mathrm{T}} & \boldsymbol{0}\\ \boldsymbol{0} & \boldsymbol{\lambda}^{\mathrm{T}}\end{pmatrix}\begin{pmatrix}\bar{\boldsymbol{F}}_{\bar{1}}\\\bar{\boldsymbol{F}}_{\bar{2}}\end{pmatrix}=\boldsymbol{T}^{\mathrm{T}}\bar{\boldsymbol{F}}^e \tag{7-9b}$$

式中$\boldsymbol{T}$如式(7-9a)所示,由结点坐标转换矩阵λ块对角组成,称为**单元坐标转换矩阵**。对正交坐标系,由于$\boldsymbol{\lambda}^{-1}=\boldsymbol{\lambda}^{\mathrm{T}}$,因此$\boldsymbol{T}^{-1}=\boldsymbol{T}^{\mathrm{T}}$。这说明对正交坐标系**$\boldsymbol{\lambda}$和$\boldsymbol{T}$是正交矩阵**。

2. 平面自由式单元刚度方程的坐标转换

当单元上有荷载作用时,单元等效结点荷载矩阵$\boldsymbol{F}_{\mathrm{E}}^e$和单元杆端力矩阵$\boldsymbol{F}^e$一样,存在式(7-9b)的转换关系。因此

$$(\boldsymbol{F}+\boldsymbol{F}_{\mathrm{E}})^e=\boldsymbol{T}^{\mathrm{T}}(\bar{\boldsymbol{F}}+\bar{\boldsymbol{F}}_{\mathrm{E}})^e$$

将单元局部坐标下的单元刚度方程代入,可得

$$(\boldsymbol{F}+\boldsymbol{F}_{\mathrm{E}})^e=\boldsymbol{T}^{\mathrm{T}}(\bar{\boldsymbol{F}}+\bar{\boldsymbol{F}}_{\mathrm{E}})^e=\boldsymbol{T}^{\mathrm{T}}\bar{\boldsymbol{k}}^e\bar{\boldsymbol{\delta}}^e$$

再将式(7-9a)位移转换关系代入,可得

$$(\boldsymbol{F}+\boldsymbol{F}_{\mathrm{E}})^e=\boldsymbol{T}^{\mathrm{T}}(\bar{\boldsymbol{F}}+\bar{\boldsymbol{F}}_{\mathrm{E}})^e=\boldsymbol{T}^{\mathrm{T}}\bar{\boldsymbol{k}}^e\bar{\boldsymbol{\delta}}^e=\boldsymbol{T}^{\mathrm{T}}\bar{\boldsymbol{k}}^e\boldsymbol{T}\delta^e \tag{a}$$

这是联系整体坐标下单元杆端位移和单元杆端力的方程,称为**整体坐标下的单元刚度方程**,简称为**单元刚度方程**。如果引入整体坐标单元刚度矩阵$\boldsymbol{k}^e$

$$\boldsymbol{k}^e=\boldsymbol{T}^{\mathrm{T}}\bar{\boldsymbol{k}}^e\boldsymbol{T} \tag{7-10}$$

则单元刚度方程式(a)可改写为

$$(\boldsymbol{F}+\boldsymbol{F}_{\mathrm{E}})^e=\boldsymbol{k}^e\delta^e \tag{7-11}$$

对比式(7-11)和式(7-5),可以看出,两种坐标系下的单元刚度方程在形式上是一样的。

3. 平面桁架单元的坐标转换

平面桁架单元的坐标转换有两种做法。其一是像 1 中那样直接建立两类量间的关系。

局部位移用整体位移表示

$$\begin{pmatrix}\bar{\delta}_1\\ \bar{\delta}_2\end{pmatrix}=\begin{pmatrix}\cos\alpha & \sin\alpha & 0 & 0\\ 0 & 0 & \cos\alpha & \sin\alpha\end{pmatrix}(\delta_1\quad\delta_2\quad\delta_3\quad\delta_4)^{\mathrm{T}}$$

整体力用局部力表示

$$(F_1\quad F_2\quad F_3\quad F_4)^{\mathrm{T}}=\begin{pmatrix}\cos\alpha & \sin\alpha & 0 & 0\\ 0 & 0 & \cos\alpha & \sin\alpha\end{pmatrix}^{\mathrm{T}}\begin{pmatrix}\bar{F}_1\\ \bar{F}_2\end{pmatrix}$$

这时坐标转换矩阵 $\boldsymbol{T}$ 为

$$\boldsymbol{T}=\begin{pmatrix}\cos\alpha & \sin\alpha & 0 & 0\\ 0 & 0 & \cos\alpha & \sin\alpha\end{pmatrix}\tag{7-12}$$

整体坐标单元刚度矩阵为 $\boldsymbol{k}^e=\boldsymbol{T}^{\mathrm{T}}\bar{\boldsymbol{k}}^e\boldsymbol{T}$，其中 $\bar{\boldsymbol{k}}^e$ 由式(7-1)计算。

另一种做法是，将单元局部坐标杆端位移扩展成 4 个，分别表示局部坐标轴向和横向位移，也即 $\bar{\boldsymbol{\delta}}^e=(\bar{\delta}_1\quad\bar{\delta}_2\quad\bar{\delta}_3\quad\bar{\delta}_4)^{\mathrm{T}}$，这时局部坐标单元刚度矩阵也应扩展成

$$\bar{\boldsymbol{k}}^e=\frac{EA}{l}\begin{pmatrix}1 & 0 & -1 & 0\\ 0 & 0 & 0 & 0\\ -1 & 0 & 1 & 0\\ 0 & 0 & 0 & 0\end{pmatrix}\tag{7-13}$$

根据式(7-8)所建立的两类量间的关系，对桁架其相应的单元坐标转换矩阵 $\boldsymbol{T}$ 为

$$\boldsymbol{T}=\begin{pmatrix}\cos\alpha & \sin\alpha & 0 & 0\\ -\sin\alpha & \cos\alpha & 0 & 0\\ 0 & 0 & \cos\alpha & \sin\alpha\\ 0 & 0 & -\sin\alpha & \cos\alpha\end{pmatrix}\tag{7-14}$$

整体坐标单元刚度矩阵仍为 $\boldsymbol{k}^e=\boldsymbol{T}^{\mathrm{T}}\bar{\boldsymbol{k}}^e\boldsymbol{T}$。由矩阵乘法不难验证这两种做法结果是一样的。

4. 坐标转换举例

例题 7-4　试求例题 7-1 桁架中①、②两单元的整体坐标单元刚度矩阵。

解：由于①单元 $\alpha=0$，因此式(7-14)中 $\boldsymbol{T}$ 为单位矩阵，此时整体单元刚度矩阵和局部单元刚度矩阵相同(只是变成 4×4 的，如式(7-13)那样)

$$\boldsymbol{k}^{①}=\frac{EA}{l}\begin{pmatrix}1&0&-1&0\\0&0&0&0\\-1&0&1&0\\0&0&0&0\end{pmatrix}$$

$$=6\times10^{5}\begin{pmatrix}1&0&-1&0\\0&0&0&0\\-1&0&1&0\\0&0&0&0\end{pmatrix}\text{kN/m}$$

②单元 $\alpha=45°$，若引入记号 $c=\cos\alpha$、$s=\sin\alpha$，根据式(7-13)和式(7-14)、矩阵乘法并考虑 $c^2=s^2=cs=0.5$，可得

$$\boldsymbol{k}^{②}=\boldsymbol{T}^{\mathrm{T}}\boldsymbol{k}^{②}\boldsymbol{T}$$

$$=\begin{pmatrix}c&-s&0&0\\s&c&0&0\\0&0&c&-s\\0&0&s&c\end{pmatrix}\frac{EA}{l}\begin{pmatrix}1&0&-1&0\\0&0&0&0\\-1&0&1&0\\0&0&0&0\end{pmatrix}\begin{pmatrix}c&s&0&0\\-s&c&0&0\\0&0&c&s\\0&0&-s&c\end{pmatrix}$$

$$=\frac{EA}{\sqrt{2}l}\begin{pmatrix}c^2&cs&-c^2&-cs\\cs&s^2&-cs&-s^2\\-c^2&-cs&c^2&cs\\-cs&-s^2&cs&s^2\end{pmatrix}$$

$$=2.1213\times10^{5}\begin{pmatrix}1&1&-1&-1\\1&1&-1&-1\\-1&-1&1&1\\-1&-1&1&1\end{pmatrix}\text{kN/m}$$

由计算过程可知，任意倾角 α 时的桁架单元整体坐标单元刚度矩阵为

$$\boldsymbol{k}^{e}=\frac{EA}{l}\begin{pmatrix}\boldsymbol{t}&-\boldsymbol{t}\\-\boldsymbol{t}&\boldsymbol{t}\end{pmatrix},\quad \boldsymbol{t}=\begin{pmatrix}c^2&cs\\cs&s^2\end{pmatrix}\tag{7-15}$$

例题 7-5 试求图 7-8 所示刚架同时考虑轴向变形时①、③两单元的整体坐标单元刚度矩阵，$EA=7.2\times10^{6}\text{kN}$，$EI=2.16\times10^{5}\text{kN}\cdot\text{m}^2$。

解：对等直杆单元，轴向变形不产生弯曲变形和剪切变形，同样弯曲和剪切变形也不产生轴向变形，因此根据叠加原理考虑轴向变形的局部坐标自由式单元的单元刚度矩阵和刚度方程为

$$\bar{\boldsymbol{k}}^e = \begin{pmatrix} \frac{EA}{l} & 0 & 0 & -\frac{EA}{l} & 0 & 0 \\ 0 & \frac{12EI}{l^3} & \frac{6EI}{l^2} & 0 & -\frac{12EI}{l^3} & \frac{6EI}{l^2} \\ 0 & \frac{6EI}{l^2} & \frac{4EI}{l} & 0 & -\frac{6EI}{l^2} & \frac{2EI}{l} \\ -\frac{EA}{l} & 0 & 0 & \frac{EA}{l} & 0 & 0 \\ 0 & -\frac{12EI}{l^3} & -\frac{6EI}{l^2} & 0 & \frac{12EI}{l^3} & -\frac{6EI}{l^2} \\ 0 & \frac{6EI}{l^2} & \frac{2EI}{l} & 0 & -\frac{6EI}{l^2} & \frac{4EI}{l} \end{pmatrix} \begin{matrix} \bar{u}_{\bar{1}} = \bar{\delta}_1 \\ \bar{v}_{\bar{1}} = \bar{\delta}_2 \\ \bar{\theta}_{\bar{1}} = \bar{\delta}_3 \\ \bar{u}_{\bar{2}} = \bar{\delta}_4 \\ \bar{v}_{\bar{2}} = \bar{\delta}_5 \\ \bar{\theta}_{\bar{2}} = \bar{\delta}_6 \end{matrix} \tag{7-16a}$$

$$\bar{\boldsymbol{F}}^e + \bar{\boldsymbol{F}}^e_{\mathrm{E}} = \begin{pmatrix} \bar{\boldsymbol{F}}^e_1 + \bar{\boldsymbol{F}}^e_{\mathrm{E},1} \\ \bar{\boldsymbol{F}}^e_2 + \bar{\boldsymbol{F}}^e_{\mathrm{E},2} \end{pmatrix} = \begin{pmatrix} \bar{\boldsymbol{k}}_{11} & \bar{\boldsymbol{k}}_{12} \\ \bar{\boldsymbol{k}}_{21} & \bar{\boldsymbol{k}}_{22} \end{pmatrix}^e \begin{pmatrix} \bar{\boldsymbol{\delta}}_1 \\ \bar{\boldsymbol{\delta}}_2 \end{pmatrix}^e = \bar{\boldsymbol{k}}^e \bar{\boldsymbol{\delta}}^e \tag{7-16b}$$

式中 $\bar{u}_{\bar{1}}$、$\bar{v}_{\bar{1}}$、$\bar{\theta}_{\bar{1}}$ 等为常用的位移符号。同样,单元等效结点荷载矩阵也可按位移排列顺序由对应的固端内力组成。将已知数据代入式(7-16),即可得①、③单元局部坐标下的单元刚度矩阵分别为

$$\bar{\boldsymbol{k}}^{①} = \begin{pmatrix} 144\text{kN/m} & 0 & 0 & -144\text{kN/m} & 0 & 0 \\ 0 & 2.0736\text{kN/m} & 5.184\text{kN} & 0 & -2.0736\text{kN/m} & 5.184\text{kN} \\ 0 & 5.184\text{kN} & 17.28\text{kN}\cdot\text{m} & 0 & -5.184\text{kN} & 8.64\text{kN}\cdot\text{m} \\ -144\text{kN/m} & 0 & 0 & 144\text{kN/m} & 0 & 0 \\ 0 & -2.0736\text{kN/m} & -5.184\text{kN} & 0 & 2.0736\text{kN/m} & -5.184\text{kN} \\ 0 & 5.184\text{kN} & 8.64\text{kN}\cdot\text{m} & 0 & -5.184\text{kN} & 17.28\text{kN}\cdot\text{m} \end{pmatrix} \times 10^4$$

$$\bar{\boldsymbol{k}}^{③} = \begin{pmatrix} 180\text{kN/m} & 0 & 0 & -180\text{kN/m} & 0 & 0 \\ 0 & 4.05\text{kN/m} & 8.1\text{kN} & 0 & -4.05\text{kN/m} & 8.1\text{kN} \\ 0 & 8.1\text{kN} & 21.6\text{kN}\cdot\text{m} & 0 & -8.1\text{kN} & 10.8\text{kN}\cdot\text{m} \\ -180\text{kN/m} & 0 & 0 & 180\text{kN/m} & 0 & 0 \\ 0 & -4.05\text{kN/m} & -8.1\text{kN} & 0 & 4.05\text{kN/m} & -8.1\text{kN} \\ 0 & 8.1\text{kN} & 10.8\text{kN}\cdot\text{m} & 0 & -8.1\text{kN} & 21.6\text{kN}\cdot\text{m} \end{pmatrix} \times 10^4$$

①单元 $\cos\alpha = 0.6$, $\sin\alpha = 0.8$ ($\alpha = 53.13°$),③单元 $\cos\alpha = 0$, $\sin\alpha = 1$ ($\alpha = 90°$)。由此可得坐标转换矩阵分别为

$$\boldsymbol{T}^e = \begin{pmatrix} \boldsymbol{\lambda} & \boldsymbol{0} \\ \boldsymbol{0} & \boldsymbol{\lambda} \end{pmatrix}^e, \quad \lambda^{①} = \begin{pmatrix} 0.6 & 0.8 & 0 \\ -0.8 & 0.6 & 0 \\ 0 & 0 & 1 \end{pmatrix}, \quad \lambda^{③} = \begin{pmatrix} 0 & 1 & 0 \\ -1 & 0 & 0 \\ 0 & 0 & 1 \end{pmatrix}$$

由 $\boldsymbol{k}^e = \boldsymbol{T}^{\mathrm{T}} \bar{\boldsymbol{k}}^e \boldsymbol{T}$ 即可求得其元素数值为

$$
\boldsymbol{k}^{①}=\left(\begin{array}{ccc:ccc}
53.17\text{kN/m} & 68.12\text{kN/m} & -4.15\text{kN} & -53.17\text{kN/m} & -68.12\text{kN/m} & -4.15\text{kN} \\
68.12\text{kN/m} & 92.91\text{kN/m} & 3.11\text{kN} & -68.12\text{kN/m} & -92.91\text{kN/m} & 3.11\text{kN} \\
-4.15\text{kN} & 3.11\text{kN} & 17.28\text{kN}\cdot\text{m} & 4.15\text{kN} & -3.11\text{kN} & 8.64\text{kN}\cdot\text{m} \\
\hdashline
-53.17\text{kN/m} & -68.12\text{kN/m} & 4.15\text{kN} & 53.17\text{kN/m} & 68.12\text{kN/m} & 4.15\text{kN} \\
-68.12\text{kN/m} & -92.91\text{kN/m} & -3.11\text{kN} & 68.12\text{kN/m} & 92.91\text{kN/m} & -3.11\text{kN} \\
-4.15\text{kN} & 3.11\text{kN} & 8.64\text{kN}\cdot\text{m} & 4.15\text{kN} & -3.11\text{kN} & 17.28\text{kN}\cdot\text{m}
\end{array}\right)\times 10^4
$$

$$
\boldsymbol{k}^{③}=\left(\begin{array}{ccc:ccc}
4.05\text{kN/m} & 0 & -8.1\text{kN} & -4.05\text{kN/m} & 0 & -8.1\text{kN} \\
0 & 180\text{kN/m} & 0 & 0 & -180\text{kN/m} & 0 \\
-8.1\text{kN} & 0 & 21.6\text{kN}\cdot\text{m} & 8.1\text{kN} & 0 & 10.8\text{kN}\cdot\text{m} \\
\hdashline
-4.05\text{kN/m} & 0 & 8.1\text{kN} & 4.05\text{kN/m} & 0 & 8.1\text{kN} \\
0 & -180\text{kN/m} & 0 & 0 & 180\text{kN/m} & 0 \\
-8.1\text{kN} & 0 & 10.8\text{kN}\cdot\text{m} & 8.1\text{kN} & 0 & 21.6\text{kN}\cdot\text{m}
\end{array}\right)\times 10^4
$$

对照 $\boldsymbol{k}^{③}$ 和 $\bar{k}^{③}$ 可以发现,对于倾角为 90°的单元,整体坐标单元刚度矩阵可以按一定的规则对局部坐标单元刚度矩阵作变换得到,手算时可不进行坐标变换的矩阵乘。这一变换规则,请读者自行总结。

7.3.2 整体集成方法

建立了整体坐标单元刚度方程(单元刚度矩阵、单元等效结点荷载矩阵)之后,与位移法一样,通过建立结点平衡方程得到结构的整体平衡方程,这就是所谓整体分析。

1. 连续梁的结构刚度方程

为便于理解,先以图 7-11 所示最简单的连续梁结构讨论整体分析问题。图示连续梁有 4 个结点,分为三个单元,自左到右分别为①、②、③单元,截面 $EI=2.16\times10^5\text{kN}\cdot\text{m}^2$,单元上所受荷载如图所示。

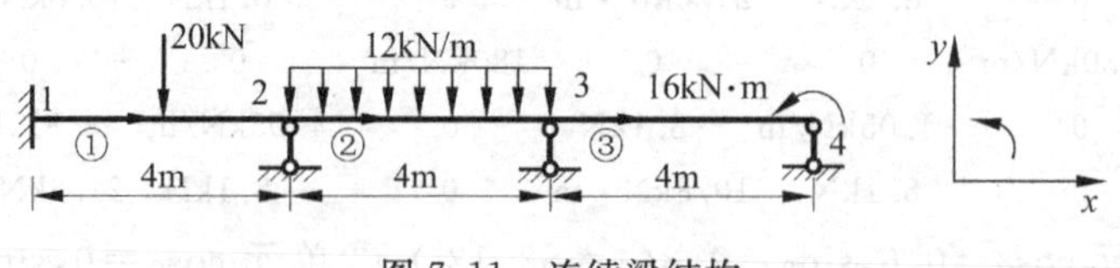

图 7-11 连续梁结构

因为三个单元的线刚度一样,所以三个单元的单元刚度矩阵相同,均为

$$
\boldsymbol{k}^e=\bar{\boldsymbol{k}}^e=\begin{pmatrix} k_{11} & k_{12} \\ k_{21} & k_{22}\end{pmatrix}=2.16\times10^5\begin{pmatrix}1 & 0.5 \\ 0.5 & 1\end{pmatrix}\text{kN}\cdot\text{m}
$$

根据 7.2 节的介绍,由载常数可得①、②单元的等效结点荷载矩阵分别为

$$\boldsymbol{F}_{\mathrm{E}}^{①} = (-10\mathrm{kN}\cdot\mathrm{m}\quad 10\mathrm{kN}\cdot\mathrm{m})^{\mathrm{T}},\quad \boldsymbol{F}_{\mathrm{E}}^{②} = (-16\mathrm{kN}\cdot\mathrm{m}\quad 16\mathrm{kN}\cdot\mathrm{m})^{\mathrm{T}}$$

各单元的单元刚度方程分别为

$$\begin{pmatrix} F_{\bar{1}} \\ F_{\bar{2}} \end{pmatrix}^{①} + \begin{pmatrix} F_{\mathrm{E}\bar{1}} \\ F_{\mathrm{E}\bar{2}} \end{pmatrix}^{①} = \begin{pmatrix} F_{\bar{1}} \\ F_{\bar{2}} \end{pmatrix}^{①} + \begin{pmatrix} -10\mathrm{kN}\cdot\mathrm{m} \\ 10\mathrm{kN}\cdot\mathrm{m} \end{pmatrix} = \begin{pmatrix} k_{11} & k_{12} \\ k_{21} & k_{22} \end{pmatrix}^{①} \begin{pmatrix} \delta_{\bar{1}} \\ \delta_{\bar{2}} \end{pmatrix}^{①}$$

$$\begin{pmatrix} F_{\bar{1}} \\ F_{\bar{2}} \end{pmatrix}^{②} + \begin{pmatrix} F_{\mathrm{E}\bar{1}} \\ F_{\mathrm{E}\bar{2}} \end{pmatrix}^{②} = \begin{pmatrix} F_{\bar{1}} \\ F_{\bar{2}} \end{pmatrix}^{②} + \begin{pmatrix} -16\mathrm{kN}\cdot\mathrm{m} \\ 16\mathrm{kN}\cdot\mathrm{m} \end{pmatrix} = \begin{pmatrix} k_{11} & k_{12} \\ k_{21} & k_{22} \end{pmatrix}^{②} \begin{pmatrix} \delta_{\bar{1}} \\ \delta_{\bar{2}} \end{pmatrix}^{②} \tag{a}$$

$$\begin{pmatrix} F_{\bar{1}} \\ F_{\bar{2}} \end{pmatrix}^{③} = \begin{pmatrix} k_{11} & k_{12} \\ k_{21} & k_{22} \end{pmatrix}^{③} \begin{pmatrix} \delta_{\bar{1}} \\ \delta_{\bar{2}} \end{pmatrix}^{③}$$

当将单元组装成结构时，应该满足位移协调条件。对于本例题，单元杆端位移和结构结点位移之间应该满足如下关系：

$$\delta_{\bar{1}}^{①} = \delta_1,\quad \delta_{\bar{2}}^{①} = \delta_2 = \delta_{\bar{1}}^{②},\quad \delta_{\bar{2}}^{②} = \delta_3 = \delta_{\bar{1}}^{③},\quad \delta_{\bar{2}}^{③} = \delta_4 \tag{b}$$

将结点位移按结点顺序排列组成矩阵，并称此矩阵为**结构结点位移矩阵**，记为 Δ，则

$$\Delta = (\delta_1\quad \delta_2\quad \delta_3\quad \delta_4)^{\mathrm{T}} \tag{7-17}$$

如图 7-11 所示，1 结点有未知的支座反力矩 F_{R1} 作用，4 结点有已知力偶 16kN·m 作用，2、3 结点无荷载作用，将这些直接作用于结点的荷载按结点顺序排列成矩阵，称为**直接结点荷载矩阵**，记为 $\boldsymbol{P}_{\mathrm{D}}$，则有

$$\boldsymbol{P}_{\mathrm{D}} = (F_{\mathrm{R1}}\quad 0\quad 0\quad 16\mathrm{kN}\cdot\mathrm{m})^{\mathrm{T}} \tag{7-18}$$

接着取 4 个结点为隔离体如图 7-12 所示，考虑其平衡，注意到作用于结点的杆端力和作用于杆端的杆端力互为作用、反作用关系，因此有

$$F_{\mathrm{R1}} = F_{\bar{1}}^{①},\quad 0 = (F_{\bar{2}}^{①} + F_{\bar{1}}^{②}),$$

$$0 = (F_{\bar{2}}^{②} + F_{\bar{1}}^{③}),\quad 16\mathrm{kN}\cdot\mathrm{m} = F_{\bar{2}}^{③}$$

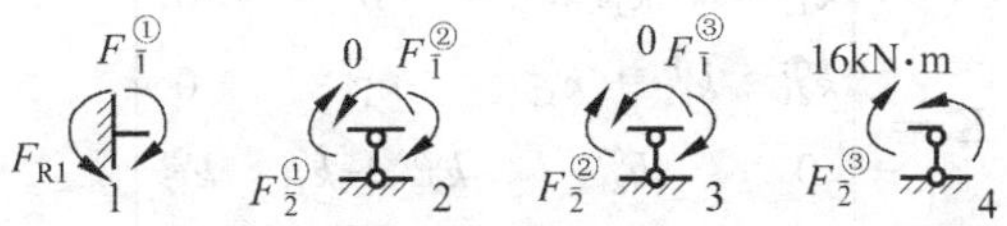

图 7-12　结点受力图

以矩阵方程表示则上述平衡方程可表示为

$$\boldsymbol{P}_{\mathrm{D}} = \begin{pmatrix} F_{\mathrm{R1}} \\ 0 \\ 0 \\ 16\mathrm{kN}\cdot\mathrm{m} \end{pmatrix} = \begin{pmatrix} F_{\bar{1}}^{①} \\ F_{\bar{1}}^{①} \\ 0 \\ 0 \end{pmatrix} + \begin{pmatrix} 0 \\ F_{\bar{1}}^{②} \\ F_{\bar{2}}^{②} \\ 0 \end{pmatrix} + \begin{pmatrix} 0 \\ 0 \\ F_{\bar{1}}^{③} \\ F_{\bar{2}}^{③} \end{pmatrix} \tag{c}$$

考虑到式(a)、式(b)和式(7-17)，不难看出

$$\begin{Bmatrix} F_{\bar{1}}^{①} \\ F_{\bar{2}}^{①} \\ 0 \\ 0 \end{Bmatrix} = \begin{bmatrix} k_{11}^{①} & k_{12}^{①} & 0 & 0 \\ k_{21}^{①} & k_{22}^{①} & 0 & 0 \\ 0 & 0 & 0 & 0 \\ 0 & 0 & 0 & 0 \end{bmatrix} \begin{Bmatrix} \delta_1 \\ \delta_2 \\ \delta_3 \\ \delta_4 \end{Bmatrix} - \begin{Bmatrix} -10\text{kN}\cdot\text{m} \\ 10\text{kN}\cdot\text{m} \\ 0 \\ 0 \end{Bmatrix}$$

$$\begin{Bmatrix} 0 \\ F_{\bar{1}}^{②} \\ F_{\bar{2}}^{②} \\ 0 \end{Bmatrix} = \begin{bmatrix} 0 & 0 & 0 & 0 \\ 0 & k_{11}^{②} & k_{12}^{②} & 0 \\ 0 & k_{21}^{②} & k_{22}^{②} & 0 \\ 0 & 0 & 0 & 0 \end{bmatrix} \begin{Bmatrix} \delta_1 \\ \delta_2 \\ \delta_3 \\ \delta_4 \end{Bmatrix} - \begin{Bmatrix} 0 \\ -16\text{kN}\cdot\text{m} \\ 16\text{kN}\cdot\text{m} \\ 0 \end{Bmatrix} \tag{d}$$

$$\begin{Bmatrix} 0 \\ 0 \\ F_{\bar{1}}^{③} \\ F_{\bar{2}}^{③} \end{Bmatrix} = \begin{bmatrix} 0 & 0 & 0 & 0 \\ 0 & 0 & 0 & 0 \\ 0 & 0 & k_{11}^{③} & k_{12}^{③} \\ 0 & 0 & k_{21}^{③} & k_{22}^{③} \end{bmatrix} \begin{Bmatrix} \delta_1 \\ \delta_2 \\ \delta_3 \\ \delta_4 \end{Bmatrix}$$

将式(d)代入平衡方程式(c),则可得

$$\boldsymbol{P}_{\text{D}} = \begin{Bmatrix} F_{\text{R1}} \\ 0 \\ 0 \\ 16\text{kN}\cdot\text{m} \end{Bmatrix} = \begin{bmatrix} k_{11}^{①} & k_{12}^{①} & 0 & 0 \\ k_{21}^{①} & k_{22}^{①}+k_{11}^{②} & k_{12}^{②} & 0 \\ 0 & k_{21}^{②} & k_{22}^{②}+k_{11}^{③} & k_{12}^{③} \\ 0 & 0 & k_{21}^{③} & k_{22}^{③} \end{bmatrix} \begin{Bmatrix} \delta_1 \\ \delta_2 \\ \delta_3 \\ \delta_4 \end{Bmatrix} - \begin{Bmatrix} F_{\text{E1}}^{①} \\ F_{\text{E2}}^{①}+F_{\text{E1}}^{②} \\ F_{\text{E2}}^{②}+F_{\text{E1}}^{③} \\ F_{\text{E2}}^{③} \end{Bmatrix} \tag{e}$$

如果引入记号

$$\begin{aligned} \boldsymbol{P}_{\text{E}} &= (F_{\text{E1}}^{①} \quad F_{\text{E2}}^{①}+F_{\text{E1}}^{②} \quad F_{\text{E2}}^{②}+F_{\text{E1}}^{③} \quad F_{\text{E2}}^{③})^{\text{T}} \\ &= (-10 \quad -6 \quad 16 \quad 0)^{\text{T}}\text{kN}\cdot\text{m} \end{aligned} \tag{7-19}$$

$$\boldsymbol{K} = \begin{bmatrix} k_{11}^{①} & k_{12}^{①} & 0 & 0 \\ k_{21}^{①} & k_{22}^{①}+k_{11}^{②} & k_{12}^{②} & 0 \\ 0 & k_{21}^{②} & k_{22}^{②}+k_{11}^{③} & k_{12}^{③} \\ 0 & 0 & k_{21}^{③} & k_{22}^{③} \end{bmatrix} \tag{7-20}$$

$$\boldsymbol{P} = \boldsymbol{P}_{\text{D}} + \boldsymbol{P}_{\text{E}} \tag{7-21}$$

其中 $\boldsymbol{P}_{\text{E}}$ 称为**结构原始等效结点荷载矩阵**,$\boldsymbol{K}$ 称为**结构原始刚度矩阵**,$\boldsymbol{P}$ 称为**结构原始综合结点荷载矩阵**。则式(e)可改写为

$$\boldsymbol{K\Delta} = \boldsymbol{P} \tag{7-22}$$

式(7-22)即为**结构的原始刚度方程**,它是结构结点平衡的矩阵表示。

这里需要指出以下几点:

(1) 对于连续梁结构,原始刚度矩阵是一个对称的、三对角矩阵。其元素

可以用单元刚度矩阵元素累加组成,其累加规则请读者参照式(7-20)自行总结。

(2) 结构原始等效结点荷载矩阵可以由单元等效结点荷载矩阵元素累加组成,其累加规则请读者参照式(7-19)自行总结。

(3) 结构结点位移矩阵中包含边界处的已知位移(上述分析中 $\delta_1=0$)。结构原始综合结点荷载矩阵中包含边界的未知支座反力(上述分析中的 F_{R1})。因此刚度方程还需要做后面介绍的边界条件处理后才能求解。正因如此,上面所建立的各矩阵均冠有"原始"二字,而将这种建立结构刚度方程的方法称为**后处理法**。

(4) 如果把零位移的结点号编为 0,对图 7-11 所示连续梁,结点号成为 0、1、2、3。当由单元刚度矩阵元素累加组成结构刚度矩阵和等效结点荷载矩阵时,相应于零位移的元素不累加,则最终得到的结构刚度方程成为

$$\boldsymbol{K}\Delta=\begin{pmatrix} k_{22}^{①}+k_{11}^{②} & k_{12}^{②} & 0 \\ k_{21}^{②} & k_{22}^{②}+k_{11}^{③} & k_{12}^{③} \\ 0 & k_{21}^{③} & k_{22}^{③} \end{pmatrix}\begin{pmatrix}\delta_1\\ \delta_2\\ \delta_3\end{pmatrix}$$

$$=\boldsymbol{P}_{\mathrm{D}}+\boldsymbol{P}_{\mathrm{E}}=\begin{pmatrix}0\\ 0\\ 16\mathrm{kN\cdot m}\end{pmatrix}+\begin{pmatrix}-16\mathrm{kN\cdot m}\\ 16\mathrm{kN\cdot m}\\ 0\end{pmatrix}$$

这种在组成结构刚度方程过程中已经考虑零位移条件的方法称为**先处理法**。

(5) 对先处理法得到的刚度方程进行求解,可求得全部未知位移 Δ。进一步和已知边界位移一起可得到各单元的结点位移,利用单元刚度方程就可求得单元杆端力。由所得到的单元杆端力和单元荷载,可求得任意截面的内力以及支座的反力。

2. 平面刚架的结构刚度方程

为便于理解,先以例题 7-2 所示刚架在图 7-13 荷载下的分析为例进行说明,有关坐标系及编码如图所示。从例题 7-5 可见,如果将单元杆端位移矩阵分成两个杆端 $\bar{1}$、$\bar{2}$ 的位移矩阵,也即

$$\delta^e=\begin{pmatrix}\delta_{\bar{1}}\\ \delta_{\bar{2}}\end{pmatrix}^e \tag{7-23}$$

则整体坐标单元刚度方程也应做如下相应的修改:

$$\left(\begin{pmatrix}\boldsymbol{F}_{\bar{1}}\\ \boldsymbol{F}_{\bar{2}}\end{pmatrix}+\begin{pmatrix}\boldsymbol{F}_{\mathrm{E}\bar{1}}\\ \boldsymbol{F}_{\mathrm{E}\bar{2}}\end{pmatrix}\right)^e=\begin{pmatrix}\boldsymbol{k}_{11} & \boldsymbol{k}_{12}\\ \boldsymbol{k}_{21} & \boldsymbol{k}_{22}\end{pmatrix}^e\begin{pmatrix}\delta_{\bar{1}}\\ \delta_{\bar{2}}\end{pmatrix}^e \tag{7-24}$$

与连续梁单元刚度方程相比,前者"元素"为子矩阵(见例题 7-5,子矩阵如

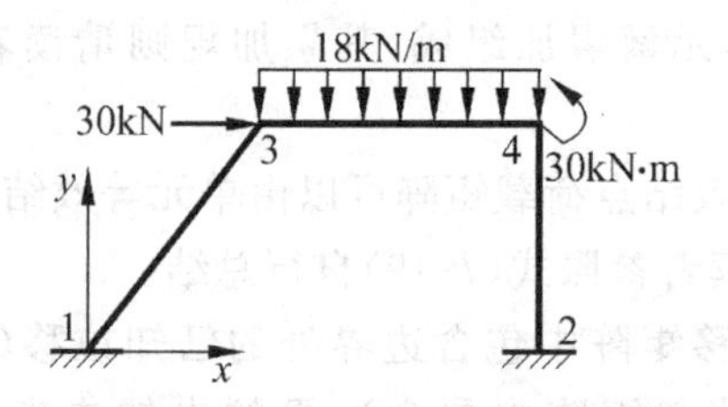

图 7-13　例题 7-2 刚架所受荷载

虚线所示分割),后者元素为数值。注意到这一点,则像连续梁一样取图 7-13 的 4 个结点考虑平衡并做类似的分析,即可建立平面刚架的结构刚度方程。建议读者仿照连续梁自行画出结点受力图并进行分析,以便切实理解和掌握整体分析。

$$\boldsymbol{P}_{\mathrm{D}}+\boldsymbol{P}_{\mathrm{E}}=\boldsymbol{K}\Delta \tag{7-25}$$

式中

$$\Delta=(\delta_1^{\mathrm{T}}\quad \delta_2^{\mathrm{T}}\quad \delta_3^{\mathrm{T}}\quad \delta_4^{\mathrm{T}})^{\mathrm{T}},\quad \delta_i=(u\quad v\quad \theta)_i^{\mathrm{T}},\quad i=1,2,3,4 \tag{7-26}$$

$$\boldsymbol{P}_{\mathrm{D}}=(\boldsymbol{P}_{\mathrm{D1}}^{\mathrm{T}}\quad \boldsymbol{P}_{\mathrm{D2}}^{\mathrm{T}}\quad \boldsymbol{P}_{\mathrm{D3}}^{\mathrm{T}}\quad \boldsymbol{P}_{\mathrm{D4}}^{\mathrm{T}})^{\mathrm{T}},\quad \boldsymbol{P}_{\mathrm{D}i}=(F_{\mathrm{P}x}\quad F_{\mathrm{P}y}\quad M)_i^{\mathrm{T}},\quad i=1,2,3,4 \tag{7-27}$$

其中 $\boldsymbol{P}_{\mathrm{D3}}=(30\mathrm{kN}\quad 0\quad 0)^{\mathrm{T}}$;$\boldsymbol{P}_{\mathrm{D4}}=(0\quad 0\quad 30\mathrm{kN}\cdot\mathrm{m})^{\mathrm{T}}$;$\boldsymbol{P}_{\mathrm{D1}}$ 和 $\boldsymbol{P}_{\mathrm{D2}}$ 由支座反力组成。

$$\boldsymbol{P}_{\mathrm{E}}=(\boldsymbol{P}_{\mathrm{E1}}^{\mathrm{T}}\quad \boldsymbol{P}_{\mathrm{E2}}^{\mathrm{T}}\quad \boldsymbol{P}_{\mathrm{E3}}^{\mathrm{T}}\quad \boldsymbol{P}_{\mathrm{E4}}^{\mathrm{T}})^{\mathrm{T}},\quad \boldsymbol{P}_{\mathrm{E}i}=(F_{\mathrm{E}x}\quad F_{\mathrm{E}y}\quad M_{\mathrm{E}})_i^{\mathrm{T}},\quad i=1,2,3,4 \tag{7-28}$$

由例题 7-3 可知,其中

$$\boldsymbol{P}_{\mathrm{E3}}=(0\quad -45\mathrm{kN}\quad -37.5\mathrm{kN}\cdot\mathrm{m})^{\mathrm{T}},$$

$$\boldsymbol{P}_{\mathrm{E4}}=(0\quad -45\mathrm{kN}\quad 37.5\mathrm{kN}\cdot\mathrm{m})^{\mathrm{T}},\quad \boldsymbol{P}_{\mathrm{E1}}=\boldsymbol{P}_{\mathrm{E2}}=\boldsymbol{0}。$$

结构的原始刚度矩阵为

$$\boldsymbol{K}=\begin{bmatrix} \boldsymbol{k}_{11}^{①} & \boldsymbol{0} & \boldsymbol{k}_{12}^{①} & \boldsymbol{0} \\ \boldsymbol{0} & \boldsymbol{k}_{11}^{③} & \boldsymbol{0} & \boldsymbol{k}_{12}^{③} \\ \boldsymbol{k}_{21}^{①} & \boldsymbol{0} & \boldsymbol{k}_{22}^{①}+\boldsymbol{k}_{11}^{②} & \boldsymbol{k}_{12}^{②} \\ \boldsymbol{0} & \boldsymbol{k}_{21}^{③} & \boldsymbol{k}_{21}^{②} & \boldsymbol{k}_{22}^{②}+\boldsymbol{k}_{22}^{③} \end{bmatrix} \tag{7-29}$$

式中各子矩阵可从例题 7-5 获得(②号单元整体坐标单元刚度矩阵等于局部坐标单元刚度矩阵)。单元杆端位移矩阵和结点位移矩阵间存在以下对应关系:

$$\delta^{①}=(\delta_1^{\mathrm{T}}\quad \delta_3^{\mathrm{T}})^{\mathrm{T}},\quad \delta^{②}=(\delta_3^{\mathrm{T}}\quad \delta_4^{\mathrm{T}})^{\mathrm{T}},\quad \delta^{③}=(\delta_2^{\mathrm{T}}\quad \delta_4^{\mathrm{T}})^{\mathrm{T}} \tag{f}$$

上述符号的含义和连续梁完全相同。

1) **后处理法集成整体原始刚度方程**

从式(7-29)进行归纳，可得后处理法集成整体原始刚度方程的规则如下：

(1) 设单元局部结点码 $\bar{1}$、$\bar{2}$ 所对应的结构整体结点码分别为 i 和 j，则单元刚度子矩阵(以下简称为子矩阵)$\boldsymbol{k}_{11}^{e}$ 送 $\boldsymbol{K}$ 的 i 行 i 列子矩阵位置累加，子矩阵 $\boldsymbol{k}_{12}^{e}$ 送 $\boldsymbol{K}$ 的 i 行 j 列子矩阵位置累加，子矩阵 $\boldsymbol{k}_{21}^{e}$ 送 $\boldsymbol{K}$ 的 j 行 i 列子矩阵位置累加，子矩阵 $\boldsymbol{k}_{22}^{e}$ 送 $\boldsymbol{K}$ 的 j 行 j 列子矩阵位置累加。

(2) $\boldsymbol{P}_{\mathrm{D}}$ 根据结点编码顺序，按式(7-27)直接组成。

(3) $\boldsymbol{P}_{\mathrm{E}}$ 由单元等效结点荷载矩阵 $\boldsymbol{F}_{\mathrm{E}}^{e}$ 按如下规则集成：子矩阵 $\boldsymbol{F}_{\mathrm{E1}}^{e}$ 送 $\boldsymbol{P}_{\mathrm{E}}$ 的 i 子矩阵位置累加，子矩阵 $\boldsymbol{F}_{\mathrm{E2}}^{e}$ 送 $\boldsymbol{P}_{\mathrm{E}}$ 的 j 子矩阵位置累加。

(4) 将 $\boldsymbol{P}_{\mathrm{E}}$ 和 $\boldsymbol{P}_{\mathrm{D}}$ 相加即可得到综合结点荷载矩阵 $\boldsymbol{P}$。

利用上述规则，根据结构离散化时的单元结点信息——单元局部码对应的结构整体结点码，即可集成得到结构原始刚度方程。上述形成刚度方程的方法称为**直接刚度法**。

2) **结构原始刚度矩阵的性质**

结构原始刚度矩阵 $\boldsymbol{K}$ 的元素 K_{ij} 的物理意义为，当仅发生广义位移 $\Delta_j=1$ 时，在第 i 个广义位移对应处所需施加的广义力。

对于由自由式单元刚度矩阵集成的结构原始刚度矩阵，具有以下性质：

(1) **对称性**　由反力互等定理可得 $K_{ij}=K_{ji}$，因此 $\boldsymbol{K}$ 是对称矩阵。

(2) **奇异性**　因为所有单元都是自由式的，未进行位移边界条件处理前结构存在刚性位移，在给定平衡的外荷载作用下不可能确定其惯性运动，也即不可能确定结构的位移，因此 $\boldsymbol{K}$ 是奇异的。

(3) **稀疏性**　根据集成规则，有单元相连接的杆端结点称为**相关结点**，无单元连接的结点为不相关结点。显然如果 i 和 j 为不相关结点时，则 $\boldsymbol{K}$ 的子矩阵 $\boldsymbol{K}_{ij}=\boldsymbol{K}_{ji}=\boldsymbol{0}$。因此，如果作结构离散化时注意了使相关结点编码的最大差值尽可能小(即所谓合理编码)，则结构原始刚度矩阵 $\boldsymbol{K}$ 只在对角线附近较小的一条带状区域内有非零的子矩阵，因此 $\boldsymbol{K}$ 具有稀疏性。由于对称性，从主对角线元素到离得最远的非零元素间的距离称为**半带宽**(可以是行，也可以是列)，对于像图 7-13 所示的全部刚结的结构，其最大半带宽$=3\times$(相关结点编码最大差值$+1)=3\times(2+1)=9$。

3) **边界条件处理**

因为用自由式单元集成的原始刚度矩阵具有奇异性，因此必须引入足以阻止刚体位移的约束条件(也称为位移边界条件)。常用的位移边界条件处理方法有两种：

(1) **乘大数法**　假设其中某一个位移约束条件为 $\Delta_i=C_i$，N 为一个很大的数。所谓乘大数法是将 K_{ii} 用 NK_{ii} 替换,综合结点荷载元素 P_i 用 $NK_{ii}C_i$ 替换。

(2) **置换法** 仍然假设其中某一个位移约束条件为 $\Delta_i = C_i$,置换法需要做以下处理:

① 将综合结点荷载矩阵的元素 $P_j(j\neq i)$用 $P_j - K_{ji}C_i$ 置换;

② 将 $K_{ij}(i\neq j)$和 $K_{ji}(i\neq j)$也即 i 行、i 列上非对角线元素全部置换成0;

③ 将 K_{ii} 置换成1,P_i 置换成 C_i。

为什么这样做能使约束条件满足而且刚度方程等价,这个问题也请读者自行研究。若有 n 个已知位移边界条件,则做 n 次上述处理即可。

4) 定位向量及先处理法集成结构刚度矩阵

事实上,结构刚度矩阵的元素是由单元刚度矩阵的元素组成的,只要确定了单元刚度矩阵各元素在结构刚度矩阵中的位置,就可以由单元刚度矩阵元素直接集成结构刚度矩阵,下面就来解决这一问题。

(1) **位移码**

按先起点 $\bar{1}$ 后终点 $\bar{2}$ 将杆端位移顺序排列的单元位移序号,称为单元局部位移码。而按整体结点码的顺序将结点位移顺序排列的位移序号,称为整体位移码。按先处理法以整体位移码编号(被约束无位移的位移编码记为0)如图7-14所示。

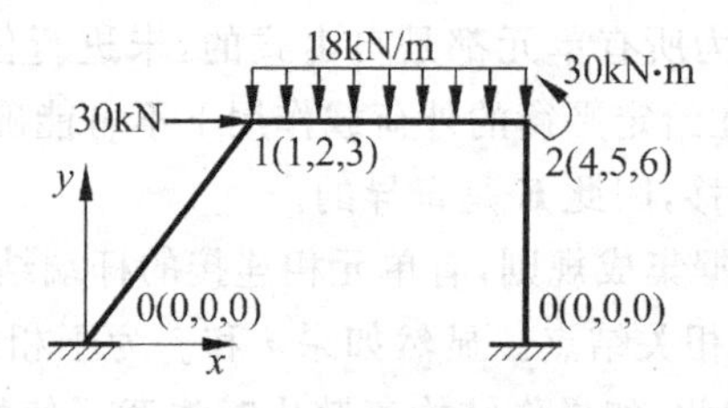

图7-14 位移编码

(2) **定位向量的定义**

由单元局部位移码所对应的结构整体位移码所组成的向量,称为单元的定位向量。例如图7-14所示结构各单元的定位向量为

单元①(0,0,0,1,2,3)

单元②(1,2,3,4,5,6)

单元③(0,0,0,4,5,6)

(3) **按定位向量集成的规则**

用单元定位向量确定单元刚度矩阵每个元素在结构刚度矩阵中位置的方法是:

① 先求出单元 e 在整体坐标系中的刚度矩阵 $\boldsymbol{k}^e$。

② 将单元 e 的定位向量分别写在单元刚度矩阵 $\boldsymbol{k}^e$ 的上方和右侧(或左侧)。这样,$\boldsymbol{k}^e$ 的元素 k_{ij}^e 的行、列号就分别与单元定位向量对应的一个分量相匹配。

③ 若单元定位向量的某个分量为零,则 $\boldsymbol{k}^e$ 中相应的行和列可以删去,亦即不必向刚度矩阵 $\boldsymbol{K}$ 中叠加。

④ 单元定位向量中不为零的行、列分量,它就是 $\boldsymbol{k}^e$ 中元素 k_{ij}^e 在结构刚度矩阵 $\boldsymbol{K}$ 中的行码和列码。按照单元定位向量中非零分量给出的行码和列码,就能够将单元刚度矩阵 $\boldsymbol{k}^e$ 的元素正确地累加到结构刚度矩阵 $\boldsymbol{K}$ 中去。

例如,图 7-14 所示结构各单元的单元刚度矩阵为

$$\boldsymbol{k}^{①} = \begin{array}{c} \begin{matrix} 0 & 0 & 0 & 1 & 2 & 3 \end{matrix} \\ \begin{bmatrix} k_{11} & k_{12} & k_{13} & k_{14} & k_{15} & k_{16} \\ k_{21} & k_{22} & k_{23} & k_{24} & k_{25} & k_{26} \\ k_{31} & k_{32} & k_{33} & k_{34} & k_{35} & k_{36} \\ k_{41} & k_{42} & k_{43} & k_{44} & k_{45} & k_{46} \\ k_{51} & k_{52} & k_{53} & k_{54} & k_{55} & k_{56} \\ k_{61} & k_{62} & k_{63} & k_{64} & k_{65} & k_{66} \end{bmatrix}^{①} \end{array} \begin{matrix} 0 \\ 0 \\ 0 \\ 1 \\ 2 \\ 3 \end{matrix}$$

$$\boldsymbol{k}^{②} = \begin{array}{c} \begin{matrix} 1 & 2 & 3 & 4 & 5 & 6 \end{matrix} \\ \begin{bmatrix} k_{11} & k_{12} & k_{13} & k_{14} & k_{15} & k_{16} \\ k_{21} & k_{22} & k_{23} & k_{24} & k_{25} & k_{26} \\ k_{31} & k_{32} & k_{33} & k_{34} & k_{35} & k_{36} \\ k_{41} & k_{42} & k_{43} & k_{44} & k_{45} & k_{46} \\ k_{51} & k_{52} & k_{53} & k_{54} & k_{55} & k_{56} \\ k_{61} & k_{62} & k_{63} & k_{64} & k_{65} & k_{66} \end{bmatrix}^{②} \end{array} \begin{matrix} 1 \\ 2 \\ 3 \\ 4 \\ 5 \\ 6 \end{matrix}$$

$$\boldsymbol{k}^{③} = \begin{array}{c} \begin{matrix} 0 & 0 & 0 & 4 & 5 & 6 \end{matrix} \\ \begin{bmatrix} k_{11} & k_{12} & k_{13} & k_{14} & k_{15} & k_{16} \\ k_{21} & k_{22} & k_{23} & k_{24} & k_{25} & k_{26} \\ k_{31} & k_{32} & k_{33} & k_{34} & k_{35} & k_{36} \\ k_{41} & k_{42} & k_{43} & k_{44} & k_{45} & k_{46} \\ k_{51} & k_{52} & k_{53} & k_{54} & k_{55} & k_{56} \\ k_{61} & k_{62} & k_{63} & k_{64} & k_{65} & k_{66} \end{bmatrix}^{③} \end{array} \begin{matrix} 0 \\ 0 \\ 0 \\ 4 \\ 5 \\ 6 \end{matrix}$$

利用单元定位向量按上述规则累加后的结构刚度矩阵为

$$
\boldsymbol{K}=\begin{matrix} & 1 & 2 & 3 & 4 & 5 & 6 & \\ & \left[\begin{matrix} k_{44}^{①}+k_{11}^{②} & k_{45}^{①}+k_{12}^{②} & k_{46}^{①}+k_{13}^{②} & k_{14}^{②} & k_{15}^{②} & k_{16}^{②} \\ k_{54}^{①}+k_{21}^{②} & k_{55}^{①}+k_{22}^{②} & k_{56}^{①}+k_{23}^{②} & k_{24}^{②} & k_{25}^{②} & k_{26}^{②} \\ k_{61}^{①}+k_{31}^{②} & k_{65}^{①}+k_{32}^{②} & k_{66}^{①}+k_{33}^{②} & k_{34}^{②} & k_{35}^{②} & k_{36}^{②} \\ k_{41}^{②} & k_{42}^{②} & k_{43}^{②} & k_{44}^{②}+k_{44}^{③} & k_{45}^{②}+k_{45}^{③} & k_{46}^{②}+k_{46}^{③} \\ k_{51}^{②} & k_{52}^{②} & k_{53}^{②} & k_{54}^{②}+k_{54}^{③} & k_{55}^{②}+k_{55}^{③} & k_{56}^{②}+k_{56}^{③} \\ k_{61}^{②} & k_{62}^{②} & k_{63}^{②} & k_{64}^{②}+k_{64}^{③} & k_{65}^{②}+k_{65}^{③} & k_{66}^{②}+k_{66}^{③} \end{matrix}\right] & \begin{matrix}1\\2\\3\\4\\5\\6\end{matrix}\end{matrix} \tag{7-30}
$$

上述集成过程表明：主对角线元素是由同一结点相关单元的刚度矩阵主对角线元素叠加而成，因此一定是正值。副对角线元素是由定位向量所对应的单元刚度矩阵副对角线元素累加而成，可为正，可为负，亦可以为零。

同理，结构等效荷载矩阵也可由单元等效结点荷载矩阵，根据定位向量累加得到。

和后处理法对应，因定位向量中考虑了支座对位移的限制，相当于集成时已经对支座限制住的位移进行了处理，因此这种集成方法称为**先处理法**。先处理法的结构刚度矩阵最大半带宽＝相关结点最大位移码差值＋1，对于图7-14所示结构刚度矩阵得最大半带宽＝5＋1＝6，显然比后处理法节省计算机存储单元。

7.3.3 整体集成举例

例题 7-6 试用后处理法建立图7-13所示编码和先处理法建立图7-14所示编码刚架的结构刚度方程。

解：后处理法集成

设结点1的支座反力分别为 F_{1x}，F_{1y}，M_1，结点2支座反力为 F_{2x}，F_{2y}，M_2，则直接作用结点荷载矩阵按式(7-27)根据结点号集成结果为

$$\boldsymbol{P}_{\mathrm{D}}=(F_{1x}\quad F_{1y}\quad M_1\quad F_{2x}\quad F_{2y}\quad M_2\quad 30\mathrm{kN}\quad 0\quad 0\quad 0\quad 0\quad 30\mathrm{kN\cdot m})^{\mathrm{T}}$$

单元②的 $\alpha=0$，所以等效结点荷载整体坐标下的矩阵和局部坐标下的矩阵相同，也即

$$\boldsymbol{F}_{\mathrm{E}}^{②}=(0\quad -45\mathrm{kN}\quad -37.5\mathrm{kN\cdot m}\quad 0\quad -45\mathrm{kN}\quad 37.5\mathrm{kN\cdot m})^{\mathrm{T}}$$

单元①、③上无荷载，因此 $\boldsymbol{F}_{\mathrm{E}}^{①}=\boldsymbol{F}_{\mathrm{E}}^{③}=0$。基于此，式(7-28)所示结构等效结点荷载矩阵为

$$\boldsymbol{P}_{\mathrm{E}}=(0\quad 0\quad 0\quad 0\quad 0\quad 0\quad 0 \\ -45\mathrm{kN}\quad -37.5\mathrm{kN\cdot m}\quad 0\quad -45\mathrm{kN}\quad 37.5\mathrm{kN\cdot m})^{\mathrm{T}}$$

由此可得综合结点荷载矩阵为

$$\boldsymbol{P}=(F_{1x}\quad F_{1y}\quad M_1\quad F_{2x}\quad F_{2y}\quad M_2\quad 30\text{kN}\quad -45\text{kN}\quad -37.5\text{kN}\cdot\text{m}\quad 0\quad 45\text{kN}\quad 67.5\text{kN}\cdot\text{m})^{\mathrm{T}}$$

利用例题7-5的单元整体刚度矩阵结果($\boldsymbol{k}^{②}=\bar{\boldsymbol{k}}^{①}$)，按直接刚度法集成，结构刚度矩阵如式(7-29)，其3×3的子矩阵如下：

$$\boldsymbol{K}_{11}=\begin{bmatrix}53.17\text{kN/m} & 68.12\text{kN/m} & -4.15\text{kN}\\ 68.12\text{kN/m} & 92.91\text{kN/m} & 3.11\text{kN}\\ -4.15\text{kN} & 3.11\text{kN} & 17.28\text{kN}\cdot\text{m}\end{bmatrix}\times 10^4,$$

$$\boldsymbol{K}_{12}=\boldsymbol{K}_{23}=\boldsymbol{K}_{14}=\boldsymbol{0},$$

$$\boldsymbol{K}_{13}=\begin{bmatrix}-53.17\text{kN/m} & -68.12\text{kN/m} & -4.15\text{kN}\\ -68.12\text{kN/m} & -92.91\text{kN/m} & 3.11\text{kN}\\ 4.15\text{kN} & 3.11\text{kN} & 8.64\text{kN}\cdot\text{m}\end{bmatrix}\times 10^4$$

$$\boldsymbol{K}_{22}=\begin{bmatrix}4.05\text{kN/m} & 0 & -8.1\text{kN}\\ 0 & 180\text{kN/m} & 0\\ -8.1\text{kN} & 0 & 21.6\text{kN}\cdot\text{m}\end{bmatrix}\times 10^4$$

$$\boldsymbol{K}_{24}=\begin{bmatrix}-4.05\text{kN/m} & 0 & -8.1\text{kN}\\ 0 & -180\text{kN/m} & 0\\ 8.1\text{kN} & 0 & 10.8\text{kN}\cdot\text{m}\end{bmatrix}\times 10^4$$

$$\boldsymbol{K}_{33}=\begin{bmatrix}197.17\text{kN/m} & 68.12\text{kN/m} & 4.15\text{kN}\\ 68.12\text{kN/m} & 94.98\text{kN/m} & 2.074\text{kN}\\ 4.15\text{kN} & 2.074\text{kN} & 34.56\text{kN}\cdot\text{m}\end{bmatrix}\times 10^4$$

$$\boldsymbol{K}_{34}=\begin{bmatrix}-144\text{kN/m} & 0 & 0\\ 0 & -2.07\text{kN/m} & 5.184\text{kN}\\ 0 & -5.184\text{kN} & 8.64\text{kN}\cdot\text{m}\end{bmatrix}\times 10^4$$

$$\boldsymbol{K}_{44}=\begin{bmatrix}148.1\text{kN/m} & 0 & 8.1\text{kN}\\ 0 & 182.07\text{kN/m} & -5.184\text{kN}\\ 8.1\text{kN} & -5.184\text{kN} & 38.88\text{kN}\cdot\text{m}\end{bmatrix}\times 10^4$$

由于对称性，$\boldsymbol{K}_{ij}=\boldsymbol{K}_{ji}^{\mathrm{T}}(i,j=1,2,3,4)$。有了上述结果，按式(7-29)即可得到后处理法的结构刚度方程

$$\boldsymbol{K}\boldsymbol{\Delta}=\boldsymbol{P}$$

先处理法集成

此结构各单元的定位向量和符号表达的结构刚度矩阵已在上一小节中给出如式(7-30)，将例题7-5算出的各单元的刚度矩阵具体元素数值代入后可得

$$\boldsymbol{K}=\begin{pmatrix} 197.17\text{kN/m} & 68.12\text{kN/m} & 4.15\text{kN} & -144\text{kN/m} & 0 & 0 \\ 68.12\text{kN/m} & 94.98\text{kN/m} & 2.074\text{kN} & 0 & -2.07\text{kN/m} & 5.18\text{kN} \\ 4.15\text{kN} & 2.074\text{kN} & 34.56\text{kN}\cdot\text{m} & 0 & -5.18\text{kN} & 8.64\text{kN}\cdot\text{m} \\ -144\text{kN/m} & 0 & 0 & 148.1\text{kN/m} & 0 & 8.1\text{kN} \\ 0 & -2.07\text{kN/m} & -5.18\text{kN} & 0 & 182.07\text{kN/m} & -5.184\text{kN} \\ 0 & 5.18\text{kN} & 8.64\text{kN}\cdot\text{m} & 8.1\text{kN} & -5.184\text{kN} & 38.88\text{kN}\cdot\text{m} \end{pmatrix}\times 10^4$$

显然,这一结果和后处理法中划去1、2结点对应的子矩阵后所得结果相同。后处理法必须对刚度矩阵引入边界条件后才能求解,而且是解12阶的方程。先处理法不需要再处理零位移约束条件,只需求解6阶方程。因此当前的程序都是按先处理法设计的。

根据结点位移码,由图7-14直接可得

$$\boldsymbol{P}_{\text{D}}=(30\text{kN}\quad 0\quad 0\quad 0\quad 0\quad 30\text{kN}\cdot\text{m})^{\text{T}}$$

由单元②的等效结点荷载可得

$$\boldsymbol{P}_{\text{E}}=(0\quad -45\text{kN}\quad -37.5\text{kN}\cdot\text{m}\quad 0\quad -45\text{kN}\quad 37.5\text{kN}\cdot\text{m})^{\text{T}}$$

从而可得综合结点荷载矩阵为

$$\begin{aligned}\boldsymbol{P}&=\boldsymbol{P}_{\text{D}}+\boldsymbol{P}_{\text{E}}\\&=(30\text{kN}\quad -45\text{kN}\quad -37.5\text{kN}\cdot\text{m}\quad 0\quad -45\text{kN}\quad 67.5\text{kN}\cdot\text{m})^{\text{T}}\end{aligned}$$

结构刚度方程为 $\boldsymbol{K\Delta}=\boldsymbol{P}$

7.4 计算机分析

本章一开始就已经指出,矩阵位移法是位移法,但以矩阵推演,借助计算机进行数值计算。从所举的那些简单例子可见,虽然对简单结构可以手算建立刚度方程,但刚度方程的手算求解就相当困难了。更何况对于实际结构,用矩阵位移法进行手算求解是不可想象的。为此,必须根据所述原理,编制计算程序,用计算机进行计算。限于篇幅,本节只介绍计算程序的主程序框图及其部分主要的子程序。此外,以图7-14所示结构为例,给出了利用程序进行计算的结果。

7.4.1 主程序框图

图7-15所示的框图是矩阵位移法最普遍的主流程,对完整的计算源程序有兴趣的读者,可参看《结构力学程序设计及应用》王焕定,高等教育出版社,2001。

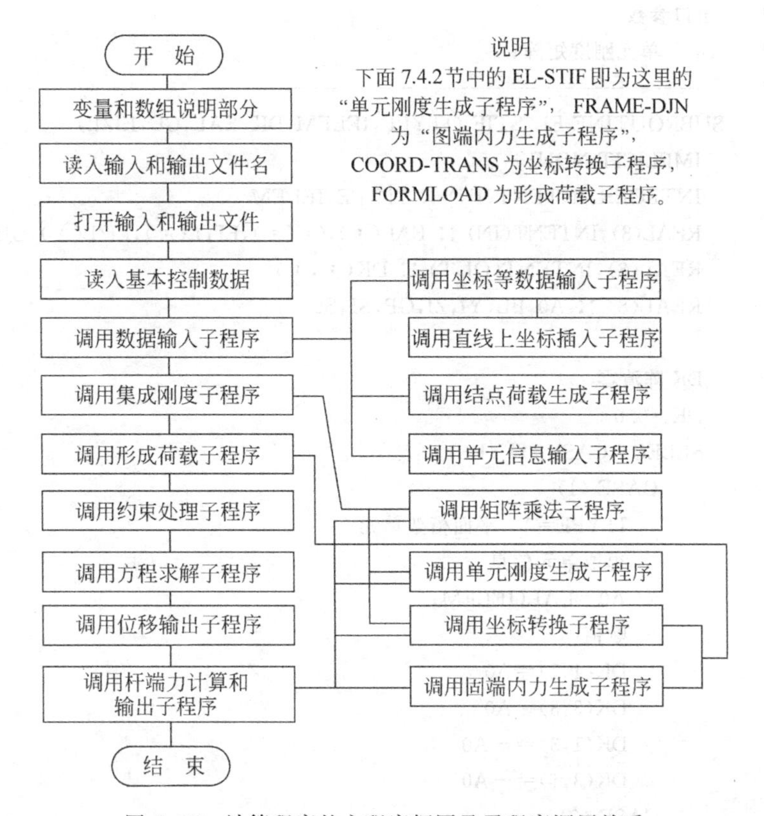

图 7-15　计算程序的主程序框图及子程序调用关系

7.4.2　相关的子程序

1. 单元分析子程序

根据单元分析的原理，利用 Fortran 90 语言即可编写出如下各类单元局部单元刚度矩阵的子程序(因为实际程序有更多的单元类型，这里没有包含，故 ITYPE 不连续，导致一些入口参数未被应用)：

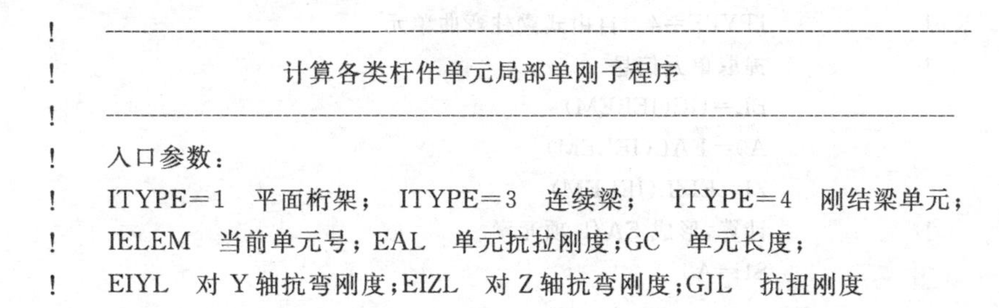
```
!   ------------------------------------------------------------------------
!                    计算各类杆件单元局部单刚子程序
!   ------------------------------------------------------------------------
!   入口参数：
!   ITYPE=1  平面桁架；  ITYPE=3  连续梁；  ITYPE=4  刚结梁单元；
!   IELEM  当前单元号；EAL  单元抗拉刚度；GC  单元长度；
!   EIYL  对 Y 轴抗弯刚度；EIZL  对 Z 轴抗弯刚度；GJL  抗扭刚度
```

```
!    出口参数：
!    DK  单元刚度矩阵；
!    ---------------------------------------------------------------------------
    SUBROUTINE EL_STIF (ITYPE,IELEM,DK,EAL,GC,EIZL)
      IMPLICIT NONE
      INTEGER,INTENT(IN) :: ITYPE,IELEM
      REAL(8),INTENT(IN) :: EAL(:),GC(:),EIYL(:),EIZL(:),GJL(:)
      REAL(8),INTENT(OUT) :: DK(:,:)
      REAL(8) :: A0,BL,YI,ZI,GP,S1,S2

!     DK 阵清零
      DK=0.0
      SELECT CASE (ITYPE)
         CASE (1)
!           ITYPE=1  平面桁架单元
!           提取单元信息
            A0=EAL(IELEM)
!           赋值
            DK(1,1)=A0
            DK(3,3)=A0
            DK(1,3)=-A0
            DK(3,1)=-A0
         CASE (3)
!           ITYPE=3  连续梁单元
!           提取单元信息
            ZI=EIZL(IELEM)
!           赋值
            DK(1,1)=4.*ZI
            DK(2,2)=DK(1,1)
            DK(1,2)=2.*ZI
            DK(2,1)=DK(1,2)
         CASE (4)
!           ITYPE=4  自由式梁柱弯曲单元
!           提取单元信息
            BL=GC(IELEM)
            A0=EAL(IELEM)
            ZI=EIZL(IELEM)
!           计算,形成 EA/L 项元素
            S1=A0
```

```
            DK(1,1)=S1
            DK(4,1)=-S1
            DK(1,4)=-S1
            DK(4,4)=S1
            S1=ZI
!           计算,形成EI/L项元素
            DK(3,3)=4.0*S1
            DK(6,6)=4.0*S1
            DK(6,3)=2.0*S1
            DK(3,6)=2.0*S1
!           计算,形成6*EI/L/L项元素
            S1=6.0*S1/BL
            DK(2,3)=S1
            DK(3,2)=S1
            DK(2,6)=S1
            DK(6,2)=S1
            DK(3,5)=-S1
            DK(5,3)=-S1
            DK(6,5)=-S1
            DK(5,6)=-S1
!           计算,形成12*EI/L/L/L项元素
            S1=2.0*S1/BL
            DK(2,2)=S1
            DK(5,2)=-S1
            DK(2,5)=-S1
            DK(5,5)=S1
         CASE DEFAULT
            WRITE (9,"('单元类型错误 Error of ',I5,'element kind')") IELEM
      END SELECT
      RETURN
   END SUBROUTINE EL_STIF
```

单元等效结点荷载子程序如下所示。

```
!  ----------------------------------------------------------------------------
!  刚架计算固端力子程序(ITYPE == 1、2 平面和空间桁架单元;3 连续梁单元;
!   5 左铰右固梁单元;6 右铰左固梁单元;7 交叉梁单元;8 空间梁单元。)
!
   ----------------------------------------------------------------------------
!  入口参数: ITYPE 单元类型: 4 刚结梁单元;NHF 非结点荷载序号;PF 非结
```

```
!    点荷载数组;GC 杆长;EAL 抗拉刚度;EIYL,EIZL 线刚度,ICASE 工况号
!    出口参数: F0 固端力        本子程序略去了 3、7、8 类单元的部分!
!    ----------------------------------------------------------------------------
     SUBROUTINE FRAME_DJH (ITYPE,NHF,PF,GC,F0,EAL,EIYL,EIZL,
ICASE)
       IMPLICIT NONE
       INTEGER,INTENT(IN) :: NHF,ITYPE,ICASE
       INTEGER :: NT,ID1
       REAL(8),INTENT(IN)::PF(:,:,:),GC(:),EAL(:),EIYL(:),EIZL(:)
       REAL(8),INTENT(OUT) :: F0(:)
       REAL(8):: G,C,BL,D,C1,C2,C3,B1,B2

!      清零
       F0=0.0
!      从 PF 数组中提取荷载信息
       G=PF(NHF,1,ICASE)                  ! 荷载值(温度时为温度值)
       C=PF(NHF,2,ICASE)                  ! 荷载位置系数(温度时为线胀系数)
       NT=INT(PF(NHF,3,ICASE)+0.1)! 荷载所在单元号
       ID1=INT(PF(NHF,4,ICASE)+0.1)! 荷载类型标志
!      取荷载所在单元的长度
       BL=GC(NT)
       C=C * BL                           ! 荷载位置
!      计算载常数公式中一些常出现的项
       D=BL-C
       C1=C/BL
       C2=C1 * C1
       C3=C1 * C2
       B1=D/BL
       B2=B1/BL
!      两端固结梁单元
       IF (ITYPE == 4.OR. ITYPE == 5.OR. ITYPE == 6) THEN
!        由荷载类型决定执行相应部分语句
         SELECT CASE (ID1)
           CASE (1)
!            横向均布荷载
             F0(2)=-G * C * (2-2 * C2+C3)/2.0
             F0(3)=-G * C * C * (6-8 * C1+3 * C2)/12.0
             F0(5)=-G * C-F0(2)
             F0(6)=G * C * C * C1 * (4-3 * C1)/12.0
```

```
        CASE (2)
!         横向集中力
          F0(2)=-G*B1*B1*(1+2*C1)
          F0(3)=-G*C*B1*B1
          F0(5)=-G*C2*(1+2*B1)
          F0(6)=G*D*C2
        CASE (3)
!         纵向集中力
          F0(1)=-G*B1
          F0(4)=-G*C1
        CASE (4)
!         均布水平力
          F0(1)=-G*C*C*.5/BL
          F0(4)=-(C*G+F0(1))
        CASE (5)
!         三角形分布力
          F0(5)=-G*C*(0.75*C2-0.4*C3)
          F0(2)=-(G*C/2.+F0(5))
          F0(3)=-G*C*C*(1.-1.5*C1+0.6*C2)/3
          F0(6)=G*C*C*(0.25*C1-0.2*C2)
        CASE (6)
!         集中力偶
          F0(2)=6.0*G*(1-C1)*C1/BL
          F0(5)=-F0(2)
          F0(3)=G*(1-C1)*(2.-3.*(1-C1))
          F0(6)=G*C1*(2.-3.*C1)
        CASE (7)
!         两侧等温
          C=C*EAL(NT)
          F0(1)=G*C
          F0(4)=-F0(1)
        CASE (8)
!         温差(下侧负,上侧正的温差 G 为正)
          C=2.0*C*SQRT(EAL(NT)/EIZL(NT)/12.0)*EIZL(NT)
          F0(3)=G*C
          F0(6)=-F0(3)
        CASE DEFAULT
          WRITE (9,"(' 第',I4,'单元荷载类型超过 8')") NT
          STOP
```

```
      END SELECT
      IF (ITYPE == 5) THEN        ! o----------------| 型单元的修正
        C=F0(4)
        F0(2)=F0(2)-1.5*F0(3)/BL
        F0(4)=F0(5)+1.5*F0(3)/BL
        F0(5)=F0(6)-0.5*F0(3)
        F0(1)=F0(1)
        F0(3)=C
!       F0(6)=0.0
      END IF
      IF (ITYPE == 6) THEN        ! |----------------o 型单元的修正
        F0(2)=F0(2)-1.5*F0(6)/BL
        F0(5)=F0(5)+1.5*F0(6)/BL
        F0(3)=F0(3)-0.5*F0(6)
        F0(1)=F0(1)
        F0(4)=F0(4)
!       F0(6)=0.0
      END IF
    END IF
    RETURN
  END SUBROUTINE FRAME_DJH
```

2. 坐标转换程序段

根据所述原理,利用 Fortran 90 语言所编写出坐标转换的子程序段如下。

```
!     桁架和平面刚架等结构形成整体单刚
    IF (INT(GJ1+0.01) /= 1) THEN      ! 表示倾角非零,需要做坐标转换
      CALL COORD_TRANS (ITYPE,INE,GJ,T) ! 形成坐标转换矩阵 T
      CALL MATRIX_MULT (1,DK,T,EK)      ! DK*T=EK
      CALL MATRIX_MULT (2,T,EK,DK)      ! T^T*EK=DK
    END IF

!   ********************
!   ****  坐标转换子程序 *****
!   ********************
  SUBROUTINE COORD_TRANS (ITYPE,NEH,GJ,T)
!     ----------------------------
!     入口参数: ITYPE 单元类型;NEH 单元号或单元方向;GJ 夹角正余弦;
```

```
!        出口参数：T 坐标转换矩阵
!        ________________________________
        IMPLICIT NONE
        INTEGER,INTENT(IN) :: ITYPE,NEH
        INTEGER :: NIN,K
        REAL(8),INTENT(IN) :: GJ(:,:)
        REAL(8),INTENT(OUT) :: T(:,:)
        REAL(8) :: C,S

!        T阵清零
        T=0.0
        SELECT CASE (ITYPE)
            CASE (1)
!               ITYPE=1  平面桁架单元
              NIN=2          !结点位移个数
              DO K=1,NIN
                T(1,K)=GJ(NEH,K)               !按式(7-14)形成坐标转换矩阵
                T(NIN+1,NIN+K)=T(1,K) !但是因为单刚第二、四行列均为
                                        零,故未赋值
              END DO
            CASE (4)
!               ITYPE=4  自由式梁柱单元
!               计算夹角的余弦,正弦
              C=GJ(NEH,1)
              S=GJ(NEH,2)
!               按式(6-9)形成T阵
              T(1,1)=C
              T(1,2)=S
              T(2,1)=-S
              T(2,2)=C
              T(3,3)=1.0
              T(4,4)=C
              T(4,5)=S
              T(5,4)=-S
              T(5,5)=C
              T(6,6)=1.0
            CASE DEFAULT
              RETURN
        END SELECT
```

```
  RETURN
 END SUBROUTINE COORD_TRANS

!   * * * * * * * * * * * * * * * * * * * * * * * * * * * * * * * *
!            矩阵乘子程序(C=A*B 或 C=A'*B)
!                  MATRIX MULTIPLICATION
!   * * * * * * * * * * * * * * * * * * * * * * * * * * * * * * * *
!  KK=1 C=A*B 否则 C=A'*B (A' 为 A 的转置)
 SUBROUTINE MATRIX_MULT (KK,A,B,C)
  IMPLICIT NONE
  INTEGER,INTENT(IN) :: KK
  REAL(8),INTENT(IN OUT) :: A(:,:)
  REAL(8),INTENT(IN) :: B(:,:)
  REAL(8),INTENT(OUT) :: C(:,:)

!   清零
  C=0.0

!   由 KK 决定矩阵乘方式
  IF (KK==1) THEN
!     A 阵*B 阵存入 C 阵
   C=MATMUL (A,B)   !标准函数 矩阵乘
  ELSE IF (KK ==2) THEN
!     A 转置阵*B 阵存入 C 阵
   A=TRANSPOSE (A)  !标准函数 矩阵转置
   C=MATMUL (A,B)
  END IF
  RETURN
 END SUBROUTINE MATRIX_MULT
```

3. 结构刚度方程集成子程序段

下面给出了先处理法集成结构刚度矩阵的 Fortran 90 子程序段。

```
 DO INE=1,NE
!   形成局部单刚
  CALL EL_STIF(ITYPE,INE,DK,EAL,GC,EIZL)
  GJ1=GJ(INE,1)
!   桁架和平面刚架等其他结构形成整体单刚
  IF (INT(GJ1+0.01) /= 1) THEN! 单元倾角的余弦不等于1(倾角非零)
```

```
      CALL COORD_TRANS (ITYPE,INE,GJ,T)  ！形成坐标转换矩阵
      CALL MATRIX_MULT (1,DK,T,EK)       ！右乘坐标转换矩阵
      CALL MATRIX_MULT (2,T,EK,DK)       ！左乘坐标转换矩阵转置
    END IF
!   对号
    NODI＝NOD(INE,1)                      ！单元起点结点号
    NODJ＝NOD(INE,2)                      ！单元终点结点号
!   LOCATION MATRIX 定位向量
    CALL FORM_NT(INE,ITYPE,NT,NODI,NODJ,ID,MM) ！形成定位向量
                                          ！子程序
    NIM＝MM  ！根据结构类型确定的常数，平面刚架时为6，平面桁架时为4
!   入座
  AA：  DO II＝1,NIM
!       NH 结构 K 方阵的行号
        NH＝NT(II)     ！II 局部位移码对应的整体位移码(定位向量Ⅱ分量)
        IF (NH >＝ NEQ1) CYCLE AA ！返回 AA 循环，NEQ1 为最大位移码加 1
!       零位移不集成(因为前面将零位移的位移码都处理成 NEQ1 了)
  BB：    DO JJ＝1,NIM
!         NL 结构 K 方阵的列号
          NL＝NT(JJ)     ！JJ 局部位移码对应的整体位移码(定位向量 JJ 分量)
          IF (NL>＝NEQ1)CYCLE BB  ！返回 BB 循环，NEQ1 为最大位移码加 1
!         零位移不集成
          IF (NL <＝ NH) THEN
!           下三角  IBW－NH＋NL 为等半带储存的列号
            NL＝IBW－NH＋NL
            ZG(NH,NL)＝ZG(NH,NL)＋DK(II,JJ)
          END IF
        END DO BB
      END DO AA
   END DO

!   ----------------------------------------------------------------
!   * * * * * * * *       形成荷载列阵子程序        * * * * * * * *
!   ----------------------------------------------------------------
!   入口参数：NCODE 极限荷载计算代码；NF 非结点荷载数数组；PF 非结点荷载
!   信息；
!   GJ 夹角正余弦；NOD 单元结点和类型；ID 结点位移码数组；NEQ 总未知量数；
!   GC 杆长；NWTLX 问题类型；IGJ 空间单元方向；EAL 抗拉刚度；
!   EIYL,EIZL 抗弯线刚度；NTYPE 结构类型；NCASE 工况总数
```

```
!    入、出口参数：P 荷载列阵； 这里只给出 NWTLX /= 1 和 NCODE == 0 的
!    情况
!    ------------------------------------------------------------------
!    注：直接结点荷载在读入荷载信息时已经集装到 P 矩阵中
     SUBROUTINE FORM_LOAD (NCODE, NF, PF, GC, GJ, NOD, ID, NEQ, P, NWTLX, IGJ, &      EAL, EIYL, EIZL, NTYPE, NCASE)
       IMPLICIT NONE
        INTEGER, INTENT(IN) :: NCODE, NF(:), NWTLX, NEQ, NOD(:,:), IGJ(:), ID(:,:), NTYPE, & NCASE
        INTEGER :: NF0, ND, I, J, K, NODI, NODJ, II, NIN, JG, NIM, ITYPE, LCASE, NF1, & MM, MIM, NT(12)
       REAL(8), INTENT(IN) :: PF(:,:,:), GJ(:,:), GC(:), EAL(:), EIYL(:), EIZL(:)
       REAL(8), INTENT(OUT) :: P(:,:)
       REAL(8) :: T(12,12), PE(12), F0(12)
       REAL(8) :: GJ1
       IF (NWTLX /= 1) THEN
         MIM=3
         NIN=6
       END IF
       IF (NCODE == 0.AND. NTYPE >= 3) THEN
!        非极限分析,非连续梁和桁架情况
         NF1=0
         DO LCASE=1, NCASE
!          对各荷载工况循环
           NF1=NF(LCASE)   ! LCASE 工况的单元荷载数
           IF (NF1 > 0) THEN   ! 有单元荷载
!            非结点荷载产生的等效结点荷载对号入座
             DO NF0=1, NF1    ! 对该工况的单元荷载循环
!              确定单元号
               ND=INT(PF(NF0,3,LCASE)+0.1)
!              确定单元类型：
!              ITYPE=1 平面桁架；ITYPE=2 空间桁架；ITYPE=3 连续梁；
!              ITYPE=4 刚结梁单元；ITYPE=5 左铰右固梁单元；ITYPE=6 右
               铰左固梁单元；
!              ITYPE=7  交叉梁单元；ITYPE=8  空间梁单元；ITYPE=9 两
               端铰接单元
               ITYPE=NOD(ND,3)
```

```
!           调用单元固端力子程序
            CALL FRAME_DJH (ITYPE,NF0,PF,GC,F0,EAL,EIYL,EIZL,
            LCASE)
              IF (ITYPE >= 4. AND. ITYPE <= 7. OR. ITYPE ==
              9) THEN
              GJ1=GJ(ND,1)              ! 余弦
              IF (INT(GJ1+0.001) /= 1) THEN
!               调用坐标转换子程序
                CALL COORD_TRANS (ITYPE,ND,GJ,T)
                GO TO 10
              ELSE
                GO TO 20
              END IF
            END IF
10         DO J=1,NIN
              PE(J)=0.0         ! 单元等效结点荷载清零
              DO K=1,NIN
                PE(J)=PE(J)-T(K,J) * F0(K)   ! 结点荷载坐标转换
              END DO
            END DO
            GO TO 30
20         DO I=1,NIN          ! 不需要转换的单元形成等效结点荷载
              PE(I)=-F0(I)
            END DO
!           确定单元两端结点号
30         NODI=NOD(ND,1)
           NODJ=NOD(ND,2)
!           LOCATION MATRIX 定位向量
            IF (NCODE == 0) THEN                    ! 非极限分析
              CALL FORM_NT(ND,ITYPE,NT,NODI,NODJ,ID,MM)
                 ! 调用形成定位向量子程序
              NIM=MM
            END IF
!           对号入座
            DO I=1,NIM
              II=NT(I)      ! 从定位向量获得局部位移码对应的整体位移码
              IF (II <= NEQ) P(II,LCASE)=P(II,LCASE)+PE(I)
                   ! 整体位移码小于位移总未知量数
            END DO
```

```
        END DO
      END IF
    END DO
  END IF
  RETURN
END SUBROUTINE FORM_LOAD

!  ----------------------------------------------------------------------------------
!                           形成定位向量子程序
!  ----------------------------------------------------------------------------------
!  入口参数：ITYPE=1  平面桁架；ITYPE=4  刚结梁单元；INE 单元号；
!  NODI,NODJ 单元两端结点号；ID 结点位移码数组；
!  出口参数：  NT 定位向量；  MM 单元两端的总位移数
!  ----------------------------------------------------------------------------------
SUBROUTINE FORM_NT(INE,ITYPE,NT,NODI,NODJ,ID,MM)
  IMPLICIT NONE
  INTEGER,INTENT(IN) :: INE,ITYPE,NODI,NODJ,ID(:,:)
  INTEGER,INTENT(OUT) :: NT(:),MM
  INTEGER :: I,J

  SELECT CASE (ITYPE)
    CASE (1)
      J=2
      DO I=1,2
        NT(I)=ID(NODI,I)
        NT(J+I)=ID(NODJ,I)
      END DO
      MM=4
    CASE (4)
      J=3
      DO I=1,3
        NT(I)=ID(NODI,I)
        NT(J+I)=ID(NODJ,I)
      END DO
      MM=6
    CASE DEFAULT
      WRITE (9,"('第',I4,'单元类型号有错！ITYPE =',I2)") INE,ITYPE
  END SELECT
  RETURN
```

END SUBROUTINE FORM_NT

7.4.3　计算程序应用举例

下面例子中，将只给出计算程序（"面向 21 世纪"和"十五"规划教材《结构力学》附书光盘程序，王焕定等，高等教育出版社，前者 2000，后者 2004）的所需数据文件内容和计算结果。

例题 7-7　试用程序计算图 7-14 所示结构，相关的已知数据见例题 7-5 和图 7-14。

解：本题程序计算所需数据文件内容如下。

```
3,4,1,2,1,4,0,0,0,0,1,0   控制数据
1,0.,0.  ┐
2,8.,0.  │
3,3.,4.  ├ 控制结点坐标
4,8.,4.  ┘
1,1,1,1,2,1   无位移支座信息
3,30.,0.,0.,3,0   结点荷载信息
4,0.,0.,30.,4,0   结点荷载信息
30000000.,0.24,0.0072,1.   单元材料信息
1,1,3,0,1 ┐
2,3,4,0,1 ├ 单元-结点信息
3,2,4,0,1 ┘
-18.,5.,2.,1   单元荷载信息
```

用程序计算所得输出结果为（计算输出的结果中，力的单位为 kN，力矩的单位为 kN·m）。

平面刚架、组合结构、交叉梁内力与平面刚架极限荷载计算

基本参数：

```
单元总数            = 3
结点总数            = 4
零约束数            = 1
非结点荷载最多类数  = 1
控制结点数          = 4
生成结点类数        = 0
```

相等位移类数 = 0
非零位移总数 = 0
弹性支承总数 = 0
单元类型数 = 1
问题类型代码 = 0
计算代码 = 0
荷载工况数? = 1
静定梁标志 = 0

控制结点坐标和结点位移数:

结点	X—坐标	Y—坐标	位移数
1	.00000	.00000	3
2	8.0000	.00000	3
3	3.0000	4.0000	3
4	8.0000	4.0000	3

生成其他结点:

没有

全部结点坐标和结点位移数:

结点	X—坐标	Y—坐标	位移数
1	.00000	.00000	3
2	8.0000	.00000	3
3	3.0000	4.0000	3
4	8.0000	4.0000	3

零位移命令

始点	X	Y	R	终点	差值
1	1	1	1	2	1

相等位移命令

没有相等位移处理

ID 数组 (FOR INTEREST)

结点	X	Y	R
1	0	0	0
2	0	0	0
3	1	2	3
4	4	5	6

Work_case　1

1

静力结点荷载生成：

始点号	X荷载	Y荷载	力矩荷载	终点号	结点差值
3	30.000	.00000	.00000	3	0
4	.00000	.00000	30.000	4	0

全部静力结点荷载

点号	X—荷载	Y—荷载	力矩
1	.00000	.00000	.00000
2	.00000	.00000	.00000
3	30.000	.00000	.00000
4	.00000	.00000	30.000

平面刚架，组合结构“梁柱”单元

单元数 ＝ 3　单元类型数＝ 1

刚度类型：

类型号	弹性模量	截面面积	截面惯性矩	杆端极限弯矩
1	.30000E＋08	.24000	.72000E－02	1.0000

单元详细说明：

单元号	结点I	结点J	结点差值	刚度类型	单元类型
1	1	3	1	1	4
2	2	4	1	1	4
3	3	4	1	1	4

第 1 工况非结点荷载数为：1

非结点荷载数据：

数值	位置系数	所在单元	类型
－18.000	1.0000	3.0000	1.0000

::::::::::::::：各工况位移 ::::::::::::::::

第 1 工况各单元位移：

```
1  1      .00000           .00000           .00000
   3  .75554E-03   -.59332E-03   -.20410E-03
2  2      .00000           .00000           .00000
   4  .72710E-03   -.33236E-04    .14217E-03
3  3  .75554E-03   -.59332E-03   -.20410E-03
   4  .72710E-03   -.33236E-04    .14217E-03

.............各工况杆端力.............
     单元  杆端  轴力  剪力  弯矩
          第1工况内力:
1  1    30.718     9.3349    32.154
   3   -30.718    -9.3349    14.520
2  2    59.825    40.963     74.249
   4   -59.825   -40.963     89.603
3  3    40.963    30.175    -14.520
   4   -40.963    59.825    -59.603
          输出支座反力:
     点号  代码    反力值
      1     1     10.963
      1     2     30.175
      1     3     32.154
      2     1    -40.963
      2     2     59.825
      2     3     74.249
! *************** 计 算 结 束 ***************
```

思考题

1. 矩阵位移法和典型方程位移法有何异同?

2. 何谓单元刚度矩阵 $\boldsymbol{k}^e$,其元素 k_{ij} 的物理意义是什么?

3. 为什么要进行坐标转换?什么时候可以不进行坐标转换?

4. 何谓定位向量?试述如何将单元刚度元素和等效结点荷载按定位向量进行组装?

5. 如何求单元等效结点荷载?等效的含义是什么?

习题

7-1　用矩阵位移法计算图示连续梁。EI=常数。

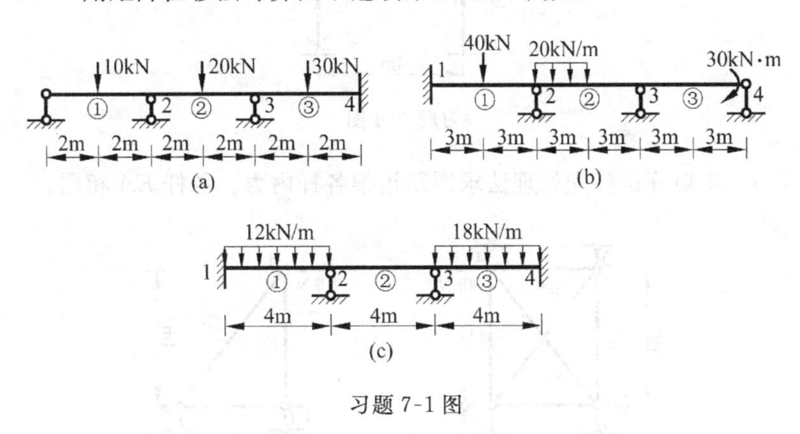

习题 7-1 图

7-2　试求图示刚架的结构刚度矩阵(不计杆件的轴向变形)。设 $E=21\times10^4\mathrm{MPa}$，$I=6.4\times10^{-5}\mathrm{m}^4$。

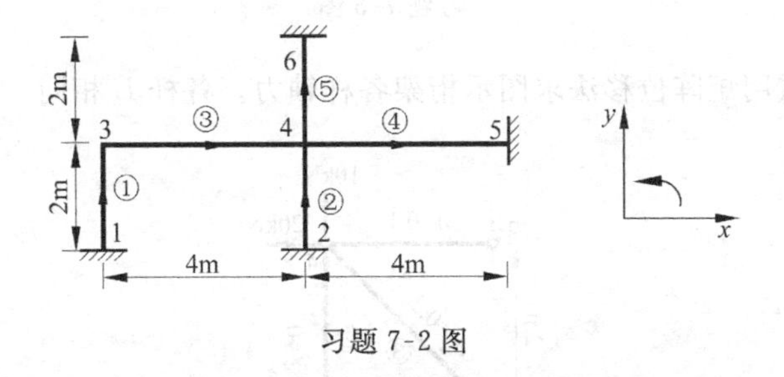

习题 7-2 图

7-3　试求图示刚架的结构刚度矩阵(计杆件的轴向变形)。设各杆几何尺寸相同，$l=5\mathrm{m}$，$A=0.5\mathrm{m}^2$，$I=1/24\mathrm{m}^4$，$E=3\times10^7\mathrm{kN/m}^2$。

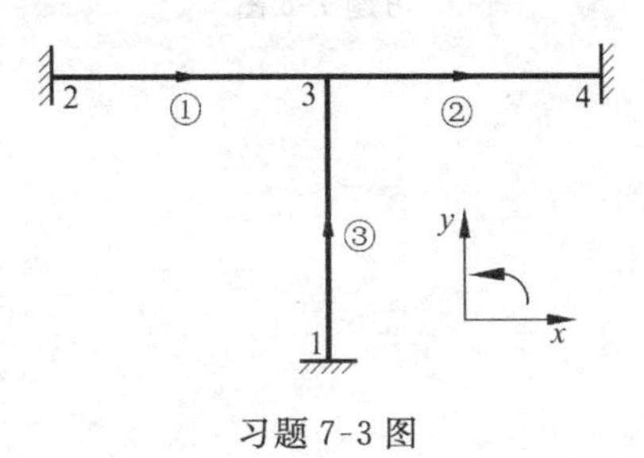

习题 7-3 图

7-4 试用先处理法建立图示结构的刚度矩阵。设 $E=21\times10^4\,\text{MPa}$，$I=6.4\times10^{-5}\,\text{m}^4$，$A=2\times10^{-3}\,\text{m}^2$。

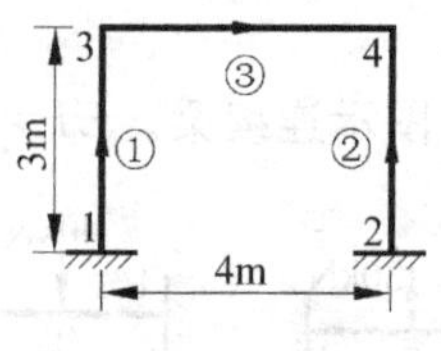

习题 7-4 图

7-5 用矩阵位移先处理法求图示桁架各杆内力。各杆 EA 相同。

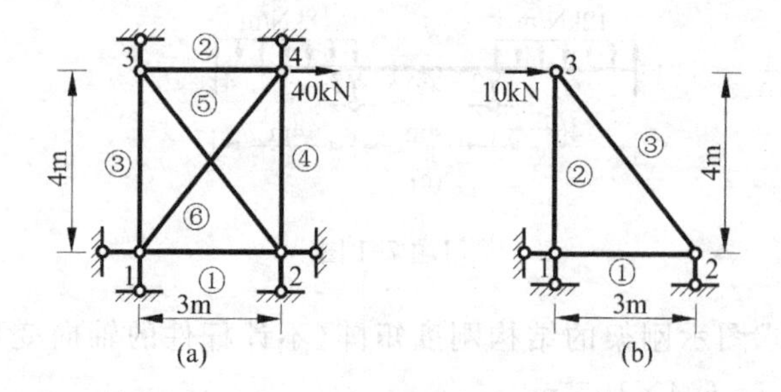

习题 7-5 图

7-6 试用矩阵位移法求图示桁架各杆轴力。各杆 E 相同。

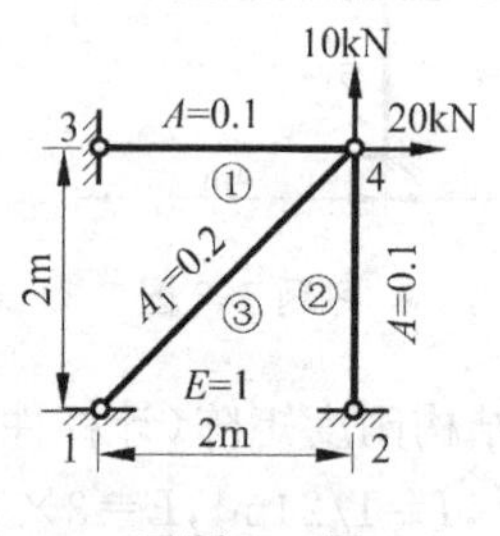

习题 7-6 图

索　　引

中　文	英　文	页码
空间桁架	space truss	26
简单桁架	simple truss	26
联合桁架	combined truss	26
复杂桁架	complicated truss	26
结点法	method of joint	27
对称结构	symmetrical structure	29
对称性	symmetry	29
零杆	zero bar	29
联合法	combined method	34
等代梁	equivalent beam	35
推力	push forces	36
合理拱轴	reasonable axis of arch	38
多跨静定梁	multi-span statically determinate beam	39
基本部分	fundamental part	39
附属部分	accessory part	39
区段叠加法	section superposition method	40
刚架	determinate frame	42
三铰刚架	frame with three hinges	44
有基本-附属关系的刚架	frame with fundamental and accessory part	46
组合结构	composite structures	47
广义位移	generalized displacement	58
广义力	generalized force	58
单位荷载法	unit load method	62
功的互等定理	reciprocal theorem of work	77
位移系数	displacement coefficient	78
柔度系数	flexibility coefficient	78
位移互等定理	reciprocal theorem of displacement	78
反力系数	reaction force coefficient	78
刚度系数	stiffness coefficient	78
反力互等定理	reciprocal theorem of reaction force	78
基本体系	fundamental system	85
基本结构	fundamental structure	85
基本未知量	fundamental unknown	85
力法方程	equation of force method	88
形常数	shape constant	117
载常数	load constant	117
转角位移方程	slope-deflection equation	118
刚度方程	stiffness equation	118

参考文献

1. 王焕定等.结构力学(Ⅰ).北京：高等教育出版社，2004
2. 龙驭球等. 结构力学教程(Ⅰ). 北京：高等教育出版社，2001
3. 李廉坤等. 结构力学. 北京：高等教育出版社,2004
4. 杨茀康等. 结构力学. 北京：高等教育出版社,1998
5. 李家宝等. 结构力学. 北京：高等教育出版社，1999